融合型·新形态教材
复旦社云平台 fudanyun.cn

U0730963

普通高等学校学前教育专业系列教材

学前心理学

（第四版）

主编 钱 峰 张 晗

复旦大学出版社

内容提要

本书系普通高等学校学前教育专业"学前心理学"课程的通用教材，共十一章，通过对学前儿童的注意、感知、想象、言语、思维、情感、意志、个性等心理现象的分别介绍和分析，详尽阐明了学前儿童的心理特点和发展规律，同时，尽可能反映当前幼儿心理学的最新研究动态。

第四版在第三版的基础上做了修订，编者对内容不断进行优化，并结合当前教师资格证的考试组编了相应的真题和案例集，同时提供在线练习，供学生反复练习并对学习效果作检查修正；同时，结合各章节部分内容提供了教学视频，为学生提供了近距离的一对一学习的课堂感，可以让学生对部分重点内容进行反复的学习和理解，为他们的学习提供了便捷的途径。本书配有教学课件、教案等教学辅助资源，可登陆复旦社云平台（www.fudanyun.cn）免费下载。

复旦社云平台
数字化教学支持说明

为提高教学服务水平，促进课程立体化建设，复旦大学出版社建设了"复旦社云平台"，为师生提供丰富的课程配套资源，可通过"电脑端"和"手机端"查看、获取。

【电脑端】

电脑端资源包括PPT课件、电子教案、习题答案、课程大纲、音频、视频等内容。可登录"复旦社云平台"（www.fudanyun.cn）浏览、下载。

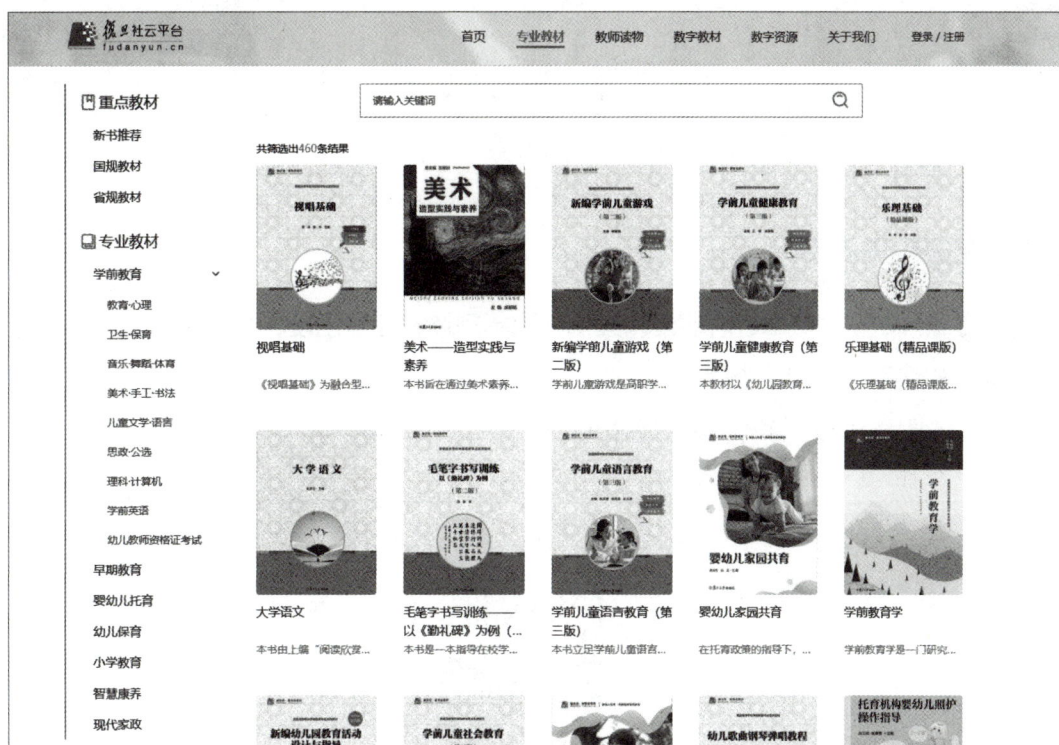

Step 1 登录网站"复旦社云平台"（www.fudanyun.cn），点击右上角"登录/注册"，使用手机号注册。

Step 2 在"搜索"栏输入相关书名，找到该书，点击进入。

Step 3 点击【配套资料】中的"下载"（首次使用需输入教师信息），即可下载。音频、视频内容可点击【数字资源】，搜索书名进行浏览。

📱【手机端】

PPT课件、音视频、阅读材料：用微信扫描书中二维码即可浏览。

扫码浏览 →

📖【更多相关资源】

更多资源，如专家文章、活动设计案例、绘本阅读、环境创设、图书信息等，可关注"幼师宝"微信公众号，搜索、查阅。

平台技术支持热线：029-68518879。

"幼师宝"微信公众号

前　言

作为幼儿师范专科学校的教育心理学教师，我们深知一本好的教材对教师、对学生的重要性。正是基于这一点，我们这些多年从事学前心理学教学的教师们走到了一起，组织编写了这部教材。

在教材的编写中，我们努力尝试将普通心理学、儿童发展心理学、教育心理学的理论与幼儿园的实际、幼儿的实际、幼师生的实际相结合，并尽可能地反映当前幼儿心理学研究的最新动态。

本教材于2005年7月出版发行第1版，本次修订为第4版，编者对内容不断进行优化；并结合当前教师资格证的考试组编了相应的真题和案例集，可以提供给学生练习并对学习效果作检查修正；同时，结合各章节部分内容提供了教学视频，为学生提供了近距离的一对一学习的课堂感，可以让学生对部分重点内容进行反复的学习和理解，为学习提供了便捷的途径；最后，把附录中的真题都作了更新，并制作成了在线练习，方便学生反复练习。

本教材的主编单位是苏州幼儿师范高等专科学校。参加本教材编写的学校有苏州幼儿师范高等专科学校、宁波大学、石家庄幼儿师范高等专科学校、宁夏幼儿师范高等专科学校、赤峰学院、重庆师范大学、潍坊学院、齐齐哈尔高等师范专科学校和黑龙江幼儿师范高等专科学校。编写人员有钱峰和汪乃铭（绪论、第一章、第四章）、马鹰（第二章、第十一章）、鞠玉杰（第三章）、石伟峰（第五章）、胡朝阳（第六章）、梁纪恒（第七章）、马丽（第八章）、张振平和武战军（第九章）、郭俐（第十章）、朱佳慧（附录一、附录二、附录三）；视频资料由苏州幼儿师范高等专科学校张晗提供，全书由钱峰、张晗统稿。

由于我们水平有限，再加上编写时间紧，全书肯定有不妥或错误之处，恳请使用本书的教师和同学不吝指正。

编　者
2024年8月

目录

绪　论

学前心理学是儿童心理学的一个分支,是构成幼儿园教师完整的知识结构的一个重要部分。学前心理学研究学前儿童心理发展的特点、规律和理论,为学前儿童教育、保健和发展等工作提供心理学依据。

一、学前心理学研究的对象

(一) 什么是心理学

1. 心理现象

心理现象是人类最普遍、最熟悉,也是宇宙间最复杂、最深奥的现象。事实上,一个人只要活着,只要醒着,有时甚至在睡眠中,心理活动时刻都在他的生活中发生作用。心理现象(简称心理)的形式是多种多样的。心理学通常把心理现象分为心理过程和个性心理两大类。

(1) 心理过程。心理过程包括认识过程、情感过程和意志过程。

认识过程是人脑反映客观现实的过程,它包括感觉、知觉、记忆、想象和思维等过程,这些过程被总称为认识过程。例如,我们人可以辨别物体的颜色、形状,通过触摸可以感受物体的粗细、软硬、轻重、冷热等。人对物体个别属性的认识是感觉,对物体各种属性的总体认识被称为知觉。人的大脑可以记住事物的形象并在需要时回忆起来,这是记忆。在日常生活和艺术、科学活动中,人还能根据感知、记忆提供的材料创造出新的形象,这就是想象。我们能够发现事物的本质属性、事物之间的关系,而且能够发现问题、解决问题,这些都是思维的作用。

情感过程是指人在认识事物时产生的各种内心体验。人并不是漠然、无动于衷地来认识事物或操作事物的;反之,他在认识事物或操作事物的过程中,总会体验到自我对于这些事物所持有的态度。自我对于所认识的或所操作的事物所持的态度的体验,就叫作情感。例如,我们经常会体验到的喜爱、高兴、憎恶、惧怕、焦虑、愤怒等,都属于情感的范围。

意志过程是指为了实现目的而进行的选择方法、执行计划的心理过程。人不仅能认识客观事物,对它们采取一定的态度,而且还通过行动有目的地改变事物。在这些行动中,有时还会遇到各种各样的困难。我们在进行学习、体育锻炼、科学研究、技术革新等活动时都有明确的目的,并努力地克服困难,这些都涉及意志品质。

此外,在各种心理过程中,我们还可以观察到一种普遍性的心理特征——注意。要保证认识过程、情感过程、意志过程的顺利进行,注意是不可缺少的。它是各种心理过程的共同特征,是心理活动的方向性和集中性。注意也是心理现象的重要内容之一。

心理过程是一个统一的过程。认识过程、情感过程和意志过程之间既有区别又有联系。认

识过程是最基本的心理过程,它是情感过程和意志过程的基础。情感过程是认识过程和意志过程的动力。意志过程对人的认识过程和情感过程具有调控作用。例如,一个意志坚强、情感深厚、事业心强的人,能锲而不舍地钻研复杂困难的科研课题;对事物深刻的认识,能加深对事业的感情,也能进一步确立克服困难的信念。总之,认识、情感、意志三者是密切地联系着的;人的各种心理过程总是统一地进行着的。

(2)个性心理。在一定的社会环境中,人的心理发展最终将形成个体稳定的精神面貌,也就是个性。这是由于个人因先天素质不同,后天生活条件不同,接受不同的教育,参与不同的实践活动,久而久之,形成了比较稳固而又和别人不同的心理倾向或心理特点。我们往往找不到两个在兴趣、爱好、才能、气质、性格等方面完全相同的人来,道理也就在这里。

个性主要包括以下三个方面:

一是反映人的态度和活动积极性的个性倾向性。个性倾向性主要表现在需要、兴趣、理想和世界观等方面。例如,有人孜孜不倦地从事科学研究和技术革新,以寻求生活的意义;有人从文学艺术中探求人生的价值。有人无私奉献,不求回报;有人则私字当头,只讲索取。

二是反映个人独特特点的个性心理特征。个性心理特征主要表现在能力、气质、性格等方面。例如,有人长于观察事物,有人善于分析、思考问题,这是个人在能力上的差异。有人性情温和,有人脾气暴躁,有人沉着稳重,有人大胆泼辣,这是人们在气质上的不同表现。性格上的差异则可以在自信和自卑、谦虚和骄傲等许多方面表现出来。

三是自我意识。它反映人对自己和自己心理的认识评价、体验和调节控制等。

2. 心理学是研究人的心理现象的科学

对心理现象有了一定的了解之后,我们就会发现,这些现象都出现在我们身上,出现在我们周围。我们的祖先很早就对自身的心理现象发生了兴趣,古代许多思想家发表过不少有关心理现象的见解。但是由于受到生产力水平的制约,人们对心理现象的认识和研究经历了漫长的历史时期。春秋时期的中国和古希腊,许多思想家都对心理现象有过论述,但都属思辨性的论述,而且和哲学思想混杂在一起。在此后的一段时期内,对于心理现象虽然有些专门的研究,但是方法上都靠一般观察和个人体验,研究范围也很狭窄,心理学仍然隶属于哲学,没有独立存在。19世纪中叶,自然科学迅速发展,许多研究者开始应用自然科学方法探索心理现象的奥秘,使对心理现象的研究有了新的进展。1879年,德国哲学家、生理学家、心理学家冯特(W. Wundt, 1832—1920)在莱比锡大学建立了第一个心理实验室,应用实验手段研究人的心理现象,才使心理学作为一门独立的科学从哲学中分离出来。所以我们说,心理学是一门有着悠久的历史、既古老又年轻的科学。

说心理学年轻,不仅因为它只有一百多年的历史,还因为它的一些理论和研究方法不够完善和成熟。而且,到目前为止,在心理学的研究中还没有可以直接观察大脑是怎样产生心理活动的仪器,还缺少像观察微观世界的电子显微镜、观察宏观世界的射电望远镜、研究高能物理的加速器等那样得力的工具和手段。因而人类的心理奥秘还没有完全被揭开,心理学作为一门研究人类自身的科学、研究人的心理现象的科学,具有巨大的发展前景和无限的生命力。

拓展阅读绪论-1:威廉·冯特生平

拓展阅读绪论-2:心理学的三大流派及其代表人物与主要内容

(二) 什么是学前儿童心理学

1. 学前儿童心理学是心理学的一个分支

心理学从哲学中独立出来后的一百多年,是它飞速发展的一百多年。尤其是第二次世界大战以来,随着人类社会各个领域发展的需要,心理学研究无论在广度还是深度上都取得了重大突破。心理学理论已介入了工程技术、军事、法律、医学、教育、管理等社会生活的各个方面。在诸如控制论、信息论、人工智能、仿生学、科学学、未来学、人才学等许多的科学领域,都有心理学家的参与。有人甚至预言:21世纪将是心理学的世纪。

心理学既是一门理论性很强的科学,又是一门实践性很强的科学。人类社会的各个领域都对心理学提出了一系列重要课题,心理学理论在许多部门得到了广泛应用,因而又产生了许许多多的分支。例如,同工业生产紧密联系的工程心理学、劳动心理学;同医疗工作相联系的医学心理学、病理心理学、神经心理学、药物心理学、缺陷心理学、心理治疗等;同各种社会问题相联系的人事心理学、社会心理学、犯罪心理学、罪犯心理学等;同军事科学、国防建设相联系的军事心理学;同教育和人才培养相联系的教育心理学及其许多分支。另外,还有体育心理学、艺术心理学、妇女心理学、管理心理学、发展心理学,等等。儿童心理学是心理学的一个分支,学前儿童心理学又是儿童心理学的一个分支,它以发展心理学和教育心理学为基本理论来研究学前期儿童这个特定年龄阶段儿童的心理学问题。

2. 学前儿童心理学是研究学前期儿童心理发展特点和规律的科学

学前期是人的一生中生长发育最旺盛、变化最快、可塑性最强的时期。儿童在环境和教育的影响下,在以游戏为主导的各种活动中,心理发展异常迅速。生理机能的不断发展,身高、体重的增长,肌肉骨骼的发育,特别是大脑皮层的结构和机能的不断成熟和完善,都为儿童心理的发展提供了物质基础。在儿童心理的发展过程中,无论是在心理过程的发展中,还是在个性心理的形成中,都呈现了这一年龄阶段儿童所特有的特点和规律。学前心理学就是研究这一时期儿童心理发展的特点和规律的科学。

二、学习学前心理学的意义

(一) 有助于建立科学的世界观、发展观

学前心理学是心理学的分支。科学的心理学对人的心理现象的研究,证实了辩证唯物主义关于物质第一性、意识第二性的基本命题,证实了世界的物质性,即世界上除了运动的物质之外,再没有其他任何东西,人的心理是高度完善的物质——脑的产物。心理学理论是宣传无神论的有力支柱,是破除唯心偏见和迷信观念的强大武器。

学前心理学向我们展示了学前心理学发展的规律性。这种发展具有必然性、不可逆性和顺序性,同时又具有不平衡性和个别差异性。学习学前心理学,有利于家长和教师树立正确、科学的儿童发展观,了解在幼儿教育工作中既要适时适当地对学前儿童提出发展的要求和目标,动态地评价儿童的发展,又要根据不同儿童的个别差异,因材施教,避免"拔苗助长",促使每个儿童在原有基础上得到最大限度的发展和提高。

(二) 有助于搞好学前儿童教育工作,提高儿童教育的效果

幼儿园教师学习学前心理学是自身发展提高的需要,是搞好学前儿童教育工作的需要。

首先,学前心理学揭示了儿童认识过程的特点和规律,为教师组织幼儿园的各项活动,选择适当的教学方法提供了心理学依据;为了解儿童情绪情感和意志提供了行之有效的方法;为幼儿园教师在对待不同年龄段儿童行为问题时提出针对性措施提供了理论依据。

其次,了解了儿童个性心理形成的规律,可以帮助幼儿园教师更好地培养儿童良好的性格,使其从小形成良好思想品质和行为习惯。对能力不同的儿童,可以在活动中提出不同的难度要求,激发儿童学习的兴趣和积极性。对不同气质类型的儿童,更应该有目的地运用不同的方法,有针对性地发展儿童的心理品质,提高学前儿童教育的效果。

最后,学前心理学的知识还可以帮助幼儿园教师预见儿童心理发展的前景,发现心理发育不良的儿童并及时给予适当的教育治疗,从而能有意识地引导儿童的心理健康地发展。

(三) 为今后更好地进行幼教工作和开展幼教研究打好基础

学前儿童教育的重要性现在已越来越被人们所认识。《幼儿园工作规程》在"总则"中明确规定:"幼儿园是对三周岁以上学龄前幼儿实施保育和教育的机构,是基础教育的有机组成部分,是学校教育制度的基础阶段。"广大幼儿园教师工作在学前教育的第一线,对学前教育研究最积极,参与性最高。近年来,由幼儿园教师承担的研究课题,撰写的教研、科研论文越来越多,水平也逐步提高,这和广大幼教工作者认真学习、运用学前心理学的理论是有非常密切的关系的。因此,每一个幼儿园教师,都应该认真学习心理学知识,不断完善自己的知识结构,积极开展幼教科研,为幼儿教育事业作出自己的贡献。

第一章

学前儿童心理发展概述

第一节 人的心理实质

我们已经知道,心理学的研究对象是人的心理现象,因此搞清心理现象的本质就显得尤为重要。

一、脑是心理的器官

在远古时代,由于社会生产力极度低下,人们无法理解自己身体的结构和机能,对自己的知觉、记忆、思维、想象、觉醒和梦等心理现象都无法作出正确解释,只能认为有一种特殊的实体——灵魂在起作用:灵魂在人出生时就存在于人的身体里,控制着人体的活动。人在睡眠时灵魂暂时走出人体,回来时人就觉醒,人死后灵魂就永远离开人体。古时的人们就注意到,人生时有呼吸,死后呼吸停止,也就认为灵魂可能就是气息,或者是和呼吸有关的东西。在古代,人们还注意到人或者动物会因为流血过多而失去知觉或死去,便误认为精神现象主要发生在心脏或其他脏器中,所以把精神活动都归为"心",如孟子就说过"心之官则思"。古人的这种"灵魂说"和"心脏说",在很长一段时期里被用来解释人的心理的产生和存在。

随着现代科学技术的发展,人们逐渐认识到并不存在什么"灵魂",人的心理活动也不是由心脏产生的。人的心理活动是脑的产物,神经系统和脑是心理产生的组织与器官。如人在睡眠时,心脏活动没有什么变化,但心理状态却与清醒时完全不同。大脑受到损伤,人的心理活动就会受到影响,甚至会引起精神变态。列宁说,人的心理、意识是人脑这块"以特殊方式组织起来的物质"的产物,其意义就在于此。

二、心理是人脑的机能

(一)脑的结构

脑是神经系统的重要组成部分,是一个结构复杂的器官(见图 1-1),它由延髓、桥脑、中脑、间脑、小脑和大脑组成,其中最发达的部分是大脑。

5

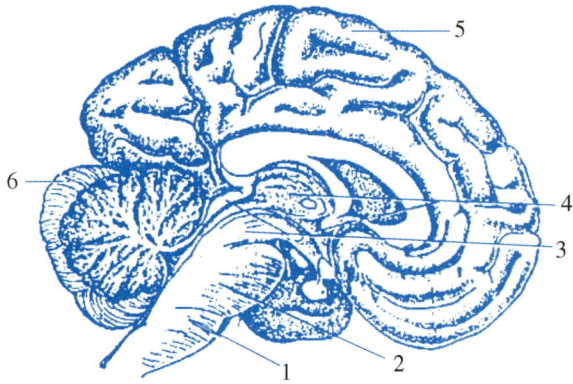

图 1-1　脑正中矢状切面

1. 延髓　2. 桥脑　3. 中脑　4. 间脑　5. 大脑半球　6. 小脑

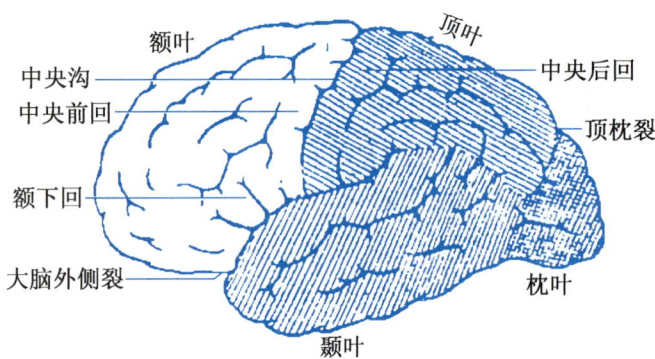

图 1-2　大脑半球背外侧面

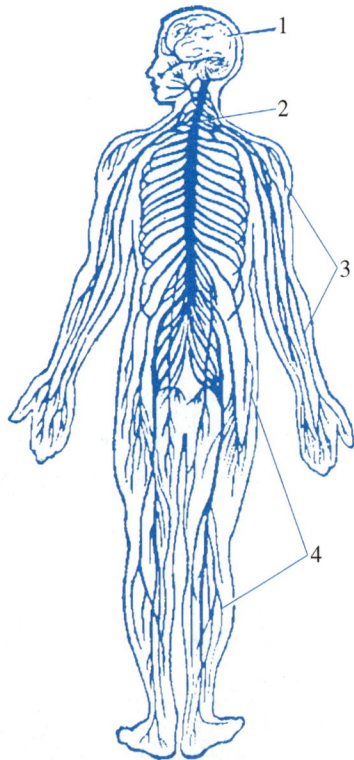

图 1-3　人的中枢神经系统和
周围神经系统

1. 脑　2. 脊髓　3、4. 周围神经系统

人的大脑由左右两个半球构成，表面覆盖着大脑皮层，简称皮层。皮层表面凹凸不平，展开时面积约有 2 200 平方厘米，约由 150 亿个脑细胞分六层组成，按不同的密度、大小和类型互相交错在一起。每个脑细胞都具有巨大的处理各种信息的能力，各个脑细胞之间构成了十分复杂的联系。同时，大脑皮层的脑细胞和皮层下的神经纤维间也有着复杂的联系，相互传递信息，构成了人的心理现象的生理基础。

大脑半球的表面有很多褶皱，凹陷部分称为沟或裂，隆起部分称为回。根据沟、回的分布，一般把大脑皮层分为四个部分，即额叶、顶叶、颞叶和枕叶（见图 1-2）。其中额叶是进化过程中最新发展起来的部分。人脑的额叶得到了充分的发展，占皮层表面的 29％。大脑半球皮层是高级神经中枢，它所进行的神经活动称作高级神经活动，大脑半球皮层以下的部位是低级神经中枢。二者构成了中枢神经系统。

中枢神经系统向全身发出 12 对脑神经（主要分布在头面部、咽部及气管、肺、主动脉和腹腔内脏）、31 对脊神经（进出脊髓，主要分布于躯干和四肢）以及植物性神经（分布于内脏的平滑肌和腺体），与全身神经的感觉器官、效应器官相联系。这些脑神经、脊神经和植物性神经组成了周围神经系统。周围神经系统、中枢神经系统两部分又构成了心理活动的物质基础——神经系统，而脑则是其中最重要的部分。（见图 1-3）

（二）人脑的机能

1. 大脑的机能

大脑的主要机能是接收、分析、综合、储存和提取各种信息。机体的所有感觉器官都把接收的来自客观外界和有机体内部的刺激信息由神经传入大脑，经过皮层的加工、整理,然后发出信息,控制各器官和各系统的活动。各器官和系统的活动状况又会随时报告给皮层,以便进一步调整、修改信息,进而调节各器官和各系统的活动。

大脑两半球分别对身体对侧的感觉和运动负责,即大脑左半球主管身体的右半边,大脑的右半球主管身体的左半边,而且大脑皮层运动区和体觉区的上部支配身体的下部,而运动区和体觉区的下部支配身体的上部。大脑皮层的四个部分在机能上也有所分工,如枕叶与视觉有关,额叶在人的心理活动中具有特殊的作用,控制着人的有目的、有意识的行为。额叶损伤(如疾病、受伤等)不仅会引起智力低下,还会引起个性方面的障碍(见图1-4)。皮层各部分既分工又合作,在机能上也是相互联系的,并不是绝对的互不联系。各叶的主要机能仅表示执行这种机能的神经细胞在该叶区内比较集中,但也存在着执行其他机能的神经细胞。因此当某一机能区受损时,经过一定时间的治疗、训练,基本已丧失的机能可由其他机能区补偿而得到不同程度的恢复。

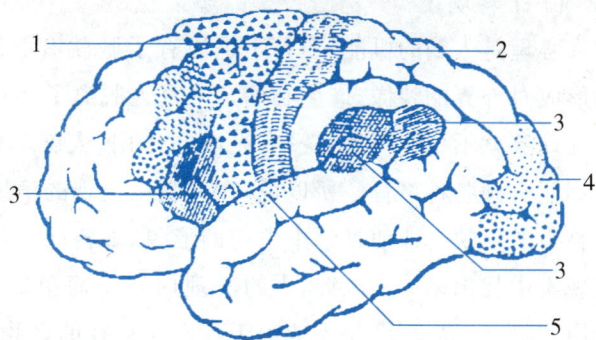

图1-4　大脑皮层机能定位(大脑半球背外侧面)
1. 躯体运动中枢　2. 躯体感觉中枢　3. 语言中枢
4. 视觉中枢　5. 听觉中枢

2. 无条件反射和条件反射

反射是神经系统的基本活动方式,一切心理现象不论简单还是复杂,从其产生方式来说都是反射。反射是有机体通过脑对刺激作出反应的活动。外界刺激和反应动作是心理现象的开端和终结,心理现象和反射过程密不可分。

反射按起源可分成两类:无条件反射和条件反射。

无条件反射是先天固有的、由遗传而来的反射。人与动物出生后不需要学习就具有对一些刺激作出反应的能力,如食物入口会引起唾液分泌(或吸吮),强光刺激会引起瞳孔收缩(或合眼),针刺肢体会引起躲闪,等等。无条件反射是皮层下中枢(低级神经中枢)由种系发展而形成并遗传下来的固定神经联系来实现的。这类反射为数不多,却具有保存生命的意义。但仅有无条件反射,有机体还不能很好地应对复杂多变的客观环境。

条件反射是后天形成和习得的反射。人与高等动物为了适应复杂多变的客观环境,经过无条件反射与某些无关刺激的多次结合,形成新的神经联系,产生了条件反射。例如,在幼儿园里,老师弹奏不同旋律与节奏的琴声,与许多活动的组织多次相结合,像上课、起立、坐下、排成某一队形等,于是某种旋律节奏的琴声就成了某种活动开始的信号,变成了条件刺激,即什么样的琴声便会引起幼儿什么样的行动,这就是条件反射。形成条件反射的信号有两大类,一类是具体信号,它包括各种视觉的、听觉的、触觉的、嗅觉的、味觉的刺激物;另一种是抽象信号,如人类的词语,这是人类所特有的。

在日常生活中,两种反射的划分只具有相对的意义,它们是密切联系着的,因为事物总是具有相互联系的多种属性。就食物性的两种反射刺激物——食物来说,满足吃的需要只是某些化学微粒而不是食物的形状、颜色、气味等,但任何一种食物的化学微粒又都是与食物的其他属性(形、色、味等)结合在一起同时存在的,而且在食物进入口腔前,食物的色、形、味等已先作用于视、嗅感受器。因此,对人来说除出生后最先出现的反射是单一的无条件反射外,其他在生活中

拓展阅读1-1:
新生儿的无
条件反射

出现的反射都带有条件反射性质。条件反射归根到底是以无条件反射为基础的，它在形成中包括了某些无条件反射。因此，心理现象就其产生而言，是两种反射的有机结合。

三、心理是客观现实的反映

（一）客观现实是心理产生的源泉

心理是人脑的机能，但并不是说有了脑就有心理现象，只有客观现实作用于人脑时，人脑才能形成对外界的映像，产生心理。一个人脱离了客观现实，心理就成了无源之水、无本之木，各种心理现象就不可能产生。没有光波的作用，人就不能分辨各种颜色和明暗；没有物体的振动，人就不能听到各种声音。所以说，在人脑中出现的房屋和琴声的映像，是客观存在的房屋和琴声在人脑中的反映。即使神话中虚构的形象，如兽面人身的孙悟空等，它们的原型素材还是可以从客观现实中找出来的。因此，人的心理内容是简单的，也是复杂的，都来源于客观现实。正如列宁所说："物、世界、环境是不依赖于我们而存在的。我们的感觉、我们的意识只是外部世界的映像；不言而喻，没有被反映者，就不能有反映，被反映者都是不依赖于反映者而存在的。"

人所处的客观现实包括自然环境和社会环境。自然环境涵盖很广，例如天体宇宙、山川河流、花草树木、飞禽走兽、寒暑春秋、风霜雨雪，其中还包括人造的环境，如城市、乡村、住宅、交通等。社会环境则包括家庭、团体、各种人际关系、社会规范、风俗习惯，等等。没有上述这些客观存在的事物及其之间的关系，也就不可能有人的心理。

客观现实，无论是自然环境还是社会环境，都是人的心理的源泉。但相比较而言，社会环境对人的心理具有更为重要的作用。人们的需要、兴趣、信念、价值观、道德观、自我意识以及能力、性格乃至个性的形成和发展，都是人们所处的社会环境影响的结果。有一个美国学者曾做过一个极其野蛮的试验。他从孤儿院选了四十名幼儿，将他们分别放入单独的隔离室，使他们完全失去了与社会交往的机会，经过多年的喂养，这四十名幼儿都变成了痴呆儿。这一实验被揭露后曾受到社会舆论的强烈谴责，但也从反面证明了脱离正常的抚养教育和交往活动，即社会环境的正常刺激，幼儿的心理便得不到正常发展。

（二）心理的反映具有能动性

人的心理是人脑对客观现实的反映。但人脑对客观现实的反映，不是消极被动的反映，不是像镜子或水那样被动反映的，像拍照片那样显现人像或物影，而是能动的、积极的反映。

心理的反映具有能动性，表现为人脑对客观现实的反映受到个人的态度和经验的影响，从而使反映带有个人主体的观点。每个人的生活经验、兴趣爱好、知识修养和个性特点各不相同，对同一事物便会有不同的认识。如欣赏同一首乐曲，缺乏音乐修养的人与具有一定音乐素养的人，其感受是不同的；同样面对飞泻而下的瀑布，美术家、旅游公司经理和水利专家的反应绝对不会完全一样。

心理的反映具有能动性，还表现为人的心理能够支配调节人的行动，能动地反作用于客观现实，改造自然，改造社会，以满足人们的各种需要。例如，我们在每一项活动之前，总要预先探讨活动的可行性，设计规划行动的方案。在活动的进行过程中，我们还会根据具体情况对活动方案作出修改与调整。活动结束以后，我们还要进行总结评价，以便在今后的活动中取得更好的成效。心理活动的这种能动性，使人的行为程序前后一致，保证了内部动机与外部行为结果之间的统一。

　　人的心理的主观能动性依赖于人们对客观世界规律的认识水平,因此,我们幼儿园教师不断地提高自身的文化素养,完善自身的知识结构,对于提高心理调控能力,更好地适应幼儿教育改革发展的需要具有非常重要的作用。

　　由此可见,人的心理一方面受客观现实的制约,一方面又受人的主观条件的折射。在人的心理活动中,客观条件是否起作用,以及起什么样的作用,并不简单地取决于客观条件,而是取决于主、客观条件的相互作用。因此我们说,人的心理是主观和客观的对立统一。

第二节　制约学前儿童心理发展的因素

　　制约儿童心理发展的因素是多种多样的,但基本上可以归纳为两类:一类是遗传方面的因素,另一类是环境方面的因素。至于哪一类因素在起决定性的作用,心理学界曾有过长期的争论。现在虽然不能说完全达成共识,但是越来越多的心理学家认识到,遗传因素和环境因素对儿童心理发展都有重要作用,缺一不可。但过分地强调某一因素的作用而忽视另一因素的作用,都无法对儿童心理的发展作出科学的解释。儿童心理的发展应该是遗传因素和环境共同作用的产物。

微课 1-1:影响学前儿童心理发展的因素

一、遗传素质为学前儿童心理发展提供了可能性

(一)遗传素质是儿童心理发展的自然前提

　　遗传是一种生物现象。人类通过遗传,将前辈长期形成和固定下来的生物特征传递给后辈,完成其种系的繁衍。遗传素质是指有机体通过遗传获得的生理构造、形态、感官和神经系统方面的解剖生理特征。

　　马克思把遗传素质看作"能力的自然基础",认为离开了这个物质基础就谈不上能力的发展。儿童正是继承了前辈的遗传素质,在一定的条件下才有可能发展成为一个具有良好的心理品质的人。有人曾经把黑猩猩与幼儿放在一起抚养训练,但因为黑猩猩不具备人类的遗传素质,最终不可能与人类的后代一样形成人的心理。中国科学院心理研究所调查了 22.8 万名儿童,其中 3%—4% 的低能儿和 50% 的痴呆儿童与遗传因素有关。研究表明,遗传因素可以从多方面影响一个儿童的智力发展。如先天的神经系统或染色体病变能直接引起智力落后;先天的生理缺陷,如先天的失明、失聪,也会导致智力落后;其他的先天影响,像先天性的肢体残缺、先天畸形等,使儿童的活动受到限制,人格受到歧视,教育机会受到限制,因而影响了智力的发展。正常的儿童都具有人类共同的遗传素质,并在此基础上形成人的正常心理,这是遗传素质和心理发展的共性表现。但是,我们也应该看到,各个儿童的遗传素质又都或多或少具有一定的个别差异,如高级神经活动类型的差异,感觉器官在结构和机能上的某些差异等,这些遗传素质的个别差异,为儿童在心理发展上形成个别差异提供了可能性。我国心理学工作者曾对 67 对同卵双生子、34 对异卵双生子进行过与智力相关的研究,发现每对双生子间智力的相关,同卵为 0.76,异卵为 0.38;每对间智力的平均差和标准差,同卵是 9.00 和 6.90,异卵是 15.04 和 14.01,差异十分显著。他们

认为,同卵双生子和异卵双生子在环境的差异上可以说是相同的,而遗传的差异则不同。因此,上述数字主要是反映遗传的差异,说明遗传差异在个体心理发展差异中的作用。

(二) 生理成熟为儿童心理发展提供了物质前提

儿童出生以后,身体各部分、各器官的结构和机能都在不断地生长、发展,儿童心理的发展与生理发展,特别是脑和神经系统的发展关系密切。例如,儿童的神经系统在出生后的最初几年发展相当迅速,脑重量出生时为 400 克,到 9 个月时脑重就增加一倍,1 周岁时达到 900 克,3 周岁时重 1 000 克,7 周岁儿童脑重量已增长到 1 300 克,接近成人脑的重量。心理的器官——脑的发展与成熟,再加上神经系统其他部分的发展,如神经纤维髓鞘化的完成,保证了儿童心理在 6-7 岁时能达到相当的水平。

事实证明,即使是遗传完全正常的儿童,脑和神经系统如果没有发展到一定的程度,某些心理现象也不可能形成或发展。例如,早期婴儿哭时很少有眼泪,这是由于婴儿的植物性神经系统的副交感部分的控制作用尚未建立。

同时,儿童身高体重的增长,骨骼的硬化,肌肉的发展,为儿童躯体动作、双手动作的发展,接触环境范围的扩大提供了可能,对儿童独立性、社会性和认识能力的发展起了积极的作用。

二、环境因素使学前儿童心理发展成为现实

(一) 社会生活环境为儿童心理发展提供了丰富的刺激

据相关统计,由于种种意外的、偶然的原因,人类的后代被野兽哺育长大的情况有数十例之多。他们中有狼孩、熊孩、猴孩、豹孩等。他们虽然具有人类的遗传素质,但是因为脱离了人类社会的生活环境,不能形成正常的人的心理。其中最典型的是狼孩卡玛拉,由于从小就脱离人类社会,在狼群中生活了七八年,深深打上了狼的习性的烙印。后来虽然回到人类社会,并接受了九年的教育训练,但到十六七岁时智力水平才达到 3 岁幼儿水平,仅学会四十多个词。

拓展阅读 1-2: 印度狼孩卡玛拉的故事

我国辽宁省 1983 年发现过一名心理畸形的"猪孩",母亲中度智残,养父以养猪为业,由于不喜欢该女孩,整日把她关在院中与猪为伍。她吃猪奶,抢猪食,形成了很多类似猪的习性。由于她也和家长交往,因此会吃饭、穿衣和简单会话,被发现时她已八岁多,智商仅 39,不会分辨性别、颜色、大小,没有数的概念,情绪不稳定、易怒,社会适应能力差,不会与同伴玩耍。经检查她没有遗传性和代谢性疾病,而纯属后天特殊环境造成的心理障碍。后经过三年的教育,智商提高到 68,社会适应能力也大大增强。这些事例充分说明了儿童如果脱离正常社会生活环境,对其正常心理的形成将会造成十分严重的后果和不可弥补的损失。随着社会生产力的发展,社会物质文明和精神文明程度的不断提高,社会生活环境为儿童心理发展提供了越来越丰富的刺激,促使儿童心理发展的水平不断提高。人们普遍感到,现在的孩子见多识广,能说会道,反应快,有主见,越来越聪明。另外,作为社会生活环境的一个重要方面,家庭环境、父母与子女关系等对儿童心理的发展也有非常重要的作用。很多研究证明,过度的溺爱、父母对儿童活动的限制和包办代替,都会减少儿童对外界刺激的接受量,影响儿童社会性和智力的正常发展。孤儿、单亲家庭的儿童、父母离异后的儿童也会因为失去父爱、母爱而影响心理的健康发展。对此,我们必须引起高度的重视。

(二) 教育对儿童心理发展的主动调控作用

社会生活环境对儿童心理发展的主动调控作用是通过教育来实现的。我们知道,教育是一

种有目的、有计划、有系统地对下一代施加影响的过程,它比社会环境中自发的、偶然的、无计划的影响效果要好得多。

幼儿教育是学校教育的基础,是基础教育的有机组成部分。幼儿进入幼儿园以后,大部分时间在集体中接受教育。教师作为社会要求的直接体现者和教育工作的实施者,担负着培养教育的重任,根据幼儿体、智、德、美全面发展的要求,通过创设情境、设计活动、组织游戏等形式给幼儿提供丰富的刺激,促进幼儿心理的健康发展。

教师在教育活动中可以根据不同的教育内容,充分利用周围环境的有利条件,积极调动幼儿的各种感官,给幼儿提供充分活动的机会。同时可以灵活地运用集体活动和个别活动相结合的形式,有的放矢地进行"因材施教"。让有某种特长的幼儿有充分发挥才能的机会,促使他们进一步提高;让某些方面能力较差的幼儿勇于尝试,在活动过程中得到锻炼,促使他们在原有的水平上得到发展提高。在幼儿园里,教师还可以及时对幼儿表现出的不良行为进行引导和教育,促使幼儿形成良好的行为习惯和个性心理品质。

三、儿童心理在活动中发展

儿童是通过活动与周围环境发生关系的,社会教育儿童的要求也是通过儿童的活动提出的。学前儿童的活动主要有游戏、学习和劳动。

游戏是学前儿童最喜欢的活动,也是幼儿期儿童的活动的主要形式。学前儿童往往把他们所感知、观察到的家庭生活、成人劳动、人际关系等在自己的游戏中反映出来。学前儿童到动物园玩过后,可以玩"动物园游戏";到医院看病后便玩"医院游戏";还有"公共汽车游戏""理发店游戏",等等。在游戏中,学前儿童共同商量游戏规则,分配角色,设计情节,制作游戏材料。在游戏中,学前儿童始终处于积极主动状态,探索各种事物的性质、作用和关系,从而能细致深入地理解事物,促进其各种心理过程和个性心理发展。

微课 1-2:学前儿童心理发展的基本特点

学习是学前儿童积极参加的另一种活动。学前儿童在教师的指导下,在各种形式的教育活动中学习音乐、舞蹈,练习绘画,听故事,念儿歌,学习数数,了解科学常识,掌握基本知识和简单技能,既培养了学习的兴趣,也发展了学习的能力和意志品质。

微课 1-3:学前儿童学习的心理特点

学前儿童的劳动主要是自我服务的劳动,也可以是一些力所能及的家务劳动和为集体服务的劳动。劳动活动,能培养学前儿童良好的道德品质,形成热爱劳动的习惯,学会珍惜劳动成果,同时也促进心理的发展。

学前儿童的心理就是在以游戏为主要形式的各种活动中不断发展的。

思考与练习

1. 掌握以下概念:无条件反射、条件反射。
2. 什么是心理的实质?
3. 制约儿童心理发展的因素有哪些?请结合实例进行说明。

第二章

学前儿童的注意

第一节 注意概述

一、什么是注意

(一) 注意的定义

注意是我们日常生活中较熟悉、常见的一种现象。当我们在学习或工作时，我们的心理活动或意识总会指向并集中在某一对象上。比如课堂上，我们不是什么都看、都听、都记，而是有选择地去关心那些自己需要关注的对象，并把自己的精力都集中在所要看、听、记、想的内容上。所以，我们可以说注意就是"关注"，是心理活动对一定对象的指向与集中。指向性和集中性是注意的两个显著特点。指向是指人在清醒状态时，每一瞬间的心理活动只是有选择地倾注于某些事物，而同时离开其他的事物。例如我们周围有许多人，我们只注意到某几个人，对其余的人则并不留意。思索时，我们一时也只留心考虑一两个问题，而不思考其他问题。注意的集中，就是把心理活动贯注于某一事物。也就是说，注意不仅使心理活动有选择地指向于一定事物，而且全神贯注地对待这一事物。注意时神经系统既对某些刺激的兴奋增强，也对其他无关刺激加以抑制，从而使心理活动的对象得到鲜明而清晰的反映，对其他刺激则"视而不见"或"听而不闻"。

(二) 注意时的外部表现

人在集中注意于某个对象时，常常伴随有特定的生理变化和外部表现。注意的最显著的外部表现有以下几种。

1. 适应性运动

人在注意听一个声音时，把耳朵转向声音的方向，即所谓"侧耳倾听"。人在注意看一个物体时，把视线集中在该物体上，即所谓"目不转睛"。当人沉浸于思考或想象时，眼睛朝着某一方向"呆视"着，周围的一切变得模糊起来，而不致分散注意。

2. 无关运动的停止

当注意力集中时，一个人会自动停止与注意无关的动作。如小朋友在注意听故事时，他们会停止做小动作或交头接耳，表现得异常安静。

3. 呼吸运动的变化

人在注意时,呼吸变得轻微而缓慢,而且呼吸的时间也改变。一般来说,吸得更短促,呼得更长。在注意紧张时,还会出现心跳加速、牙关紧闭、握紧拳头等,甚至出现呼吸暂停现象,即所谓"屏息"。

教师可以观察儿童的外部表现来了解孩子们是否集中注意,但要真正了解儿童的注意情况,还全面了解儿童的一贯表现。

二、注意与心理过程

我们常说"注意听""注意看""注意记"……但注意本身是什么呢?我们不能直接给它一个描述。因为相对于心理过程来说,注意只是一种心理现象,它本身不是一种独立的心理过程,它是各种心理过程所共有的特性,是心理过程的开端,并且总是伴随着各种心理过程的展开。注意与心理过程,犹如空气和我们的生活一样,注意就是空气,生活就是心理过程,每时每刻我们都能感受到空气的存在,但我们很难直接看出或说出它是什么东西。事实上并不存在离开心理过程的单纯的注意。人们在注意什么的时候,总是在看它、听它、记它或想它。离开心理过程,也就谈不上注意了。所以,注意总是在我们的各种认识、情感、意志等心理活动过程中才得以表现。

当然,如俄国教育家乌申斯基所说的,注意是一扇门,一切来自外部世界的刚刚进入人的心灵的东西都要从那里通过。因而,注意是一切认识过程的开端,也是我们任何心理活动过程中的"空气",离开了注意,我们有意识的听、说、哭、笑等心理活动也就无法清晰、有效展开了。注意是我们心理旅程中的领航和护航员,没有注意,我们有意识的心理活动就要偏离航线,甚至停止。

总之,注意不是独立的心理过程,但任何一种心理过程自始至终都离不开注意。

三、注意的种类

注意有多种类型,划分的标准不同,注意的种类也不同。

(一)无意注意和有意注意

根据注意有没有自觉目的性和意志努力,注意可以分为无意注意和有意注意两类。

1. 无意注意

无意注意也称不随意注意,就是我们常说的"不经意",既没有自觉的目的,也不需要作意志的努力。如上课时,一个同学迟到,当他走入教室,大家就会不由自主地去注意他。这种注意是被动的、不自觉的,它是对环境变化的应答性反应。

引起无意注意的原因可分两类:一类是刺激本身的特点,即客观原因。这主要指周围事物中一些强烈的、新奇的、巨大的、鲜艳的、活动的、反复出现的事物容易引起无意注意。

刺激物的强度。刺激物的强度可以分为绝对强度和相对强度。如强烈的光线、巨大的声响、艳丽的色彩、浓烈的气味等都会不由自主地引起我们的注意。不大的声响,如窃窃私语,若发生在寂静的教室,也易引起我们的注意。

刺激物间的对比关系。刺激物之间的任何显著的差异,都容易引起人们的注意。如"万绿丛中一点红"和"鹤立鸡群"中的红色和鹤最易引人注目。

刺激物的运动变化。变化活动的刺激物比无变化活动的刺激物更容易引起我们的注意。如考试中晃动身体想作弊的同学,夜晚中闪烁的霓虹灯等都会引起人们的注意。

刺激物的新异性。如大街上打扮较为新潮的人,动画片中造型奇特的人物,易引起人们的注意。

当然,强烈、新奇等特点只是相对而言的,因此,上课时铅笔落地的声响就不足以引起注意。当一个新奇的东西长期存在或重复出现,也会失去吸引注意的作用。

引起无意注意的另一类原因就是人们本身的状态,也即主观条件。上述刺激物的本身特点,虽易引起人们的注意,但它支配不了人们的无意注意。同样的事物引起这个人的注意,却不一定引起另一个人的注意,这取决于人们不同的主观条件。这些条件主要指人对事物的需要、兴趣、态度,以及个人的情绪状态。一个人感兴趣的或符合一个人倾向性的事物容易引起他的注意。幼儿在"自选游戏"活动中,首先就不由自主地注意他最感兴趣的玩具。一个闷闷不乐的人,任何事物都很难引起他的注意。此外,无意注意也和一个人的经验、对事物的理解以及机体状态(如饥、渴等)有关。例如饥饿的人对食物最容易注意。

掌握无意注意的条件对于提高教学质量、提高宣传工作的效率等有一定意义。

2. 有意注意

有意注意也称随意注意,就是我们常说的"刻意"。它具有自觉的目的,并和意志努力相联系。如儿童要用积木搭一个动物园,他就要集中注意,不受其他活动干扰,并坚持努力才能把它完成,这样的注意就是有意注意。这是一种人所特有的注意形式,和无意注意有着质的不同。引起和保持有意注意有下列四个主要条件:

(1)明确活动的目的和任务。因为有意注意是有预定目的的注意,所以明确活动目的和任务对有意注意具有重大意义。对目的和任务理解得越清楚、越深刻,完成任务的愿望越强烈,那些和达到目的、完成任务有关的事物就越能引起强烈的注意。

(2)间接兴趣的培养。在无意注意中起作用的兴趣是直接兴趣,这种兴趣是由活动过程本身直接引起的。在有意注意中起作用的是间接兴趣。这种兴趣是对活动目的和结果的兴趣。有时活动过程本身并不吸引人,甚至是非常枯燥乏味的,但活动的结果却很吸引人,引起强烈兴趣,这种兴趣便是间接兴趣。形成稳定的间接兴趣,对引起和保持有意注意有很大作用。

(3)用坚强的意志和干扰作斗争。特别是在有干扰的情况下,更显出意志的重要性。这些干扰可能是外界的刺激,也可能是机体的某些状态,如疾病、疲劳等,还有可能是一些无关的思想和情绪等。除了采取一定措施排除一些干扰外,还要用坚强的意志和一切干扰作斗争。锻炼坚强意志对培养有意注意能起积极作用。

(4)合理地组织活动。例如提出明确的要求,使人理解所要解决的问题,把智力活动和实际操作结合起来,这些都有助于引起和保持有意注意。尤其把智力活动和实际操作结合起来,例如计算时,点数桌上的小木棒,观察时,翻看面前的实物,对幼儿有意注意的维持特别起作用。

但是,必须明确,任何活动都不可能单纯依赖哪一种注意形式。一方面要利用新颖、多变、刺激性强等特点,引起儿童的无意注意;另一方面还要激发儿童的有意注意。因为单靠有意注意,时间一长便会产生精神上的紧张和疲劳,儿童尤其如此,如果给他们的任务单调枯燥,更难保持他们的长时间的注意。所以在活动中,应使两种注意交替运用,相互转换,使儿童既能有兴趣地、主动积极地进行活动,又不致引起精神紧张和疲劳。

教师要根据儿童的年龄特点安排活动和教学工作。在教学活动中,教师要正确地运用语调的抑扬顿挫、语气的停顿、姿态表情的变化,适宜地运用直观教具、演示、表演活动,掌握好时间长度,以引起和保持儿童的无意注意。也要用明白易懂的语言,使儿童明确活动的任务、目的,了解活动可以得到的结果,并且随时激励他专心工作、坚持活动,以引起和保持儿童的有意注意,从而提高活动的效果。

拓展阅读 2-1:
注意力训练的几个方法

(二) 外部注意和内部注意

根据注意的对象存在于外部世界或个体内部,可以把注意分为外部注意和内部注意。

1. 外部注意

外部注意的对象存在于外部世界。外部注意是心理活动指向、集中于外界刺激的注意。幼儿的注意常常是外部注意占优势。

2. 内部注意

内部注意的对象是存在于个体内部的感觉、思想和体验等。内部注意是指向自己的心理活动和内心世界的注意。内部注意对于儿童自我意识的发展有重要意义。良好的内部注意使人能清楚地评价自己,实事求是地对待自己。对于人的道德、智慧和审美能力的发展也有重要作用。

第二节 学前儿童的注意

新生儿刚开始接触外部环境就出现无条件定向反射,这是无意注意发生的标志。婴儿的注意主要是无意注意,但注意的对象逐渐增加,在出生第一年的下半年,他们不仅注意具体事物,对周围的语言刺激也会注意。幼儿前期儿童随着言语的发展,逐渐学会调节自己的心理活动,主动集中指向于应该注意的事物,开始出现了有意注意的萌芽。幼儿前期儿童的有意注意主要是由成人提出的要求所引起的。两三岁的儿童逐渐依照语言指令组织自己的注意。学前儿童注意发展的表现如下。

一、学前儿童无意注意的发展

两三岁的儿童的无意注意已高度发展,而且相当稳定。凡是鲜明、直观、生动具体的形象,突然变化的刺激物都能引起他们的无意注意。但各年龄儿童由于所受教育以及生理和心理发展等方面的差异,他们的注意表现出不同的特点。

小班儿童的无意注意占明显优势,新异、强烈,以及活动着的刺激物很容易引起他们的注意。他们入园后经过一段时间的适应,对于喜爱的游戏或感兴趣的学习活动,也可以聚精会神地进行。但是,他们的注意很容易被其他新异刺激所吸引,也容易转移到新的活动中去。例如在"抱娃娃"游戏中,刚开始,参加者会把自己当成娃娃的爸爸或妈妈,耐心地喂饭,但当他转身去拿"饭"时,发现其他小朋友正在沙坑里搭起一座"小花园",他的注意便一下转到"小花园",而走到沙坑去玩了。

小班儿童的注意很不稳定,因此,当一个儿童因为得不到一个玩具而哭闹时,教师可以让他和别的儿童玩别的游戏,以此转移他的注意。这时,他的脸上虽然还挂着泪珠,但是很快就会高兴地玩起来了。

中班儿童经过幼儿园一年的教育,无意注意已进一步发展,且比较稳定。他们对于有兴趣的活动,能够长时间地保持注意。例如玩"小猫钓鱼"游戏,儿童一看到花猫的头饰和漂亮的钓鱼竿便兴致很高。在游戏中能够较长时间保持注意,玩个不停。在学习活动中,中班儿童对自己感兴趣的内容,也可以长时间地埋头学习。他们的注意不但持久、稳定,而且集中的程度也较高。

大班儿童的无意注意进一步发展和稳定。他们对于有兴趣的活动,能比中班儿童更长时间地保持注意。直观、生动的教具可以引起他们长时间的探究。中途突然中止他们的活动,往往会引起他们的反感。同样,大班儿童可以较长时间地听教师讲述有趣的故事,不受外界的干扰,对于影响讲述的因素会明显地表现出不满,而且设法加以排除。大班儿童的无意注意已高度发展,相当稳定。

二、学前儿童有意注意的发展

幼儿前期儿童已出现有意注意的萌芽。进入幼儿期后,儿童有意注意逐渐形成和发展。有意注意是由脑的高级部位特别是额叶控制的。额叶的发育比大脑其他部位迟缓,幼儿期儿童额叶的发展为有意注意的发展准备了条件。有了这个条件,儿童的有意注意在成人的要求和教育下就开始逐渐发展。

小班儿童的注意是无意注意占优势,有意注意只是初步形成。他们逐渐能够依照要求,主动地调节自己的心理活动,指向并集中于应该注意的事物。但有意注意的稳定性很低,心理活动不能有意地持久集中于一个对象上。在良好的教育条件下,一般也只能集中注意 3—5 分钟。此外,小班儿童注意的对象也比较少。譬如进行活动时,教师引导儿童观察图片,他们往往只注意到图片中心十分鲜明或者十分感兴趣的部分,对于边缘部分或背景部分常不注意。所以为小班儿童制作图片,内容应尽量地简单、明了,突出中心。呈现教具时也不能一次呈现过多。此外,教师还要具体指示儿童应注意的对象,使儿童明确任务,以延长儿童注意的时间,并注意到更多的对象。

中班儿童随着年龄的增长,在正确教育的影响下,有意注意得到发展。在适宜条件下,注意集中的时间可达到十分钟左右。在短时间内,他们还可以自觉地把注意集中于一种并非十分吸引他们的活动上。例如进行美术活动时,为了画好图,他们可以集中注意地看范图,耐心地听老师讲解,然后自己作画。又如,为了正确回答教师提出的计算问题,他们能够集中注意,默数贴在绒布上的图形数目或者点数自己的手指或实物。

小班儿童还不能同时注意几种对象,注意的分配能力很低。在游戏中,小班儿童往往顾不上别的儿童,当注意到别人游戏时,自己便无法正常进行活动。而中班儿童在和小朋友一起玩时,不仅能自己玩好,还可以同时照顾其他小朋友。这表明中班儿童活动时,已经能够同时注意到几种对象,注意的分配能力有所提高。

大班儿童在正确的教育下,有意注意迅速发展。在适宜条件下,注意集中的时间可延长到十至十五分钟。这样,他们就能够按照教师的要求去组织自己的注意。在观察图片时,他们不仅可以了解主要内容,也可在教师提示下或自觉地去注意图片中的细节和衬托部分。

就外部注意和内部注意来说，大班儿童不仅能注意外部的对象，对自己的情感、思想等内部状态也能予以注意。听故事时，他们可以根据自己的体验去推测故事中人物的心理活动和内心想法。有时在下课后，还会找老师讲述一些课堂上的问题以及自己的想象和推测等。这说明大班儿童的有意注意已相当发展。

三、学前儿童注意品质的发展

注意具有广度、稳定性、转移和分配等四种品质。在幼儿期，儿童注意的品质在良好的教育下不断发展。

（一）注意的广度

注意的广度也叫注意的范围，是指在同一瞬间所把握的对象的数量。成人在 1/10 秒的时间内，一般能够注意到 4—6 个相互间无联系的对象，而儿童最多只能把握 2—3 个对象。所以，儿童的注意广度比较狭窄。不过，随着年龄和知识经验的增长以及生活实践的锻炼，儿童注意的广度会逐渐扩大。

（二）注意的稳定性

注意的稳定性指把握对象的时间的长短。儿童对于有趣生动的对象可以较长时间地注意，但对乏味枯燥的对象则难以维持注意。总的来说，儿童注意的稳定性还比较差，更难以持久地、稳定地进行有意注意。但在良好的教育影响下，儿童注意的稳定性会不断发展。如前所述，小班儿童一般只能稳定地集中注意 3—5 分钟，中班儿童可达 10 分钟，大班儿童可延长到 10—15 分钟。

（三）注意的转移

注意的转移指有意识地调动注意，从一个对象转移到另一个对象上。这反映了注意的灵活性。学前儿童还不善于调动注意，小班儿童更不善于灵活转移自己的注意，以致该注意另一对象时，却难以从原来的对象移开。大班儿童则能够随要求而比较灵活地转移自己的注意。

（四）注意的分配

注意的分配指在同一时间内把注意集中到两种或几种不同的对象上。学前儿童还不善于同时注意几种对象，往往顾此失彼。但在幼儿期中，儿童注意分配能力逐渐提高。例如大班儿童做体操时，既能注意做好自己的动作，又能注意到保持体操队形的整齐。

四、注意规律在幼儿园活动中的应用

注意对于动物来说具有极重要的生存意义；对人类来说，由于人的心理活动中有了语言的参与，注意更具有了特殊意义。概括地说，注意有下列三种功用。

其一，选择功用。注意使心理活动能够选择合乎需要的、与当前活动相一致的、有一定意义的信息，同时排除其他与当前活动矛盾的或起干扰作用的各种影响，使认识对象更加明确。如果没有注意，心理活动便很难正常进行。例如学习时，注意使幼儿专心听教师讲课，不受其他刺激干扰。

其二，保持功用。注意使反映对象一直维持在意识之中，直到目的达到为止。例如儿童画

微课 2-1：
注意的品质与
幼儿的活动

17

图,如果他把注意力集中在画画上,就能一直专心作画,直到画完为止。

其三,调节和监督功用。当外界情境、本身状态或反映对象发生变化时,注意这种心理现象促使各方面进行调整,使心理活动处于一种积极状态之中,从而能始终有效地进行。例如儿童用积木搭一座大桥时,如果别的儿童在旁边玩其他游戏,使他分心,或者遇到困难,发生动摇,这时,注意使他调节心理状态从而集中心思,克服困难,监督他继续把大桥搭成。有些儿童的心理活动之所以不能继续坚持达到预定目的,往往是由于他们注意的调节监督机能没有完善发展或没有很好发挥作用。

由上可知,注意对于人的生活有着极其重要的意义。它使人能随时觉察外界的变化,集中自己的心理活动,正确反映客观事物,更好地适应和改造客观世界。对于学前期的儿童来说,注意在其心理的发展中更有着特殊的意义和价值。注意能使儿童从周围的环境中获得更清晰、丰富的信息。注意是儿童活动成功的必要条件。

在整个学前期,尽管儿童的注意能力逐渐在提高,但由于儿童生理发展的限制以及知识经验的不足,他们的注意力发展水平总体上还很低,特别容易出现注意分散现象。儿童还不能长时间地把注意集中在应该注意的对象上,有的甚至表现出多动症的行为。所以,客观分析儿童注意分散和多动的原因,根据儿童注意发展的年龄特征,正确应用注意的规律对儿童进行注意分散的预防,是教师和家长必须关注的首要问题。

(一) 儿童注意分散的原因

引起儿童注意分散的原因很多,主要有下列五种。

1. 无关刺激过多

儿童的注意是无意注意占优势。他们容易被新异的、多变的或强烈的刺激物所吸引,加之注意的稳定性较低,容易受无关刺激的影响。例如活动室的布置过于繁杂,环境过于喧闹,甚至教师的服饰过于奇异,都可能影响幼儿的注意,使他们不能把注意集中于应该注意的对象上。实验表明,让儿童自己选择游戏时,一般以提供四五种不同的游戏为宜。提供太多的游戏,儿童既难选择,也难以集中注意玩好。

2. 疲劳

儿童神经系统的机能还未充分发展,长时间处于紧张状态或从事单调活动,便会发生疲劳,出现"保护性抑制",起初表现为无精打采,随之注意力开始涣散。所以幼儿园的教学活动要注意动静搭配,时间不能过长,内容与方法要力求生动多变,能引起儿童兴趣,从而防止疲劳和注意涣散。

造成疲劳的另一重要原因是缺乏科学的生活规律。有的家长不重视儿童的作息安排,晚上让儿童花费很长时间看电视,或让儿童和成人一样晚睡,于是儿童睡眠不足。许多儿童双休日在家时,父母为他安排过多的活动,如去公园、逛商店、访亲友等,打乱了原来的生活规律,儿童得不到充分休息,过度兴奋。正像一些调查所表明的那样,儿童在星期一情绪最难稳定,注意常常涣散,这对他们的学习和活动极为不利。

3. 目的要求不明确

有时教师对儿童提出的要求不具体,或者活动的目的不能为儿童理解,也是引起儿童注意涣散的原因。儿童在活动中常常因为不明确应该干什么,左顾右盼,注意力转移,影响其积极从事相应活动。

4. 注意不善于转移

儿童注意的转移品质还没有充分发展,因而不善于依照要求主动调动自己的注意。例如,儿童听完一个有趣的故事,可能长久地受到某些生动的内容情节的影响,注意难以迅速地转移到新的活动上去,因而从事新的活动时,往往还"惦记"着前一活动而出现注意分散现象。

5. 无意注意和有意注意没有并用

教师只组织儿童一种注意形式,也能引起注意分散。例如只用新异刺激来引起儿童的无意注意,当新异刺激失去新异性时,儿童便不再注意。如果只调动有意注意,让幼儿长时间地主动集中注意,也容易引起疲劳,结果注意更易分散。

(二) 儿童注意分散的防止

针对幼儿注意分散的原因,教师应采用适当措施防止注意分散。

1. 防止无关刺激的干扰

游戏时不要一次呈现过多的刺激物,上课前应先把玩具、图画书等收起放好,上课时运用的挂图等教具不要过早呈现,用过应立即收起。对小年龄儿童更不要出示过多的教具。教师本身的装束要整洁大方,不要有过多的装饰,以免分散儿童的注意。

2. 制定合理的作息制度

应制定合理的生活起居制度,使儿童有充分的睡眠和休息。晚间不要让儿童多看电视,或看得太晚;周末不要让儿童外出玩得太久。要使儿童的生活有规律,保证他们有充沛的精力从事学习等活动,防止注意分散。

3. 培养良好的注意习惯

成人应培养儿童集中注意学习、集中注意工作的良好习惯,使他们在学习或参加其他活动时不要随便行动或漫不经心,成人这时也不要随便干扰他们,使儿童在实践活动中养成集中注意的习惯。

4. 适当控制儿童的玩具和图书的数量

这里不是指购买的数量,而是阶段时间内提供给儿童的数量。玩具过多,孩子一会儿玩玩这个,一会儿玩玩那个,很容易什么活动也开展不起来,什么也玩不长。留下适当数量的活动材料,其余的收起来,不仅常玩常新,也有利于儿童注意力的培养。儿童玩具应该少而精。

5. 不要反复向儿童提要求

教师和家长向儿童提要求或嘱咐时,唯恐他们没听见或没记住,常爱反复说上许多遍。这种做法十分不利于培养儿童注意听的习惯,因为在他们看来,这次有没有注意没关系,反正家长还会再讲。如果家长/教师没有这些唠叨的习惯,儿童反而可能会认真注意听。

6. 灵活地交互运用无意注意和有意注意

教师可以运用新颖、多变、强烈的刺激,激发儿童的无意注意。但无意注意不能持久,而且学习等活动也不是专靠无意注意所能完成的,因而还要培养和激发儿童的有意注意。教师可向儿童讲明学习本领和做其他活动的意义和重要性,说明必须集中注意的道理,使儿童逐渐能主动地集中注意。即使对不十分感兴趣的事物也能努力注意,自觉地防止分心。教师应灵活运用两种注意形式,交替运用,使儿童能持久地集中注意。

7. 提高教学质量

教师要积极提高教学质量,这是防止儿童注意分散的重要保证。教师要多方面改善教学内

容,改进教学方法。所有的教具要色彩鲜明,能吸引儿童的注意;所用挂图或图片要突出中心,所有的语词要形象生动,为儿童所能理解。这样做容易引起儿童注意。此外,教师要积极引起儿童的兴趣,激发他们旺盛的求知欲和好奇心,以及良好的情感态度,以促进儿童持久集中注意,防止其注意受到干扰而涣散。

(三)审慎处理儿童多动现象

在学前期,我们经常感到有一些儿童特别好动,注意力容易分散,结果不仅影响自己的学习,甚至破坏全班的秩序。这些好动的儿童,常常因为周围细小的动静而注意力不能集中。他们玩积木、画图、听故事时,即使感到有兴趣,也只能短时间集中注意。他们参加规则游戏时,往往不注意听教师讲解游戏规则,所以游戏开始,并不知道怎样玩,有时甚至妨碍游戏的进行。而在语言课、计算课等学习活动中,注意分散的现象就更加明显。他们往往不能按照要求专心参加各种活动,专心听讲的时间很短暂,难以维持自己的注意。他们有时两眼盯着教师,貌似注意,实际上在开小差,根本没有听;当大家回答问题时,他们也会举起手来,但让他们回答时,便茫然不知所措。这种儿童只有当教师严格要求和不断督促时,才能把注意集中得稍久。

研究表明,这些儿童智力水平往往并不低,只是由于注意分散,集中困难,以致严重影响了学习成绩和以后的发展。

父母和教师对于这种多动的儿童十分担心,甚至轻率地断定其是多动症患者,这是非常不恰当的。

多动症也称作轻微脑功能失调,这是一种行为障碍,主要特征是活动过多,注意力不集中,容易激动,行为冲动,情绪不稳定。

一名儿童是否患多动症,仅凭经验是难以正确断定的。对于一个多动的幼儿,必须根据其生活史、临床观察、神经系统检查、心理测验等进行综合分析,才能确定其是否患多动症。因此,我们不能轻易地把儿童的好动当作多动症来对待。

作为一个教师,首先要从自己的教育和教学工作检查,来确定儿童注意分散的原因,切不可把注意力容易分散的儿童轻率地视作多动症患者,而加以指斥和推卸责任。这样不仅不能使儿童改正其行为的缺点,而且使儿童从小被贴上多动症的标签而影响他们以后心理的健康发展。教师要审慎处理多动的儿童,更要重视儿童注意分散现象,分析和确定其原因,积极改善自己的教育和教学工作。同时要积极培养儿童良好的注意习惯,促进儿童注意的发展。

思考与练习

1. 掌握以下概念:无意注意、有意注意、注意的范围、注意的稳定性。
2. 注意与人的心理活动有什么关系?请结合具体情况加以说明。
3. 结合幼儿注意的特点谈谈如何组织幼儿的活动。

第三章

学前儿童的感觉和知觉

第一节　感觉和知觉概述

一、什么是感觉和知觉

感觉是人脑对直接作用于感觉器官的客观事物的个别属性的反映。每个人都生活在一个丰富多彩的世界里,当我们认识某种事物时,先将事物的颜色、声音、硬度、湿度、气味、味道等个别属性通过感觉器官反映到人脑中,使大脑获得了各种外部信息,从而产生了相应的感觉。如我们面前放了一个苹果,我们是怎样认识它的呢?我们用眼睛看,知道它有红红的颜色,圆圆的形状;用嘴去咬,知道它是甜的;拿在手上掂一掂,知道它有一定的重量。我们的头脑接受、加工了这些属性,进而认识了这些属性,这就是感觉。

任何客观事物,其个别属性都不是孤立存在的,而是由多种属性有机结合起来构成一个整体。如我们面前有一枝花,我们并非孤立地反映它的红色、多味、多刺的枝干……而是通过脑的分析与综合活动,从整体上同时反映出它是一朵玫瑰花,这就是知觉。

知觉是人脑对直接作用于感觉器官的客观事物的整体的反映,其实质是说明作用于感官的事物"是什么"这个问题。

感觉和知觉是紧密联系而又有区别的心理过程。

感觉和知觉都是人脑对当前直接作用于感觉器官的客观事物的反映,离开了客观事物对人的作用,就不会产生相应的感觉与知觉。事物的整体是事物个别属性的有机结合,对事物的知觉也是反映事物个别属性的感觉在头脑中的有机结合。由此看来,感觉是知觉的基础。没有感觉也就没有知觉。感觉越精细、越丰富,知觉就越正确、越完整。同时,事物的个别属性总是离不开事物的整体而存在,所以实际上,我们绝不会脱离花而孤立地看花的颜色,任何颜色必然是某种物体的颜色。当我们感受到某种物体的颜色或其他属性时,实际上已经知觉到该物体的整体。离开知觉的纯感觉是不存在的。反过来,要知觉整个物体,又必须首先感觉到它的色、形、味等各种属性以及物体的各个部分。人总是以知觉的形式直接反映事物,感觉只是作为知觉的组成部

21

分存在于知觉之中,很少有孤立的感觉。因此,我们通常把感觉和知觉统称为感知觉。在心理学中为了科学分析的方便,才把感觉和知觉分别出来进行研究。

另外,知觉还包含其他一些心理成分。如过去的经验以及人的倾向性常常参与在知觉过程中,因而当我们知觉一个对象时,可以作出不同的反映。例如一座山,画家知觉它为写生的对象,着重反映它的造型;地质学家知觉它为矿藏资源的特征,着重考虑如何去挖掘、开发;旅游学家知觉它为美丽的风景区,着重考虑如何去开发这片丰富的旅游资源。

二、感觉和知觉的功用

(一)感知觉是认识的开端,是获得知识的源泉

人对客观世界的认识从感知觉开始。人类的知识,无论是来自自身经历的直接经验,还是通过阅读书本得到的间接经验,都是先通过感知觉获得的。人类的知识无论多么复杂,也都是建立在通过感知觉而获得的感性知识的基础上的。

(二)感知觉是一切心理现象的基础,也是个体与环境保持平衡的保障

感知觉是比较简单的心理过程,但它却给高级的复杂的心理过程提供了必要基础,没有感知觉,外部刺激就不可能进入人脑中,因此,人就不可能产生记忆、想象、思维等高级的心理过程。感知觉不仅为记忆、思维、想象等提供了材料,也是动机、情绪、个性特征等一切心理活动的基础。没有感知觉也就没有人的心理。当人的感觉被剥夺或感知觉缺损不能正常感知时,人的心理就会出现异常,人们就会出现严重的心理障碍甚至难以生存。"感觉剥夺"实验就是最好的证明。在感觉剥夺实验中,人在感觉完全隔绝的情况下,记忆、思维、言语能力都出现了不同程度的障碍,甚至还产生了幻觉与强迫症状,使正常的心理活动受到破坏。由此可见,感知觉对于维护人的正常心理、保证人与环境的平衡起着极为重要的作用。

拓展阅读3-1:
感觉剥夺实验

三、感觉和知觉的种类

(一)感觉的种类

感觉的种类是根据分析器的特点以及它所反映的最适宜刺激物的不同而划分的,可以把感觉分为两大类:外部感觉和内部感觉。外部感觉的感受器位于人体的表面或接近表面的地方,主要接受来自体外的适宜刺激,反映体外事物的个别属性,主要有视觉、听觉、嗅觉、味觉、触觉等。内部感觉的感受器位于肌体的内部,主要接受肌体内部的适宜刺激,反映自身的位置、运动和内脏器官的不同状态,包括运动觉、平衡觉和肌体觉。具体见表3-1所示。

表3-1 感觉的分类

类别	感觉种类	适宜刺激	感受器	反映属性
外部感觉	视觉	可见光波	视锥细胞和视杆细胞	黑、白、彩色、明暗
	听觉	可听声音	耳蜗管内的毛细胞	声音
	味觉	溶解于水、唾液中的化学物质	舌与咽部的味蕾	甜、酸、苦、咸等味道

续　表

类别	感觉种类	适宜刺激	感受器	反映属性
外部感觉	嗅　觉	有气味的气体	鼻腔黏膜的嗅细胞	气味
	肤　觉	机械性、温度性刺激物	皮肤和黏膜上的冷点、温点、痛点、触点	冷、温、痛、压、触
内部感觉	运　动　觉	骨骼肌运动、身体四肢位置状态	肌肉、肌腱、韧带、关节中的神经末梢	身体运动状态位置变化
	平　衡　觉	人体位置变化（直线变速或旋转运动）	内耳、前庭和半规管的毛细胞	身体位置变化
	肌　体　觉	内脏器官活动变化时的物理化学刺激	内脏器官壁上的神经末梢	身体疲劳、饥渴和内脏器官活动不正常

（二）知觉的种类

根据不同标准，可以把知觉进行不同的分类。

1. 根据知觉过程中起主导作用的分析器，可以把知觉分为视知觉、听知觉、味知觉、嗅知觉和肤知觉等。

2. 根据知觉对象不同，可以把知觉分为物体知觉和社会知觉。物体知觉主要是对物的知觉，主要有空间知觉、时间知觉和运动知觉；社会知觉是对人的知觉，主要包括对他人的知觉、自我知觉和人际关系的知觉。

四、感觉和知觉的特性

（一）感受性及其变化规律

1. 定义

感受性即感觉的能力。不同的人对同等强度刺激物的感觉能力是不一样的。感受性高的人能感觉到的刺激，不一定能被感受性低的人感觉到。如有经验的染色工人能辨别几十种不同的黑色，而一般人则很难分辨。一个人的感受性高低不是一成不变的；同一个人在不同条件下，对同一刺激物的感受是有高低的。

2. 感受性变化的规律

（1）感觉的相互作用。各种感觉不是孤立存在的，而是相互联系、相互制约的，不同感觉的相互作用，可以使感受性发生变化。在生活中，人们经常会发现，牙疼可以因强烈的声音刺激而加剧，也可因压迫皮肤而减轻；食物的颜色、温度会影响人对食物的味觉；摇动的视觉形象会引起平衡觉的破坏，产生呕吐现象。实验证明，微弱声音能提高视觉的感受性，强烈噪声能降低色觉的差别感受性。

（2）感觉的适应。适应是在刺激物持续作用下引起感受性的变化。这种变化可以是感受性的提高，也可以是感受性的降低；有时也可以是感觉的消失。古语说，"入芝兰之室，久而不闻其香；入鲍鱼之肆，久而不闻其臭"，就是嗅觉的适应；我们经常看到有些老年人把眼镜移到自己额头上到处找眼镜，这是触压觉的适应；在热水中洗澡的时候，开始觉得水很热，但一会儿后，就不

再感觉热了,这是肤觉的适应。

视觉的适应可分为明适应和暗适应。如从亮处进到暗室,开始什么也看不清楚,过了一会儿,对弱光的感受性逐渐提高,就能分辨出物体的轮廓了。这一过程就是暗适应。当从暗室走到阳光下时,最初一瞬间感到耀眼发眩,什么都看不清楚,只要过几秒钟,由于对强光的感受性较快地降低,视觉随即恢复正常,就能清楚地看清周围事物了,这种现象叫明适应。

(3)感觉的对比。感觉的对比是指同一感受器接受不同的刺激而使感受性发生变化。感觉的对比有同时对比和相继对比。如"月明星稀",天空上的星星在明月下看起来比较少,而在黑夜里看起来就明显地增多;灰色的长方形放在黑色背景上看起来要比放在白色背景上更亮些。吃了糖之后,接着吃苹果,觉得苹果很酸;而吃了苦药之后,接着喝口白开水也觉得有甜味,这是相对比较。

(4)感受性的训练。人的感受性是可以通过实践活动的训练得到提高的。在人们的生活实践中,因为实践活动的需要,对某种感觉做长期的、精细的训练,能使感受性大大超过其他人。如熟练的炼钢工人,能够根据钢水的火花判断炉内温度的高低;熟练的品茶师呷一口茶,就知道茶的产地、等级;熟练的汽车司机,侧耳一听,就能听出常人听不出的机器运转的异常声音,等等。此外,由于某种原因造成丧失一种感觉能力的人,其他感觉能力会由于代偿而得到特殊的发展。如聋哑人的视觉特别敏锐,盲人的听觉和触觉特别发达。以上这些人的感觉能力有如此惊人的发展,并不是他们先天具有特殊的分析器,而主要是在后天生活和劳动实践的过程中长期锻炼发展起来的。

(二) 知觉的特性

1. 知觉的选择性

人所处的周围环境复杂多样,某一瞬间,人不可能对众多事物进行感知,而总是有选择地把某一事物作为知觉对象,与此同时,把其他对象作为知觉对象的背景,这种现象叫知觉的选择性。

影响知觉选择性的因素有主观和客观两个因素。从客观而言,主要有:(1)对象与背景的差别。对象与背景差别越大,越容易从背景中选择出来。如黑板上的白字很容易成为知觉的对象,而白墙写白字就不容易被知觉;批改作业,用红笔最醒目。(2)对象的活动性。在相对静止的背景上,活动的刺激物容易被知觉。如夜晚的天空,一颗流星很容易被人感知;闪烁的霓虹灯广告,电影、幻灯等活动的教具,都易被人知觉。(3)对象的特征。特征明显的刺激物容易被知觉。如一个踩高跷的人,走在大街上就容易成为知觉的对象。从主观因素来看,像知觉有无目的和任务,已有的知识经验的丰富程度,个人的兴趣、爱好与情感状态等,都影响对知觉对象的选择。

2. 知觉的整体性

知觉的对象具有不同的属性,由不同的部分组成,但是人并不把知觉的对象感知为个别的孤立的部分,而是把它知觉为一个统一的整体,这种特性称为知觉的整体性。

如图3-1,在看此图时,我们一开始就把它知觉为一个三角形和正方形,而不是知觉为三条线段和四条线段。在整体性知觉中,刺激物之间的关系起着重要作用。有时,刺激物的个别部分改变了,但各部分的关系不变,仍能保持整体知觉。如一首乐曲由不同人演唱,用不同乐器演奏,都被知觉为同一首乐曲。部分之间的关系改变,知觉的整体形象就会变化。如四条相等的线段,两两垂直地组成封闭图形,则是正方形;同样四条线段,不两两垂直地组成封闭图形,就变成菱形了。可见,物体各部分的关系以及对关系的反映是知觉整体性的基础。

另外,有知识经验的补充和部分属性作用时,人才能形成对事物的整体性知觉。

图 3-1　知觉例 1

3. 知觉的理解性

在知觉过程中,人总是用已具有的知识经验,对感知的事物进行理解,并用词把它标示出来,这种特性就是知觉的理解性。

知觉的理解性是以知识经验为基础的。知识经验越丰富,对知觉对象理解得就越深刻,越全面。如一个有经验的医生在 X 光片上能够看到不为一般人所察觉到的病变;操作工人在机器运转的声响中能辨别出它是否有故障,而一个门外汉,则除了响声什么也听不出来。

词对人的知觉具有指导作用,可以加快对知觉对象的理解,图 3-2 看上去只是一些黑色的斑点,分辨不出是什么东西。如果有人用语言指导,说"这是一条狗",我们立刻就能将这些斑点看成一条狗的轮廓。

此外,个人的动机、期望、情绪与兴趣以及定势等对人的知觉理解性都有重要的影响。

图 3-2　知觉例 2

4. 知觉的恒常性

当知觉的条件在一定范围内改变了的时候,被知觉的对象仍然保持相对不变的特性,这种特性称为知觉的恒常性。如强光照射煤块的亮度远远大于黄昏时粉笔的亮度,但我们仍然把强光下的煤块知觉为黑色,把黄昏时的粉笔知觉为白色。恒常性在视觉中最为明显,表现在大小、形状、亮度、颜色等上。

知觉的恒常性主要是由于过去经验作用的结果。人总是在自己的知识经验的基础上知觉对象的,对知觉对象的知识经验越丰富,越有助于产生知觉的恒常性。

知觉的恒常性在我们的生活、工作和学习中有重要的意义。它有利于人们正确地认识和适应环境;恒常性消失,人对事物的认识就会失真,工作与学习会遭遇严重的困难。

第二节　学前儿童的感觉和知觉

一、学前儿童感觉的发展

(一) 视觉

1. 视觉敏锐度

是指人类分辨细小物体或远距离物体细微部分的能力,也是人们通常所说的视力。在整个

拓展阅读 3-2:
视崖实验

25

幼儿期,儿童的视觉敏锐度在不断地提高。研究者让儿童在一定距离看白色背景上画有缺口的圆圈,测量儿童刚好能看出缺口的距离,结果是,4-5岁儿童的平均距离为207.5厘米,5-6岁儿童的平均距离为270厘米,6-7岁儿童的平均距离为303厘米。如果以6-7岁儿童视觉敏锐度的发展程度为100%的话,那么,4-5岁儿童的为70%,5-6岁儿童的为90%。可见,5岁是视觉敏锐度发展的转折期。

因此,我们要注意幼儿期儿童视觉敏锐度的发展,在制作教具、图片时,给年幼儿童的文字、图画要大些,桌椅要考虑儿童的身高,教室的采光要充足,要充分利于儿童视觉敏锐度的发展。

微课 3-1:
感知觉规律特点及其在幼儿园教育教学中的运用

2. 颜色视觉

是指区别颜色细致差别的能力,又称为辨色能力。幼儿期,儿童颜色视觉继续发展。幼儿初期,儿童已能初步辨认红、橙、黄、绿、蓝等基本色,但辨认混合色和近似色,往往较困难,也难以说出颜色的正确名称。幼儿中期,儿童大多数能认识基本色、近似色,并能说出基本色的名称。幼儿晚期,儿童不仅能认识颜色,而且在画图时,能运用各种颜料调出需要的颜色,并能正确地说出混合色和近似色的名称。

丁祖荫、哈永梅于1983年作的儿童辨色能力的研究,曾得到以下结果:

(1) 儿童正确辨认颜色的百分率和正确辨认颜色数,均随年龄增长而提高。

(2) 儿童正确辨认颜色的百分率,因年龄不同、颜色不同、辨认方式不同而有差异。

(3) 儿童辨认颜色主要在于能否掌握颜色名称,如果混合色有明确的名称,如淡棕、橘黄,儿童同样可以掌握。

(4) 儿童辨认颜色之所以发生错误,可能是由于辨认颜色能力没有很好发展,也可能是由于注意力不集中,不认真仔细区分辨别等原因。

(5) 儿童对于某些颜色,如天蓝、古铜等,不能辨认或不善于辨认,并非完全由于缺乏辨色能力,主要是由于在生活中接触机会少,成人也没有做有意识的指导。

研究者根据实验结果,建议在教育中要注意指导儿童掌握明确的颜色名称;通过近似色的对比指导儿童辨色;使儿童多接触各种颜色,并经常教育儿童作精确的辨认。

(二) 听觉

儿童通过听觉辨别周围事物,欣赏音乐,学唱歌。特别是通过听觉学说话,学知识,听觉对儿童来说意义重大。

1. 听觉感受性

听觉感受性包括听觉的绝对感受性和差别感受性。绝对感受性是指儿童分辨最小声音的能力。差别感受性是指儿童分辨不同声音的最小差别的能力。儿童的听觉感受性有巨大的个别差异。有的儿童感受性高些,有的则低些,但总的来说,听觉感受性随着年龄的增长而不断完善。

2. 言语听觉

儿童辨别语音是在言语交际过程中发展和完善起来的。幼儿中期,儿童可以辨别语言的细小差别;到了幼儿晚期,儿童基本上能辨别本民族语言所包含的各种语音。教师在儿童语言教育中,应特别注意儿童是否听得清楚,要及时发现儿童在听觉方面的缺陷和重听现象。所谓重听是指儿童对别人的话听得不清楚、不完全,但他们常常能根据说话者的面部表情、嘴唇动作以及当时说话的情境,猜出说话的内容。这种现象往往不易被人们觉察出来,但它却对儿童言语听觉、言语及智力的发展具有一定的影响,因此,应当引起人们的重视。

（三）触觉

触觉是肤觉和运动觉的联合，也是儿童认识世界的主要手段。儿童触觉的绝对感受性在儿童很小的时候就发展起来了，如对软硬、轻重、粗细等的辨别。触觉的差别感受性是在幼儿期才开始发展起来的。例如在实验中，要求儿童不用眼睛看，而是用手去掂量物体的重量，其中 4 岁儿童对物体重量的估计错误率大于 70％，而 7 岁儿童对物体重量的估计错误率只有 37％。这说明儿童的触觉得到了迅速发展。但针对不同年龄阶段儿童，可运用的掂量方法不同，对 4 岁儿童可运用同时比较的掂量法，而 7 岁儿童则可以采用相继比较的掂量法。

二、学前儿童知觉的发展

（一）空间知觉

空间知觉是一种比较复杂的知觉，是由视觉、听觉、运动觉等多种分析器联合活动的结果。儿童空间知觉的发展不仅有赖于丰富的表象，还有赖于掌握表示空间关系的词。

1. 方位知觉

方位知觉是指对物体所处的空间位置的知觉，如对上、下、前、后、左、右、东、西、南、北、中的知觉。儿童的方位知觉发展的顺序是上、下、前、后、左、右。3 岁能辨别上、下，4 岁能辨别前、后，5 岁能以自身为中心辨别左、右，6 岁儿童虽然能完全辨别上、下、前、后四个方位，但以左右方位的相对性来辨别仍很困难。

由于儿童辨别空间方位是从以自身为中心辨别过渡到以其他客体为中心辨别，因此，教师在舞蹈、体育等活动中要做"镜面"示范。

2. 形状知觉

形状知觉是指对物体几何形体的知觉。它依靠运动觉和视觉的协同活动。实验表明 3 岁儿童基本能根据范样找出相同的几何图形，5—7 岁儿童的正确率比 3—4 岁儿童高。对儿童来说，对不同几何图形的辨别难度有所不同，由易到难的顺序是：圆形、正方形、长方形、半圆形、梯形、菱形。幼儿初期，儿童能正确掌握圆形、正方形、三角形、长方形。幼儿中期，儿童能正确掌握圆形、正方形、三角形、长方形、半圆形、梯形。幼儿晚期，儿童能正确掌握圆形、正方形、三角形、长方形、半圆形、梯形，并在教师指导下，儿童能适当辨认菱形、平行四边形和椭圆形。

为了更好地促进儿童形状知觉的发展，教师在教学中，一方面要使幼儿掌握关于几何图形的词语，另一方面要让幼儿在看与摸的结合中学习几何形体。

3. 距离知觉

距离知觉是辨别物体远近的知觉。儿童能分清所熟悉的物体或场所的远近，但对于比较广阔的空间距离，还不能正确认识。儿童常常不懂得透视原理，不懂得近物大远物小、近物清晰远物模糊的原理，所以他们在绘画作品中，经常是不能把实物的距离、位置、大小等空间特性正确表现出来，不能判断作品中人物的远近位置，如把图画中远处的树称为大树，把近处的树称为小树。

（二）时间知觉

时间知觉是对客观现象的延续性、顺序性和速度的反映。由于时间比空间更为抽象，为了正确地感知它，必须借助中介物，如天体的运行、人体的节律或专门的计时工具。

幼儿期前，儿童主要以人体内部的生理状态来反映时间，如以生物钟即以生物节律周期来反

映时间,到点就感到饿,想要吃。到了幼儿期儿童逐渐能够以外界事物作为时间的标尺。

幼儿初期,儿童已经有一些初步的时间概念,但往往与他们具体的生活活动相联系,比如早晨就是起床的时间,上幼儿园的时间;下午就是家长接自己回家的时候;晚上就是睡觉的时候。有时也会用一些表示相对性的时间概念,如昨天、明天,但经常会用错,如"妈妈明天已经领我去奶奶家了"。一般说来,他们只懂得现在,不理解过去和将来。

幼儿中期,儿童可以正确理解昨天、今天、明天,也会运用早晨、晚上等词,但对于较远的时间,如前天、后天便不很理解。如一个 4 岁半的儿童问妈妈:"我什么时候过生日?"妈妈说:"后天。"孩子问:"后天是什么时候?"妈妈说:"再睡两次觉。"孩子在闭了两次眼睛后问妈妈:"到我生日了吧?"

幼儿晚期,儿童可以辨别昨天、今天、明天等一些时间概念,也开始能辨别大前天、前天、后天、大后天,也能分清上午、下午,知道星期几,知道四季,但对于更短的或更远的时间观念就很难分清,如从前、马上等。

儿童的时间知觉在教育过程中得到发展。有规律的幼儿园生活能帮助儿童建立时间概念,音乐和体育活动能使儿童掌握有节奏和有节律的动作,观察有时间联系的图片,如蝌蚪变青蛙等有助于儿童形成时间观念,通过讲故事,可以使儿童掌握从前、古时候、后来、很久很久等有关时间的词汇。

三、学前儿童观察力的发展和培养

观察是有目的、有计划、比较持久的知觉过程。观察是知觉的高级形式,是人从现实中获得感性认识的主动积极的活动形式。观察是人们学习知识、认识世界的重要途径,观察的全过程和注意、思维等心理活动密切联系。观察在人的学习、工作实践中具有重要作用和意义,观察是获得知识的门户,一切科学实验,一切科学的新发现、新规律,都是建立在周密的、精确系统的观察基础之上的。巴甫洛夫一直把"观察、观察、再观察"作为座右铭,告诫学生"不会观察,就永远当不了科学家"。达尔文在总结自己的成就时曾说:"我既没有突出的理解力,也没有过人的机智,只是在观察那些稍纵即逝的事物,并对其进行精确的观察的能力上,我可能在众人之上。"

观察力就是分辨事物细节的能力,是智力结构的组成部分,它是经过系统的训练,逐渐培养起来的。3 岁前儿童缺乏观察力。他们的知觉主要是被动的,是由外界刺激物特点引起的。而且,他们对物体的知觉往往是和摆弄物体的动作结合在一起的。

(一) 学前儿童观察力的发展

幼儿期是儿童观察力初步形成时期,儿童观察的目的性、持续性、细致性和概括性等都在逐渐完善。

1. 观察的目的性

幼儿初期,儿童不善于自觉地、有目的地进行观察,不能接受观察任务,往往东张西望,或只看一处,或任意乱指。他们在没有其他刺激干扰的情况下,还能够根据成人的要求进行观察,但在其他因素干扰的情况下,容易离开既定的目的。幼儿中晚期儿童观察的目的性逐渐增强,能根据任务有目的地观察,能够开始排除一些干扰,根据活动或成人的要求来进行观察。

2. 观察的持续性

儿童观察持续性的发展与观察目的性的提高密切联系。幼儿初期,儿童观察持续的时间很短。在阿格诺索娃的实验中,三四岁儿童持续观察某一事物的时间平均为 6 分 8 秒。5 岁儿童有所提高,平均为 7 分 6 秒,从 6 岁开始儿童观察的持续时间显著增加,平均时间为 12 分 3 秒。儿童观察的持续时间是随着年龄的增长而延长的。

3. 观察的细致性

幼儿初期,儿童观察的细致性较差,只能观察到事物粗略的轮廓,只能看到面积大的和突出的特征。而到幼儿中晚期儿童观察逐渐细致,能根据事物的一些属性,如大小、形状、颜色、数量和空间关系等方面来观察,不再遗漏主要部分。

4. 观察的概括性

幼儿初期,儿童在观察中得到的是零散、孤立的信息,这些不系统的信息使儿童无法知觉到事物的本质特征。幼儿中晚期儿童能够有顺序地进行观察,从而获得对事物各个部分及各部分之间关系的比较完整、系统的印象,因此能比较顺利地概括出事物的本质特征。

(二) 学前儿童观察力的培养

1. 明确观察的目的和任务

观察的效果如何,取决于目的、任务是否明确,观察的目的、任务越明确,观察时的积极性越高,对某一事物的感知就越完整、清晰。相反,目的、任务不明确,儿童就会东瞧瞧、西望望,抓不住要观察的对象,得不到收获。儿童观察具有目的性不强的特点,他们观察的目的、任务往往需要成人帮助提出。

2. 激发观察的兴趣

兴趣是入门的向导。教师在向儿童提出观察的目的和任务时,要以生动的语言和饱满的情绪来感染儿童,激发他们观察的兴趣、愿望;在观察过程中教师也要以良好的情绪和精神状态影响儿童。同时,教师也要引导儿童注意观察周围的事物,使儿童对自然界和社会生活产生浓厚的兴趣。

3. 教给儿童观察的方法

由于儿童的经验和认识能力的限制,他们在观察客观事物时往往抓不住要点。因此,要教会儿童观察的方法,即应该教会儿童先看什么,后看什么,怎样去看,引导儿童由近及远,由表及里,由局部到整体或由整体到局部,由明显特征到隐蔽特征,有组织、有顺序地进行观察。

4. 运用多种感官观察

在观察过程中,启发儿童运用多种感觉器官参与观察活动,这样有利于幼儿形成立体知觉形象,同时也有利于增强大脑皮层的分析综合活动的状态和活力。

思考与练习

1. 掌握以下概念:知觉、视觉敏锐度、听觉感受性、方位知觉。
2. 如何利用感知觉的适应和对比规律合理组织儿童的活动?
3. 结合实际谈谈如何保护和发展儿童的视觉和听觉。

第四章

学前儿童的记忆

第一节 记忆概述

一、什么是记忆

(一) 记忆的概念

记忆是人脑对过去经验的反映。一个人出生以后，会接受来自客观世界的各种各样的刺激。这些刺激带来的信息，有的随着时间的流逝消失了，有的则在大脑中保留了下来，成为前面所说的"经验"。这里的"经验"，可以是感知过的事物，也可以是思考过的问题、体验过的情绪，或者是练习过的动作，等等。以后在一定的条件下，人们又能对这些"经验"重新回忆起来，或者当它再次出现时能辨认出来，这就是记忆。

幼儿园的小朋友能跟着老师的琴声唱歌、跳舞，能激动地讲述作为旗手升国旗时的心情，能熟练操作电子游戏机等，都是幼儿记忆的表现。

汉语中的"记忆"一词，最简洁明了地表明了人对过去经验的反映——先有"记"，再有"忆"的过程。它包括记忆、保持、再认和再现（回忆）三个基本环节。用现代信息加工观点来解释记忆，就是信息的输入和编码、储存以及提取和输出的过程。这三者是彼此联系着的。没有记忆或者信息的输入和编码，就谈不上第二步的保持或储存。不经历前两个环节，再认和再现或信息的提取和输出就无法实现。因此说，记忆和保持是再认和再现的前提，再认和再现是记忆和保持的结果与验证。

(二) 记忆与心理

记忆对人的发展具有重要意义。

1. 记忆是整个心理活动的必要条件

俄国科学家谢切诺夫曾说过：一切智慧的根源都在于记忆。人所感知过的材料，通过记忆将它保持下来。人的想象和思维的结果，又会作为经验保存在头脑中，作为进一步思维和想象的基础。如果没有记忆，以前感知过的事物都会变得陌生，每次都要重新去认识，人将永远停留在新生儿状态，一切心理活动都不会发展。

2. 记忆是积累知识、丰富经验的基本手段

人在认识自然、改造自然的过程中需要不断地积累知识,丰富经验;人在社会生活的各个方面也需要积累知识,丰富经验,这些都离不开记忆。事业有成者、智力超常者一定都具有很好的记忆力。

(三)记忆在儿童心理发展中居重要地位

儿童的各种心理品质都处在形成和发展的关键时期。社会和家长都希望儿童身体健康,智能发展,并能形成良好的品德行为习惯以及活泼开朗的性格。所有这些都需要通过教育来完成,而作为受教育者的儿童的记忆发展水平,将直接影响教育的成果。所以说记忆在儿童心理发展中有着重要的地位。

二、记忆的种类

(一)根据记忆的内容分类

我们可根据记忆的内容,把记忆分为以下四种。

1. 形象记忆

以感知的事物的形象为内容的记忆叫形象记忆。这种形象不仅仅是视觉的,也可以是动觉的、听觉的、嗅觉的等。例如我们脑海中保持的天安门的形象,说起酸梅时的回味,都属于形象记忆。

2. 情绪记忆

以体验过的情绪或情感为内容的记忆叫情绪记忆。如我们第一次走上讲台,面对几十个小朋友讲课时激动兴奋的心情,多年后仍然能清楚地记得,这就是情绪记忆。

3. 语词—逻辑记忆

以概念、判断、推理等抽象思维为内容的记忆。如我们对儿童心理学的概念,有关数学、物理学的公式、定理的记忆。由于这些内容都是以语词符号来表达的,因而叫语词—逻辑记忆。

4. 运动记忆

以过去练习过的动作为内容的记忆。例如,我们能顺利地将广播体操一个动作接一个动作、一节连一节地做下来,就是运动记忆在起作用。

记忆的这种分类,只是为了学习、研究的方便。在生活实践中,上述四种记忆是相互联系的,有时甚至很难将它们截然分开。要记清某一事物,往往需要两种或两种以上的记忆参与。同时我们还要明确,由于先天素质和后天实践上的个别差异,记忆类型在每个人身上的发展程度也不一样,如数学家长于语词—逻辑记忆,画家则形象记忆发展得更好些。

(二)根据记忆时间保持的长短分类

我们还可以根据记忆时间保持的长短不同,把记忆分成瞬时记忆、短时记忆和长时记忆三种。

1. 瞬时记忆

又称感觉记忆,是指通过感觉器官所获得的感觉信息保持时间在 0.25—2 秒钟以内的记忆。瞬时记忆的信息是未加工的原始信息。如视后像就是这种记忆。

2. 短时记忆

是指获得的信息在头脑中贮存不超过 1 分钟的记忆。如电话接线员接线时对用户号码的记忆就是短时记忆。当他们接完线后,一般来说不再把号码保持在头脑里。

3. 长时记忆

长时记忆是指1分钟以上甚至保持终生的记忆。它是短时记忆经过加工和重复的结果。长时记忆贮存信息的数量无法划定范围,只要有足够的复习,把信息按意义加以整理、归类,整合于已有信息的贮存系统中,就能把信息保持在记忆中。

以上三种记忆是相互联系的,外界刺激引起感觉,它所留下的痕迹就是感觉记忆;如果不加注意,痕迹便迅速消失,如果加以注意,就产生了短时记忆;对短时记忆中的信息,如果不及时复述,就会产生遗忘,如果加以复述,就会产生长时记忆。信息在长时记忆中被贮存起来;在一定条件下又可以提取出来,提取时,信息从长时记忆中被回收到短时记忆中来,从而能被人意识到;长时记忆中的信息,如果受到干扰或其他因素的影响,也会产生遗忘。

三、记忆过程的分析

记忆过程可以分为记忆、保持、回忆(再认和再现)三个基本环节。

(一) 记忆

1. 定义

整个记忆过程通常是从记忆开始的。记忆是一种反复认识某种事物并在脑中留下痕迹的过程,也就是把所需信息输入大脑的过程。记忆可以从不同的角度划分成不同的种类。

2. 记忆的分类

(1) 无意记忆和有意记忆。按在记忆时有无明确的目的性和自觉性,可把记忆分为无意记忆和有意记忆。

所谓无意记忆,指事先没有预定的目的,也不需要任何意志努力的记忆。例如我们多年前参加过一个集会,虽然当时并没有给自己提出过明确的记忆目的和任务,也没有付出特殊努力和采取什么特殊措施,但集会上的活动和内容却可能自然而然地被记住了。人的许多知识是由无意记忆获得的。所谓的"潜移默化"就是这个意思。但是并不是所有学习过的知识,接触过的东西都能被无意记忆。无意记忆具有很大的选择性,只有在人们的生活中具有重要意义,与人的活动任务和人们的兴趣、需要、情感相联系的事物,才容易被记住。同时,由于无意记忆缺乏目的性,在内容上往往带有偶然性和片面性,因此单靠无意记忆难以获得系统的知识技能。

所谓有意记忆,是指按一定的目的、任务和需要采取积极的思维活动和意志努力的记忆。例如教师向学生提出记忆某些历史事件发生的年代、某些定理公式的任务。这样,学生不仅有明确的记忆目的,而且为了达到记忆目的还要尽可能采取有效方法或经过一定的努力去进行记忆。由于这种记忆目的明确,任务具体,所以在一般情况下效果要比无意记忆好。人们获得系统的知识和技能主要靠有意记忆。有意记忆在学习和工作实践中具有重要的地位。

(2) 机械记忆和意义记忆。按记忆材料的性质以及对材料的理解程度,可以把记忆分为机械记忆和意义记忆。

机械记忆是在对记忆材料没有理解的情况下,依据材料的外部联系所进行的机械重复的记忆。如记忆外文生字、某个历史年代、没有意义的数字、不理解的公式等,就常常是利用机械记忆。机械记忆的基本条件是多次重复或复习。

意义记忆是在对记忆材料理解的基础上，依据事物的内在联系所进行的记忆。运用这种记忆，材料容易记住，保持的时间也长，并且容易回忆。意义记忆的基本条件是理解。

意义记忆由于思维活跃，揭示了事物内在的本质联系和关系，找到了新材料与已有知识的联系，并将其纳入已有知识系统中来记忆，所以效果要比机械记忆来得好。但是，在学习材料中总有一些是无意义的或意义较少的，对这些材料的记忆就要运用机械记忆。因此我们对机械记忆的作用也要有客观的认识。

（二）保持

1. 定义

保持是过去记忆过的事物印象在头脑中得到巩固的过程。

记忆材料的保持并不是机械的、重复的结果，而是对材料进一步加工、编码、储存的过程。储存起来的材料随着时间的推移或受后来经验的影响，在质和量上都会发生某些变化。

质的方面的变化是多种多样的，以图形为例，有以下四种情况：第一，简略、概括。原来图形中有些细节，特别是不太重要的细节趋于消失。第二，完整、合理。画的图形常比记忆的图形更合理、更有意义。第三，详细、具体。与简略、概括的趋势相反，在有的默画的图形中，增加了记忆图形中所没有的细节，使图形更详细、更接近具体事物。第四，夸张、突出。与完整、合理的趋势相反，在有的默画的图形中，把原来记忆的图形某些特点突出、夸大了，使它更具有特色。这说明记忆不是一个被动地把过去经验简单地保持的过程，而是一个积极的"创造"的过程。

量的方面的变化主要指保持的内容呈减少的趋势，也就是说人们自己经历的事情总要忘掉一些。但也有例外的情况，学习后过两天测得的保持量比学习后即时测得的保持量要高。这种现象叫记忆的恢复。许多人的研究证实了这种现象。实验表明，记忆恢复现象在儿童中比在成人中普遍；学习较难的材料比学习容易的材料容易出现；学习得不够熟比学习得纯熟时更容易发生。

2. 遗忘及其规律

（1）定义。所谓遗忘，就是对记忆过的材料不能再认和再现，或者是错误地再认和再现。保持和遗忘是相反的过程，也是同一记忆活动的两个方面：保持住的东西就不会被遗忘，而遗忘了的东西，就是没有被保持。保持越多，遗忘越少。记忆力强的人总能保持得很多而遗忘极少。从现代心理学的观点看，遗忘并非全是坏事。事实上人也不可能将接受的所有信息无一遗漏地保持住。适当的遗忘甚至可以促进人的精神健康，提高工作和学习的效率。例如，与同伴发生口角引起的不愉快情绪体验，就不应该耿耿于怀，长久不忘，而应该主动地将它排解、遗忘。

（2）遗忘规律。心理学的研究表明，遗忘是有规律的。德国心理学家艾宾浩斯最早对遗忘现象作了比较系统的研究。为了避免过去经验对学习和记忆的影响，他在实验中用无意义音节作学习材料，用重学时所节省的时间或次数为指标测量了遗忘的进程。实验表明，在学习材料记熟后，间隔20分钟重新学习，可节省诵读时间58.2%左右；一天后再学可节省时间33.7%左右；六天以后再学习节省时间就缓慢地下降到25.4%左右。依据这些数据绘制的曲线就是著名的艾宾浩斯遗忘曲线（图4-1）。在艾宾浩斯

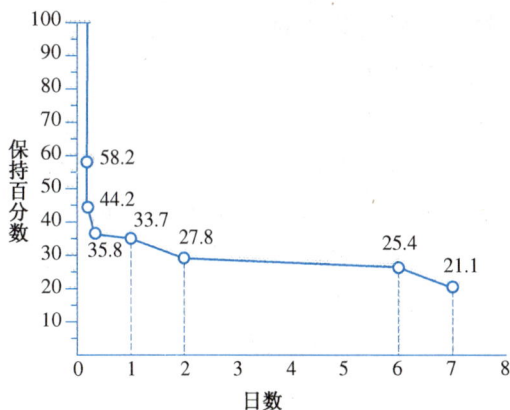

图4-1　艾宾浩斯遗忘曲线

之后,许多心理学家用无意义材料和有意义材料对遗忘的进程进行了研究,结果都证实艾宾浩斯遗忘曲线基本上是正确的。

从遗忘曲线中可以看出,遗忘的进程是不均衡的。记忆后在头脑中保持的材料随时间的推移是递减的;这种递减在记忆后的短时间内特别迅速,遗忘较多;随着时间的进展,遗忘逐渐趋缓;到相当时间后几乎不再遗忘。因此遗忘的规律是先快后慢。所以学习后及时复习是十分必要的。

（3）遗忘的种类。从遗忘的原因看,遗忘有两类:一类是永久性遗忘,即已经记忆过的材料,由于没有得到反复强化和运用,在头脑中保留的痕迹便自动消失。如不经过重新学习,记忆不能再恢复。另一类叫暂时性遗忘,即对已记忆过的材料由于其他刺激(外部刺激和内部刺激)的干扰,使头脑中保留的痕迹受到抑制,不能立即再认或再现,但干扰一旦排除,抑制消除,记忆仍可得到恢复。例如考试时由于疲劳或紧张,考生会对原先很熟悉的问题不知从何答起,过了一段时间才想起来。这就是暂时性遗忘。

(三) 回忆

1. 定义

回忆是人脑对过去经验的提取过程。它包含着对过去经验的搜寻和判断。回忆是记忆、保持的结果和表现,是记忆的最终目的。回忆有两种不同水平:再认和再现。

2. 再认和再现

再认是指过去经历过的事物重新出现时能够识别出来。我们能够听出曾经听过的歌曲,叫出曾经熟识的人的名字,都是再认的表现(考试中的选择题也是通过再认来回答的)。

再认的速度和确认的程度受以下两个条件的制约:第一,记忆的精确度和巩固性。第二,当前出现的事物与以前出现并记忆过的有关事物的相似程度。保持巩固,再认就容易;保持不巩固,再认就困难。先后事物本身变化不大,或者出现的情景相似便容易再认;如果事物本身发生了很大的变化,再认时的情景又不相似,再认就会发生困难。

当再认发生困难时,如有更多的线索提供,则有助于再认。其中,环境和语言的线索起到重要的作用。

再现是指过去经历过的事物不在面前时,在脑中重新呈现其映像的过程。

根据再现是否有预定目的,可以把再现分为无意再现和有意再现。

无意再现是事先没有预定目的、也不需要意志努力的再现。在日常生活中,我们常会因为一些事情的影响,自然而然地想起其他的一些事情。"触景生情"就是典型的无意再现。而有意再现则是一种有目的的、自觉的再现。学生考试时回忆以往学过的材料,幼儿复述故事时回忆以前听过的故事内容等,都是有意再现。

3. 再认和再现的关系

再认和再现都是对过去经验的恢复,是从记忆中提取信息的两种不同水平的形式,它们之间没有本质的区别,只有保持程度上的不同。能再现的一般都能再认,能再认的不一定都能再现。任何年龄的人,再认效果都比再现的效果要好,但年龄越小,两者差异越大。

四、记忆的品质

记忆发展水平的高低优劣,即记忆的品质,可以从四个方面来评价。

（一）记忆的敏捷性

记忆的敏捷性是指记忆速度的快慢，一般是根据在一定时间内能记住事物的多少来衡量的。记忆同样的材料，有人需要花费很长时间，有人则可以迅速记住，"过目成诵"。

记忆的敏捷性在人的智力发展中起着重要的作用，记忆速度快，就可以在同样的时间里获得更多的信息，记忆更多的内容。智力超常的人，记忆的敏捷性大多是很高的。记忆的敏捷性与记忆的目的是否明确、注意力是否集中有密切关系。尽量理解记忆材料和运用适当的记忆方法，可以提高记忆的敏捷性。

（二）记忆的持久性

记忆的持久性是指记忆保持时间的长短，也就是指记忆保持的牢固程度。在这一方面，人的个体差异也很大。有的人记住事物后没多久就遗忘了，有的人则久久不忘。如何才能加强记忆的持久性呢？首先是要善于把记忆的材料纳入已有的知识体系中，加深对记忆材料的理解。其次是对记忆的材料进行及时和经常的复习。

（三）记忆的正确性

记忆的正确性是指所记忆的材料在再认或再现时没有歪曲、遗漏、增补和臆测。记忆的这种品质非常重要。如果缺乏记忆的正确性，那么记忆的其他品质就失去了它们的价值。培养记忆的正确性，首先必须进行认真的记忆，在大脑皮层上建立精确的、暂时的神经联系。其次是在复习时要把类似的材料经常加以比较，防止混淆。最后要把正确记忆的事物同仿佛记忆的东西区别开，把所见所闻的真实材料与主观的增补臆测区别开来。

（四）记忆的准备性

记忆的准备性是指必要时能把记忆中保持的材料迅速地再现出来，以解决当前的实际问题。有的人尽管经验丰富、学识渊博，但在遇到实际问题时，却不能用已有的知识迅速提出解决办法，其重要原因之一，就是缺乏记忆的准备性。

提高记忆的准备性，最重要的就是要把掌握的知识系统化。这样才能做到有条不紊地从记忆库中随时提取所需要的材料。

总之，记忆的四个品质是有机联系的，缺一不可，我们不能只根据某一方面的品质去评定一个人记忆的好坏。每一种品质只有和其他的品质结合起来才有价值。

拓展阅读4-1：记忆力训练方法

五、记忆表象及其特征

（一）什么是表象

表象分为记忆表象和想象表象两类。通常所讲的表象，是记忆表象的简称。

表象是保持在记忆中的客观事物的形象，即感知过的事物不在面前时在脑中呈现出来的形象。如我们幼儿园教师在家里休息时脑中仍会出现班上小朋友活泼可爱的形象，这种形象就是表象。

表象是在感知觉的基础上产生的，因此可以根据表象形成过程中起主导作用的感觉器官的种类，将表象分为视觉表象、听觉表象、味觉表象、嗅觉表象等。

（二）表象的特征

表象具有形象性和概括性两大特征。

1. 形象性

表象是在感知觉基础上产生的形象,因此它和感知觉一样具有形象性。但是由于表象所呈现的形象不是当前客观事物,而是保存在记忆中的,因此它一般仅能反映事物的大体轮廓和主要特征,远不如感知时所得到的形象那样鲜明、完整和稳定。有人做过一个实验,要求42名大学生默画5分硬币的背面(无国徽的一面)图案。结果除了两侧的麦穗外,多数人或多或少存在差错。这说明表象的形象性与感知觉的形象是不同的。

2. 概括性

表象产生于感知,但并不是一次感知的结果,而是多次感知积累的产物。表象反映同一事物或同一类事物在不同条件下所经常表现出来的一般特征,具有概括性。例如,表象中的"树"的形象,一般很难在现实中找到具体的对应物,但它又确实是树,有树枝、树叶、树干,它是各种各样的树,许许多多的树的形象的积累,是概括了的树。因为记忆表象具有概括性,所以它所反映事物的内容要比感知觉丰富得多。

表象和思维都具有概括性,但表象的概括用的是形象,思维的概括用的是词语;表象所概括的既有事物的本质属性,又有非本质属性,而思维概括的都是事物的本质属性。因此,我们可以把表象看作是由感知向思维过渡的中间环节。

第二节　学前儿童的记忆

一、学前儿童记忆的发生与发展

儿童什么时候开始有了记忆,是一个仍有争议的课题。

20世纪50年代,苏联学者卡萨特金的研究认为,最早的记忆是在出生后两周出现的哺乳姿势的条件反射。麦克法兰的研究表明,出生才一周的婴儿已能辨别母亲的气味和其他人的气味。艾马斯的研究则指出:新生儿出生后两三天就能在30分钟内学会对一种声音(如"沙沙"声)连续两次向左转头45度,以得到糖水;对另一种声音(如"嗡嗡"声)连续两次向右转头45度,以得到其他饮料。半小时以后把要求改为对"沙沙"声向右转头两次,对"嗡嗡"声向左转头两次,这种逆转学习也只需要30分钟左右的时间。像这样对不同声音的顺序反应,表明新生儿已经有一定的记忆能力。

不同的记忆在个体发生的时间也不同,它们的出现有一定的时间顺序。苏联心理学家布隆斯基的研究认为,运动性记忆出现最早,约在出生后第一个月内便可观察到。其次是情绪记忆,它表现为一种情绪反应,在引起它的刺激物直接出现、发生作用之前就会显现出来,它开始于头六个月或更早些。形象记忆出现的时间可能稍早于言语记忆,迟于运动记忆和情绪记忆。言语记忆出现在生命的第二年。

儿童记忆发生后,随着生理和心理的发展,记忆的质和量也在不断地发展着。

(一) 学前儿童记忆的量的发展

记忆量的发展主要从记忆范围、记忆广度和记忆保持时间的长度等方面去衡量。

1. 记忆范围

记忆范围指学前儿童记忆中内容种类的多少。3 岁之前，儿童记忆的范围十分狭窄，随着活动能力的增强、活动方式的日益复杂化和社会交往范围的扩大，他们的记忆范围也迅速扩大，所储存的记忆从动作到情感，然后又扩大到形象和词语。儿童掌握语言后，记忆的范围就更加广阔，从家庭发展到教育机构、学校、社会，从日常生活扩展到文化、科学、经济等各个领域。

学前儿童记忆的范围随着他们对所学材料的兴趣和理解程度，以及对记忆目的的理解程度的不同而有很大的差异。

2. 记忆广度

记忆广度指学前儿童在单位时间内所记住材料的最大数量。随着年龄的增长，学前儿童的记忆广度也不断扩大。

3. 记忆保持时间

记忆保持时间指从铭记材料开始到能对材料再认或再现之间的间隔时间，有时也称为潜伏期。学前儿童记忆保持时间长度随年龄的增长而增长。一般来说，在再认方面，2 岁儿童能再认几个星期以前感知过的事物，3 岁儿童能再认几个月以前感知过的事物，4 岁儿童能再认一年以前感知过的事物，7 岁儿童能再认三年以前感知过的事物。

在记忆的再现方面，2 岁儿童能再现几天以前的事；3 岁儿童能再现几个星期以前的事；4 岁儿童能再现几个月以前的事；一般来说，儿童有条理的记忆，是从 4—5 岁开始的。

（二）学前儿童记忆的质的发展

记忆的质是指记忆态度、记忆内容、记忆方法和记忆正确性的发展等。

1. 记忆态度的发展（有意记忆和无意记忆的发展）

有明确的记忆目的和意图，必要时需意志努力的记忆活动称有意记忆；反之，则为无意记忆。儿童的有意记忆一般发生在学前中期，约四五岁的时候才可观察到。这是由于在这个时期言语对儿童的行为的调节作用有一定影响。五六岁的儿童，记忆的有意性有了明显的发展，这是儿童记忆过程中的一个重要的质变。这时儿童不仅能努力记忆和回忆所需要的材料，而且还能运用一些简单的记忆方法，如自言自语、自我重复等来加强记忆。有意记忆最初都是被动的，往往是成人提出记忆的任务，如寻找某样东西等，以后儿童才能逐步确定记忆任务，主动进行记忆。由于幼儿期儿童心理水平较低，因此记忆的有意性也低，他们所获得的知识、经验大都是无意记忆的结果。

2. 记忆内容的发展（形象记忆和语词—逻辑记忆）

以感知过的事物的形象（如形状、大小、体积、颜色、声音、气味等）为内容的记忆称为形象记忆；以词语所概括的逻辑思维结果为内容的记忆称为语词—逻辑记忆。儿童的形象记忆和语词—逻辑记忆都随年龄的增长而不断发展。3—4 岁时儿童两种记忆的水平都较低，其后，两种记忆的效果不断提高，并且语词—逻辑记忆的发展速度大于形象记忆的，两者差距逐渐缩小。

3. 记忆方法的发展（机械记忆和意义记忆）

根据事物的外部联系，采用简单重复的方式进行的记忆称为机械记忆；而利用事物的内部联系，在理解基础上进行的记忆称为意义记忆。儿童的机械记忆和意义记忆都在不断发展，两者的差距不断缩小，意义记忆的成分越来越多地渗透到机械记忆中。两者相互联系，相互补充，记忆

效果不断提高。

4. 记忆正确性的发展

指儿童再现的内容与记忆对象的相符合程度即记忆的精确率。儿童年龄越小,记忆的精确率越低。实验表明,5 岁儿童独立再现一组词语时错误率为 45%,6 岁时错误率为 41%,而小学儿童只有 6% 的错误率。另有实验表明,小班儿童记忆句子时的正确率是 26%,中班儿童的为 43%,大班儿童的则达到 60%。因此儿童记忆的正确率是随着年龄的增长而不断提高的。

二、学前儿童记忆发展的主要特点

进入幼儿期后,儿童由于神经系统的逐步成熟,口头言语的迅速发展,生活经验的不断丰富,记忆能力在质和量上都有了发展,表现出下列五个特点。

(一) 容易记容易忘

学前儿童的记忆与学前儿童的高级神经活动的特点有着密切的关系。3 岁以后,儿童的大脑皮层中与形成记忆有关的神经联系具有极大的可塑性,二至三次的结合就能形成暂时联系。由于言语的参与,只要稍加重复,学前儿童就能很快记住新的材料,尤其是他们所喜欢的有强烈情绪色彩的内容。在幼儿园里,当有关教育活动结束时,学前儿童能很流畅地将一首儿歌背出来,或将一个故事简要地复述出来。但学前儿童容易记也容易忘,如果不及时进行复习,他们就会很快地将已经记住的材料忘掉。这是因为学前儿童的神经系统易兴奋、形成的神经联系不稳定的缘故。

(二) 记忆带有很大的无意性

学前儿童的记忆常有很大的无意性,学前儿童所获得的知识、经验大都是无意记忆的结果。在记忆过程中他们既不善于有意识地完成成人提出的记忆任务,也不会向自己提出记忆某种事物的专门目的。能满足学前儿童个体需要的、能激起强烈情绪体验的事物,能引起学前儿童兴趣、能成为活动对象的事物,就很容易被学前儿童记住。例如电视里播放的动画片,由于色彩鲜艳、形象生动,又能引起学前儿童的情感共鸣,所以绝大多数学前儿童都非常喜欢看,看过一遍就能记住故事的情节。特别是小年龄学前儿童,对那些形象生动、具体直观、鲜明活动的事物,自然而然就记住了。

学前儿童记忆的无意性还表现在他们不会运用适当的方法来记住某件事情。学前儿童有时会反复要求老师一遍遍地讲同一个故事,会跟着录音机一遍遍地唱同一首歌。他们这样做并不是为了要记住故事内容和歌词,而只是为了追求情感上的满足,因为这个故事、这首歌是他们喜欢的。

随着年龄的增长和言语能力的发展,到中大班,学前儿童记忆的有意性开始逐步发展。学前儿童逐渐开始领会成人向他们提出的各项记忆要求,运用最简单的方法帮助自己记忆。

(三) 以形象记忆为主

儿童记忆范围的发展是有规律的,首先出现的是运动记忆(出生后两周左右),接着是情绪记忆(半岁左右),然后是形象记忆(6 个月到 12 个月),最后才是语词—逻辑记忆(1 周岁以后)。

在幼儿期,儿童四种内容的记忆都在发展,但就形象记忆和语词—逻辑记忆相比较而言,形象记忆占着主要地位。学前儿童对于直观材料的记忆要比语词材料容易,而在语词的材料中,形象化的描述又比抽象的概念或推断容易记忆。

随着年龄增长，儿童形象记忆和语词—逻辑记忆的能力都在逐步提高，而且语词记忆的发展速度大于形象记忆。但在整个幼儿期，儿童形象记忆的效果仍然高于语词记忆的效果（见表4-1）。

表4-1 幼儿形象记忆与语词记忆效果的比较

年　　龄	平　均　再　现　数　量		
	熟悉的物体	熟悉的词	生疏的词
3—4 岁	3.9	1.8	0
4—5 岁	4.4	3.6	0.3
5—6 岁	5.1	4.3	0.4
6—7 岁	5.6	4.8	1.2

（四）机械记忆多于意义记忆

机械记忆和意义记忆是根据记忆时对记忆材料的理解程度不同而对记忆的划分。由于学前儿童年龄小，知识经验少，对事物的把握往往只停留在一些外部特征和表面联系，靠机械重复、生硬模仿来进行记忆。例如，学前儿童记一首儿歌或一则故事，往往是从头到尾、逐字逐句地死记硬背记住的。有的学前儿童虽然不懂得数的实际意义，却能够流利地唱数从 1 到 100 或更多。

幼儿期儿童记忆的机械记忆多于意义记忆，与这一时期儿童生理发展及其他心理品质的发展水平也有密切关系。一是儿童大脑皮质的反应性较强，感知一些不理解的事物也能留下痕迹。二是由于儿童知识经验比较贫乏，抽象思维不发达，不善于在新旧知识之间建立联系，不能通过理解事物意义的内在联系来进行记忆。三是这个时期儿童还没有掌握足够的词汇，还不能用自己的话来表达所要记忆的内容，所以较多采用了死记硬背、机械记忆的方法。

学前儿童的机械记忆多于意义记忆，并不意味着他们只有机械记忆而没有意义记忆，或者把他们的机械记忆效果看成比意义记忆效果还要好。实验证明，4 岁以后儿童意义记忆开始逐步发展，在幼儿中期，儿童无论是机械记忆还是意义记忆的能力均随年龄的增长而提高，而且意义记忆的效果总是比机械记忆的效果来得好（见表4-2）。

表4-2 不同年龄幼儿意义记忆和机械记忆效果的比较

年　　龄	意义记忆再现量	机械记忆再现量
4 岁	47％	4％
5 岁	64％	12％
6 岁	72％	26％
7 岁	77％	48％

（五）记忆不精确

学前儿童记忆的精确性较差，主要表现在回忆时记忆材料大量被遗漏。有人曾在一个实验中，让小、中、大班儿童都记一则含有 35 个意义单位的小故事。在即时回忆时，小班儿童平均只记住 9 个意义单位，中、大班儿童只能记住 19 个意义单位。

三、学前儿童记忆发展中易出现的问题及教育措施

学前儿童的记忆发生后,不会只停留在最初的水平上,而是随着生理和心理的发展而发展。进入幼儿期后,儿童的记忆量和记忆质都达到了一定水平,但也出现了一些这一年龄阶段容易出现的问题。

(一)有意性差,影响记忆效果

幼儿期儿童的整个心理水平的有意性都较低,因此记忆的有意性也较差,影响了记忆的效果。有人对4—7岁学前儿童的有意记忆和无意记忆作了研究。研究者将不同年龄学前儿童分成两组,用两套各十张画有常见物体的图片以速示器依次向两组学前儿童呈现1分30秒。然后要求学前儿童在1分钟内再现。研究者对一组学前儿童事先提出记忆任务(有意记忆),对另一组学前儿童不提出记忆任务(无意记忆)。实验结果表明,对于同样熟悉、理解和感兴趣的事物,各年龄组学前儿童的有意记忆效果都比无意记忆效果好,表现为各年龄组有意记忆正确再现量均高于无意记忆再现量。随着年龄的增长,学前儿童有意记忆的成绩提高速度比无意记忆快(见表4-3)。

表4-3　不同年龄幼儿有意记忆与无意记忆图片的效果比较

年　　龄	记忆方式	
	有意记忆	无意记忆
4岁	5.4	4.5
5岁	6.2	5.3
6岁	6.9	5.7
7岁	7.7	6.2

在具体记忆活动中,家长和教师既要照顾学前儿童记忆带有较大的无意性的特点,又要适时地向学前儿童提出记忆的任务,培养学前儿童的有意记忆,以提高记忆的效果。

(二)不会运用适当的记忆方法

学前儿童总体记忆水平较低,需要在理解的基础上记忆事物的意义,记忆能力相对差些。有研究者运用一定的方式(复述、言语中介、系统化等)对学前儿童和小学生意义记忆能力进行测验。研究者向学前儿童和小学生呈现一系列图片,要求他们记住图片的内容。结果发现,在记忆图片的过程中,只有极个别的学前儿童自言自语地复述,而一半左右的二年级小学生和几乎所有的五年级小学生都使用了这种方法。而凡是运用自言自语进行复述的儿童对图片都有较好的记忆,年龄越大的儿童言语活动越多,测定的成绩越好。这说明学前儿童意义记忆水平低与他们不会运用适当的记忆方法有关。因此,有目的的记忆方法的训练,可以提高学前儿童的记忆效果。

(三)偶发记忆

在学前儿童有意记忆和无意记忆发展的过程中,还存在着一种被称为偶发记忆的现象。这种现象是指当要求学前儿童记住某样东西时,他往往记住的是和这样东西一起出现的其他东西。实验者把画有各种熟悉物体并涂有各种颜色的图片呈现给学前儿童,要求他们记住物体并加以复述。这样布置的课题叫中心记忆课题。偶发记忆课题,则是要求学前儿童复述图片的颜色(事先并不要求）。结果发现偶发记忆现象在学前儿童身上表现得比较明显。在幼儿园里我们也常会看到，当教师要求学前儿童说出刚刚出示的卡片上有几只小鸡时，有的学前儿童则回答小鸡是黄颜色的。这是由于学前儿童对课题选择的注意力不强、目的性不明确，把不必要的偶发课题也记住了，结果使中心记忆课题完成不佳。幼儿园教师要重视这种学前儿童特有的记忆现象，注意引导学前儿童有意记忆的发展。

（四）正确对待幼儿"说谎"问题

儿童的记忆存在着正确性差的特点，容易受暗示，容易把现实和想象混淆，用自己虚构的内容来补充记忆中的残缺部分，把主观臆想的事情，当作自己亲身经历过的事情来回忆。这种现象常常被人们误认为儿童在说谎，这是不对的。教师和家长应该正确对待这种现象。儿童是由于记忆失实而出现言语描述与实际情况不符，不能将其看作是儿童说谎。这是儿童心理不成熟的表现，所以教师要耐心地帮助儿童把事实弄清楚，把记忆材料与想象的东西区分开来。

四、在活动中发展学前儿童的记忆力

儿童心理是在活动中得到发展的，儿童记忆力的发展也离不开儿童的活动。

（一）注意培养学前儿童学习的兴趣和信心，提高记忆效果

情绪是学前儿童心理的动力系统，记忆效果和学前儿童的情绪状态有很大关系。学前儿童兴趣强烈，情绪积极，自信心足，记忆效果就能提高。所以家长和教师要注意创设良好的学习环境，培养、激发学前儿童对记忆材料的兴趣，要让每一位学前儿童都能在愉快的学习环境中提高记忆效果。

有意记忆的形成和发展是儿童记忆发展中最重要的质变，记忆的目的性直接影响记忆的效果。教师要在日常生活和各项活动中经常向学前儿童提出明确具体的任务，提出记忆要求，并多用言语进行指导，促进他们言语调节机能的提高。事实证明，如果在记忆某一事物前，教师向学前儿童提出具体的要求，那么就能调动学前儿童的记忆积极性，效果会更好。

（二）教学内容具体生动，富有感情色彩，培养发展学前儿童的形象记忆、情绪记忆

在幼儿园的各项活动中，教师要精心设计活动方案，准备丰富多彩、形象鲜明的教具玩具，提供学前儿童能直接操作的游戏材料；语言生动有趣，绘声绘色。这些不但容易吸引学前儿童的注意，使教学内容成为记忆的对象，而且由于富有感情色彩，容易引起学前儿童的情感共鸣，反过来又加深了记忆，提高了记忆的效果。像幼儿园经常采用的教学游戏、演木偶戏等形式，都能收到很好的效果。

（三）帮助学前儿童提高认识能力，提高意义记忆水平

许多实验和事实表明，学前儿童对记忆材料理解得越深，记得就越快，保持的时间就越长。在幼儿园的教学活动中，教师应该采取多种多样的方法，尽量帮助学前儿童理解所要记忆的材料。同时，还要指导学前儿童在记忆过程中进行积极的思维活动，逐步学会从事物的内部联系上去记忆事物。这样，在理解的基础上记，在积极思维的过程中记，学前儿童记忆就容易，不仅效果好，还有助于意义记忆和认识能力的提高。例如，用单纯重复跟读的方法教学前儿童背诵古诗《春晓》，他们需要三四节课才能记住，而且对某些词、句由于理解不透，背诵时经常出错。而一位有经验的教师在教学前儿童背诵古诗前，先把诗的内容绘成美丽的图画，再用故事形式向学前儿

童讲述诗歌的内容,进而引导学前儿童对诗中提及的"眠""晓""啼鸟"等词进行讨论,结合学前儿童的生活经验帮助他们理解。结果只用了一节课学前儿童便顺利地记住了这首诗,而且经久不忘。

(四)正确评价记忆结果,合理组织复习

学前儿童是记得快,忘得也快,记忆的保持性差。所以,正确地评价学前儿童的记忆结果,对提高学前儿童记忆的品质会有很大的促进。在幼儿园的教学活动中,只要学前儿童能背出、复述出规定的记忆材料的一部分,教师就应该给予及时的表扬,而不要去责怪为什么另外的部分记不起来,或用"罚做""罚背"的办法来惩罚学前儿童。这样做的结果是只会挫伤学前儿童记忆的积极性。

给学前儿童布置记忆的任务后,根据遗忘的规律,及时合理地组织复习,是提高学前儿童记忆效果的好办法。复习的形式要多样,尽量避免简单的重复、靠机械记忆来复习。可以结合教学和生活内容,用游戏、谈话、讨论等方法让学前儿童在活动中对需要记忆的材料进行强化,提高记忆的正确性。

思考与练习

1. 掌握以下概念:记忆、保持、再认和再现、机械记忆、意义记忆。
2. 什么叫表象?表象的特征是什么?
3. 什么叫遗忘?请根据艾宾浩斯遗忘曲线分析遗忘的规律。
4. 良好的记忆品质有哪些?简述学前儿童记忆有哪些特点。
5. 结合实际谈谈如何发展学前儿童的记忆力。

第五章

学前儿童的想象

第一节 想象概述

一、什么是想象

(一)什么是想象

想象是对人脑中已有的表象进行加工改造,创造出新形象的心理过程。想象中的形象似乎是我们从未感知过的,有些甚至是现实生活中根本不存在的。如《西游记》中的孙悟空、猪八戒,《聊斋志异》中的狐仙鬼怪等都是客观现实中根本不存在的,这些新形象就是想象的结果。而这些形象无一不是我们中国人的打扮,可见人是根据自己的感知经验进行想象的。从这个意义上看,想象归根结底是对客观现实的反映。

(二)想象与客观现实的关系

1. 想象的原材料——记忆表象是现实事物的反映

一方面,想象中的新形象无论多么离奇、新颖,我们终究会在客观现实中找到它的组成部分。发明创造是如此,艺术创造也是如此。每一首新歌、新曲及每一幅图画的创作,无一不是创作者利用他们过去感知过的记忆表象,在头脑中加工改造,重新组合成新表象的结果。另一方面,没有记忆表象,或者说没有相应的感性材料,就不会有相应的想象。天生的聋人绝不能想象出美妙的音乐,天生的盲人也绝不能想象出五彩缤纷、繁花似锦的春天美景。因为他们没有相应的记忆表象,所以也就没有相应的想象表象。可见想象来源于客观现实,同其他心理过程一样,想象也是人脑对客观现实的一种反映。

2. 从想象的社会历史制约性来看,它是对客观现实的反映

想象一般受需要和动机的推动,受思想、意图和目的的调节,而个人的需要、动机、思想、意图则受社会生活条件的制约,是社会生活要求的反映。因此,人的想象的内容和水平也总是受社会历史条件、社会生产力和科学技术发展水平的制约。例如,古代虽有"嫦娥奔月"的幻想,但绝不会有宇宙飞船的设想;《西游记》中猪八戒用的武器是九齿耙,唐僧西天取经是步行或骑马,创作者却想象不到现代化的武器和交通工具。可见,想象不能脱离现实。

3. 人的想象是在劳动过程中发生和发展起来的

人类劳动与动物本能行为的根本区别在于人能够借助想象力产生所预期的劳动结果的表象。马克思在《资本论》中写道:"蜘蛛的活动与织工的活动相似,蜜蜂建筑蜂房的本领使人间的许多建筑师感到惭愧。但是,最蹩脚的建筑师从一开始就比最灵巧的蜜蜂高明的地方,是他在用蜂蜡建筑蜂房以前,已经在自己的头脑中把它建成了。劳动过程结束时得到的结果,在这个过程开始时就已经在劳动者的表象中存在着,即已经观念地存在着。"想象不仅能够预先产生劳动最终结果的表象,而且能够产生中间产品和制作产品的动作的表象。人借助于这些表象,指导着自己劳动活动的过程。可见,想象是人的劳动活动和创造活动的一个必要因素,因此,它也是随着人类劳动的发展而发展起来的。

(三) 想象在学前儿童心理发展中的作用

1. 想象在学前儿童学习中的作用

想象是学习新知识所必需的认知基础。人们在认识客观事物的过程中,可以通过直接感知获得对事物的认识,但人不可能事事都亲自去实践,因此就有必要通过他人的描述间接地获得对客观事物的认识。人们在获取间接认识的过程中,没有想象是无法构建出新形象、新知识的。想象在学前儿童学习活动中帮助儿童掌握抽象的概念,理解较为复杂的知识,创造性地完成学习任务。如在学习数的组成概念时,教师可以用直观的语言激发学前儿童的想象,让儿童通过实物获得表象。如"5 可以分成 3 和 2",通过语言的刺激,让儿童头脑中出现 5 个苹果分成 3 个和 2 个的分法,从而理解抽象的数的组成概念。又如在讲述故事时遇到"人群"这一概念,儿童如果想象不出有很多很多人的那种情景,就不可能真正理解。缺乏想象力的儿童是无法取得良好的学习效果的。

2. 想象在学前儿童游戏中的作用

学前儿童的主要活动是游戏。在游戏中,儿童的想象起着极为重要的作用。在角色游戏中,角色的扮演、材料的使用、游戏的整个过程等都要依靠儿童的想象过程。如"娃娃家"游戏中,爸爸、妈妈使用的纱布做成的包子、馒头,木棍代替的菜勺,炒菜、烧饭、带孩子看病等活动,都是学前儿童假想而成的。如果没有想象,这种"虚构的"活动便无法开展。在结构游戏中,儿童必须对结构材料、结构物体进行想象,运用一定的建构技能才能"创造"出一定的结构活动。在游戏中,儿童不断地依靠想象而变换物体的功能。比如一根棍子,先当枪使,后又当马骑。游戏中的人物角色也可以变化,一会儿是老师,一会儿又变成售票员。游戏的情节更可以根据学前儿童的需要而千变万化。一个小角落、几样简单的玩具,他们就可以借此进入广阔的幻想世界。因此,想象在儿童的游戏活动中起关键的作用。通过各种方法激发学前儿童的想象力,可以促进儿童游戏水平的提高。

3. 想象在学前儿童创造思维发展中的作用

人的创造力主要表现在创造思维方面。而创造思维一般可以分为三个方面:直觉、灵感和想象。换言之,想象是创造思维的一个主要方面。对于学前儿童来说,创造思维的核心就是想象。我们评价儿童创造思维的水平也主要是从想象的水平出发的。丰富的想象是儿童创造思维的表现,如儿童画"月亮上荡秋千"就充满了丰富的想象,因此才能获得很高的评价。既然想象是儿童创造思维的核心,就应该充分发展学前儿童的想象,从而更好地促进他们心理的发展。

二、想象的种类

（一）无意想象和有意想象

根据想象的目的性和自觉性，可以把想象分为无意想象和有意想象。

1. 无意想象

无意想象也称不随意想象，它是指没有预定的目的和意图，在一定的刺激影响下，不由自主地创造新形象的过程的想象。如看到地上茫茫的白雪，会不由自主地想到雪白的棉花、松散的白糖或其他物体；听故事时，不知不觉地随着故事情节追踪下去；等等。无意想象是最简单、初级形式的想象。

梦是无意想象的极端形式，是完全无目的的被动想象。梦是人在睡眠状态下的一种漫无目的、不由自主的奇异想象。从梦境的内容看，它是过去经验的奇特组合。按照巴甫洛夫的解释，梦是人在睡眠时，大脑皮层产生的一种弥漫性抑制，由于抑制发展不平衡，皮层的某些部位出现活跃状态，暂时神经联系以意想不到的方式重新组合而产生各种形象，就出现了梦。梦的构成材料往往是做梦者曾经经历过的事物的形象，不过是以混乱、虚幻的情景出现。这说明梦境的材料来自客观现实，是客观现实的一种反映。

2. 有意想象

有意想象也称随意想象，它是根据一定的目的，自觉地创造出新形象的过程。人们在实践活动中，为实现某个目标、完成某项任务所进行的活动，都属于有意想象。如儿童为了搭建一座高楼，想象用什么结构、什么颜色的材料，儿童设计未来的交通工具等都是有意想象。

（二）再造想象和创造想象

根据想象内容的新颖性、独特性和创造性的不同，可以把想象分为再造想象和创造想象。

1. 再造想象

再造想象是根据对没有直接感知过的事物的语言文字的描述或图样、图纸、符号的示意，而在头脑中形成相应的新形象的过程。所谓"再造"，一方面是指这些新形象对自己来讲是没有亲身感知过，仅是根据当前任务和所提供的材料，在词或其他东西的调节下运用个人经验，在头脑中加工再造出来的。如教师给儿童讲《白雪公主和七个小矮人》的故事时，儿童的头脑中会"再造出"白雪公主和七个小矮人的形象。另一方面，这种新形象并非自己独创。如看着说明书上的介绍，自己独立地组装玩具。

再造想象也有一定的创造性。因为人们的经验、兴趣、爱好和能力不同，再造的形象就会不同。从这个意义上说，再造想象总带有一定的创造成分，但创造成分较低。再造想象在工作、学习、劳动中有重大意义。通过再造想象，能更完整、准确地体会别人的经验，理解别人的处境。通过再造想象，还可以更好地进行交流，丰富自身的知识经验。

2. 创造想象

创造想象是根据一定的预定目的和任务，不依据现存的描述而独立创造出新形象的过程。如文学家塑造新的人物形象，科学家的发明创造，等等，都是创造想象的过程。

创造想象具有首创性、独立性和新颖性等特点。因此，创造想象比再造想象更复杂、更困难。

再造想象和创造想象既有区别又有联系。它们的区别在于：同样是"造"，再造想象出来的形象是

现实生活中已有的事物,是描述者知道而想象者不知道的事物;创造想象出来的形象是所有的人都不知道,现实生活中甚至可能不存在的事物。二者的联系表现在:首先,它们都以感知觉为基础,都是将原有表象重新加工改造、重新组合成新形象的过程。其次,在再造想象中,有创造想象的成分。而创造想象是在再造想象的基础上形成的,创造有再造的因素。最后,虽然在创造想象中形象是新颖的、独创的,但是仍然要依靠客观事物或图表、模型、语言、文字的启发。再造想象贫乏的人是不可能有丰富的创造想象的。因此,要培养人的创造力,首先要培养人的再造想象。

(三) 幻想、理想和空想

根据想象的现实意义,可以把想象分为幻想、理想和空想。

1. 幻想

幻想是一种与个人愿望相联系的,并指向未来事物的想象。幻想是创造想象的一种特殊形式,它是个人对未来的希望与向往。如许多女孩想象自己将来当模特、演员,而许多男孩想象自己将来当宇航员、警察等。

幻想与创造想象不同,幻想总是与个人的期望、志向相联系,也总包含对未来活动的设想。而创造想象所创造的形象,却并非都是个人所期望的。

2. 理想

理想是以客观现实的发展规律为依据,在现实中有可能实现的幻想。理想也称为"积极的幻想"。它今天虽然不一定直接引向行动,但能把光明的未来展示在人们的面前,鼓舞人顽强地去克服困难,坚定地朝着既定的目标前进,成为激发人们在学习、工作中发挥创造性和积极性的巨大动力。理想又往往是激起创造想象的准备。

3. 空想

空想是一种完全脱离现实的发展规律,在现实中毫无实现可能的幻想。空想是一种有害的"消极的幻想",它不能激励人们前进,相反,只能引导人们脱离现实生活,导致挫折和失望。长期陷入空想的人往往碌碌无为,一事无成。空想是一种无益的幻想,它使人脱离现实,想入非非,往往把人引向歧途,因此,应克服这种有害的幻想。

幻想对于人类社会的发展是有积极意义的。一个没有幻想的人是没有创造性、没有进取心的,也可以说是没有前途的。几乎每个孩子都有自己的梦想,梦想是孩子对自己未来的美好设计。因此,教师只要正确引导,大胆地培养儿童敢于幻想、善于幻想的品质,让他们对未来充满美丽的憧憬,就能发现孩子的闪光点,让孩子信心十足地不断成长,不断前进。

第二节　学前儿童想象的发展与培养

微课 5-1:
幼儿想象的
发展

一、学前儿童想象的发展特点

婴儿时期只有最低级形态的想象,想象尚处于萌芽状态。想象的内容简单贫乏,有意性很差,水平也很低。儿童的想象在幼儿前期开始发展。进入幼儿期,儿童知识经验积累得更多,言语能力也大大地提高,分析、综合能力也较前有所提高。在他们的游戏、学习等活动中,想象活动活跃地表现出来。学前儿童想象发展的主要特点表现为以下三点。

(一)无意想象为主,有意想象开始发展

在学前儿童的想象中,无意想象占主要地位。学前儿童想象的无意性具体表现在以下五个方面。

1. 想象无预定目的,由外界刺激直接引起

学前儿童想象的产生,常常是由外界刺激直接引起的,想象活动不能指向一定的目标,不能按一定的目标坚持下去,在游戏中想象往往随玩具的出现而产生。例如,在绘画活动中,儿童想象的主题往往是看到别人所画的或听到别人所说的而产生的。正因为如此,在同一张桌上绘画的儿童,其想象的主题常常雷同。如果要求学前儿童在活动开始前想象活动进行的目标,幼儿初期的儿童往往不能完成任务,他们不知道自己将创造什么形象。儿童往往是在行动中看到了由自己的动作无意造成的物体形态,或者是由外界刺激才想象自己所完成的作品的意义。

2. 想象的主题不稳定

幼儿初期的儿童,想象不能按一定的目的坚持下去,很容易从一个主题转换到另一个主题。儿童想象进行的过程往往也受外界事物的直接影响。因此,想象的方向常常随外界刺激的变化而变化,想象的主题容易改变。这主要是由幼儿初期儿童的直觉行动思维决定的。比如,在游戏中,儿童正在玩"开商店",忽然看见别的小朋友在玩"打仗",他就跑去当"解放军",和小朋友们一起"拼杀"起来。在画画时也是如此,一会儿画树,一会儿画兔子吃萝卜,一会儿又画汽车。

3. 想象的内容零散、无系统

由于想象的主题没有预定的目的,主题不稳定,所以儿童想象的内容是零散的,所想象的形象之间不存在有机的联系。儿童绘画常常有这种情况,在同一幅画面上,会把他感兴趣的东西都画下来,有房子、鹿、飞机、降落伞、猫、老鼠和树。这显然是一串无系统的自由联想,天马行空,不受时间、空间的约束,不管物体之间的比例大小。如果他高兴,甚至可以把这些毫不相干的事物编出一个故事,讲给你听。

4. 以想象的过程为满足

儿童的想象往往不追求达到一定目的,只满足于想象进行的过程。我们常常看见一名儿童给小朋友们讲故事,乍看起来有声有色,既有动作,又有表情,实际听起来毫无中心,没有说出任何一件事情的情节及来龙去脉。可是,讲故事者本人津津乐道,听故事的孩子们也津津有味,这种活动经常可以持续半个小时以上。他们都随着这种凌乱的情节进行想象,感到满足。儿童在游戏中的想象更是如此,只满足于游戏活动的过程,这也是儿童想象活动的特点。

5. 想象受情绪和兴趣的影响

儿童在想象过程中常表现出很强的兴趣性和情绪性。情绪高涨时,儿童想象就活跃,不断出现新的想象结果。比如"老鹰捉小鸡"的游戏,本应以小鸡被老鹰捉住而告终,可他们同情小鸡,又产生这样的想象:让鸡妈妈和鸡爸爸赶来,把老鹰啄死,救回了小鸡。

另外,兴趣也影响儿童的想象。幼儿对自己感兴趣的游戏和学习,会长时间去想象,专注于这个活动;而对于不感兴趣的活动,则缺乏想象,往往是消极地应付或远离这项活动。表现在活

动中,兴趣保持的时间很短。如大班儿童玩操作简单的玩具或已经熟悉的玩具,只能玩一会儿,就是这个原因。因此,儿童想象过程的方向、想象的结果、想象的丰富程度受其情绪和兴趣的影响较大。

在教育的影响下,儿童的有意想象开始发展。中班以后,儿童的想象已具有一定的有意性和目的性。如通过老师对故事前半部分的描述,儿童会有意想象,续编故事的结尾。续编故事体现出儿童已有明确的想象目的,想象的有意性开始发展了,而且想象的内容也日益丰富。

大班以后,儿童的有意想象逐渐发展起来。他们能按照成人的要求、提供的方向进行想象活动,想象的主题也趋于稳定。他们已不满足于想象的过程,而是使想象服从于一定的目的。达到了目的,想象活动才结束。不难看出,随着年龄的增长、教育的影响,儿童想象的有意性开始发展,并逐步丰富。

有意想象是需要培养的,成人应组织儿童进行各种有主题的想象活动,启发儿童明确主题,准备有关材料,如游戏中的玩具、绘画的材料等,成人及时的语言提示对于儿童有意想象的发展起重要作用。

(二) 以再造想象为主,创造想象开始发展

整个幼儿时期,儿童的想象是以再造想象为主的,表现为想象在很大程度上具有可复制性和可模仿性。想象的内容基本上是重现一些生活中的经验或作品中描述的情节。例如,儿童在游戏中扮演老师,常常是重现他自己班里老师的模样;在自编故事时,往往把自己的行为作为故事中主人公的行为加以描述,或者是模仿以往听过的故事情节。

儿童到了中、大班以后,其再造想象中开始出现创造性的成分。如画了大树以后,会在它旁边画一些花草等。在复述故事时,也往往加上自己想象的情节。因此,教师要给予保护、鼓励,并创造条件促使儿童创造想象的发展。

(三) 想象有时和现实混淆

幼儿时期,儿童常将想象的东西和现实相混淆,这是儿童想象的一个突出的特点,表现在以下三个方面。

1. 学前儿童常常把自己渴望得到的东西说成已经得到

如有的儿童看到别人有漂亮的娃娃或玩具,他会说:"我家也有。"可事实却不是如此。

2. 把希望发生的事情当成已经发生的事情来描述

如一名儿童的妈妈生病住院,儿童很想去看妈妈,但是大人不允许。过了两天,儿童告诉老师:"我到医院去看妈妈了。"实际上并没有这么一回事。

3. 在参加游戏或欣赏文艺作品时,往往身临其境,把自己当作游戏中的角色,产生同样的情绪反应

如小班儿童玩"狡猾的狐狸你在哪里"的游戏,当老师扮演的狐狸逮着小鸡(小朋友饰),装作要吃她的时候,这名儿童大哭起来说"你是老师,怎么可以吃人呢!",拼命挣扎。教师常常利用儿童的这一特点,在组织小班儿童的学习活动时,一方面使儿童在想象中如同故事或游戏中的角色一样活动,分享角色的乐趣,在轻松愉快的气氛中来接受教育;另一方面,尽量避免引发儿童恐怖、害怕等情绪,尤其对年幼胆小的儿童,在有关的活动中,更要多加说明,使他们知道这些不是真实的,不要害怕。

此外,成人要特别注意,不要把儿童谈话中所提出的一切与事实不符的话,都简单地归之为

说谎,并予以严厉的责备。成人在理解了儿童的这些特点以后,对发生在儿童身上的事情要深入了解,弄清真相。首先要做儿童的忠实听众;平时还要引导儿童多观察、多经历,丰富儿童的生活经验和知识,理解儿童想象的那些不合理因素。需要提醒的是,想象中的荒诞、不符合常情之处有时候恰恰是最有价值的,许多创造常常由此而来,所以一定要小心呵护儿童的想象。假如出现想象和现实的混淆,应在实际生活中耐心指导,帮助儿童分清什么是假想的,什么是真实的,从而促进儿童想象的发展。

二、学前儿童想象力的培养

(一) 丰富学前儿童的表象,发展学前儿童的语言表现力

表象是想象的材料。表象的数量和质量直接影响着想象的水平。表象越丰富、准确,想象就越新颖、深刻、合理。表象越贫乏,想象就会越狭窄、肤浅;表象越准确,想象就越合理;表象越错误,想象也就越荒诞。因此教师在各种活动中,要丰富学前儿童的感性知识和经验,有计划地采用一些直观教具、实物等,帮助学前儿童积累丰富的表象,使他们多获得一些进行想象加工的"原材料",为想象提供条件。学前儿童想象必须以感性经验为基础,以表象为条件,教师要给儿童提供更多发表自己想法的机会和环境,从而更好地训练他们的语言表达能力。

语言可以表现想象,语言水平直接影响想象的发展。儿童在表达自己的想象内容时,能进一步激发起想象活动,使想象内容更加丰富。因此教师在丰富学前儿童表象的同时,也要发展儿童的语言表达能力。如在看图讲述时可以让儿童在认真观察的前提下,丰富感性经验,展开自由联想,并用语言表述出来;在科学活动中,让儿童用丰富、正确、清晰、生动形象的语言来描述事物;还可以让儿童描述在大自然中看到的事物,通过纸工、泥工、绘画等制作表达出来,鼓励他们大胆想象和创造,使他们的想象力和创造性在这些活动中同时得到充分发展。

(二) 在文学艺术等多种活动中,创造学前儿童想象发展的条件

文学作品活动中的讲故事能发展学前儿童的再造想象;创造性的讲述能激发学前儿童广泛的联想,使他们在已有经验的基础上构思、加工,创造出自己满意的内容,发展创造想象。比如构图讲述,儿童首先进行充分的想象,然后自己选构图画,组成一个完整故事,最后运用自己已有的经验进行讲述,效果很好。

幼儿园多种艺术教育活动,也是培养学前儿童想象发展的有利条件。如美术活动中的主题画,要求儿童围绕主题展开想象,而意愿画能活跃儿童的想象力,使他们无拘无束,构思、创造出各种新形象;音乐、舞蹈是美的,儿童可以在表演过程中,运用自己的想象去理解艺术形象,然后再创造性地表达出来。这都是发展学前儿童想象力的有效途径。

(三) 在游戏中,鼓励和引导学前儿童大胆想象

游戏是学前儿童的主要活动,游戏对学前儿童的身心健康和智力发展具有深刻意义。学前儿童在玩耍的过程中可以锻炼想象力、创造力、毅力、思维能力、社交能力和体力等。教师要积极组织、开展各种各样的游戏活动,让儿童以玩具、各种游戏材料代替真实物品,想象故事情节,促进想象力的发展。除此之外,还要引导儿童在玩法上创新,鼓励大胆想象,创编出更多更好的玩法。学前儿童的想象力正是在有趣的游戏活动中逐渐发展起来的,游戏的内容越丰富,想象就越活跃。

学前儿童的游戏活动离不开游戏材料。游戏材料是引起儿童想象的物质基础。教师还要鼓励他们在游戏材料上创新。儿童在游戏时,可以根据自己的兴趣和需要,随意地将游戏材料加以想象,为此教师应尽量为学前儿童准备有多种玩法的游戏材料,为儿童提供许多可探索的辅助材料。比如"滚竹圈"游戏中,有的儿童不用竹圈滚,而是用小型呼啦圈来滚,有的儿童将滚竹圈的钩子用来"钓鱼"等;再如把"打门球"的球当作这一游戏中的鸡蛋。这些都充分体现了儿童的想象能力和创新能力。

游戏的材料除了来自购买,多直接来源于废旧物品,体现一切来源于自然的原则。为学前儿童选择游戏材料时,关键要看它能否满足学前儿童想象的发展,而不在于其价格。只要教师做个有心人,就能发现身边的许多废旧物品都是宝贝。同时还可以鼓励学前儿童有选择地收集物品,自制玩具,变废为宝,既经济又实惠,还能带来更多的乐趣。这样的材料能起到活跃儿童想象、促进儿童想象发展的作用,让学前儿童独立思考,别出心裁,反复尝试,勇于探索。教师还可以与家长、社区合作,协同为学前儿童准备更多更好的游戏材料。

(四) 创设问题情境,训练学前儿童的发散性思维,让学前儿童想象事物的具体情况及解决问题的方法

创设宽松、和谐、自然、开放的学习环境,让学前儿童自主学习,大胆想象,是想象产生的基本前提。环境的创设必须按照儿童兴趣的变化而变化。教师应尊重学前儿童对自然的向往,将教室设计成具有自然气息的环境,使儿童能在自然生活的环境中学会观察,充分想象。教室环境的布置应让儿童参与,让他们产生一种主人翁感,这种正面的情感有助于儿童的想象力和创造力的发展,更有利于其整个身心的发展。教师要为儿童提供可以动手探索的材料、多种选择的学习环境,鼓励他们提出有深度的问题,大胆进行想象。并发挥社区和家长的作用,和儿童一起享受解决问题的快乐。

教师还可以适时组织小组讨论。讨论时要选择儿童不太了解却非常感兴趣的内容,使儿童能充分发挥想象力、创造力,表达自己不同的感受和独特见解,促进儿童间相互学习,相互启发,取长补短,加深认识,形成自己独到的见解。教师是小组讨论的组织者、引导者,要为儿童创设宽松、友好的氛围,特别是要包容学前儿童讨论过程中的不当之处甚至错误,从而形成一个让儿童愿意想问题、敢于表达自己想法的氛围。

(五) 在活动中进行适当的训练,提高学前儿童的想象力

有目的、有计划的训练,是提高学前儿童想象力的重要措施。除通过讲故事、绘画、听音乐等活动培养学前儿童的想象力外,还可以采用其他一些形式,如填补成画。向儿童提供一张画有许多半圆形、圆形或者其他图形的纸,每人一张,请他们画成各种各样的物体图形;给儿童听几组声音的录音,让他们想象这几组声音是说明发生了什么事情;给儿童几幅顺序颠倒的图画,让其重新排列,并叙说整个事件经过;等等。经常进行这样的训练,可以使儿童想象的训练内容广泛而又新颖。

(六) 抓住一日生活环节中的教育契机,引导学前儿童进行想象

日常生活中想象的培养,是教育活动形式的必要补充和延伸。给学前儿童更多自由选择的想象空间,对拓展他们的想象力很有帮助,因此,教师应该利用一切机会为儿童创设想象的有利环境,充分利用他们在园的一日生活环节,全方位、多角度地为他们提供丰富而宽松的空间,鼓励他们大胆想象,从而使儿童得到更好的发展。

拓展阅读5-1:
想象力训练
小游戏

思考与练习

1. 掌握以下概念：想象、无意想象、有意想象、再造想象、创造想象、幻想、理想、空想。
2. 想象与客观现实的关系如何？
3. 想象在学前儿童心理发展中有什么作用？
4. 如何培养学前儿童的想象力？

第六章
学前儿童的言语和思维

第一节 言语概述

一、言语及其作用

(一) 什么是言语

言语是个体借助语言传递信息、进行交际的过程。言语和语言是两个既有区别又有联系的概念。语言是以词为基本单位，以语法为构造规则而组成的符号系统，它的形成是一种社会现象，它在人类社会实践活动中产生，并随着人类社会的发展而发展。每个民族都有自己的语言，人们把语言作为相互交际的工具。而言语是个体在不断掌握、运用和理解语言的过程中发生的心理现象。人们可以使用不同的语言，但其心理过程有普遍的规律。言语是心理学研究的对象。言语和语言又是密不可分的。作为心理现象的言语不能离开语言而独立地进行。儿童只有在一定的语言环境中才能学会并进行言语；另一方面，语言也只有在人们的言语交流活动中才能发挥它的作用，并不断地得到丰富和发展。

(二) 言语的作用

1. 言语的符号固着功能

言语的符号固着功能指人们言语中的每一个词都代表着一定的对象。例如"动物""水果"等词都是某一类特定对象的称呼。当人们说出某些词时，其他人都理解它们所代表的事物。这是人们在长期的交往中约定俗成、固定下来的。正因为言语具有这种功能，人们才能通过它互相交流思想，达到彼此了解。

2. 言语的概括功能

任何一个词都代表着一类事物和一类现象，是具有概括性的。例如"狗"这个词既代表着李家的黄狗，也代表着王家的花狗，是一切具体狗的总称。不过，不同的词，其概括程度有所不同，如"动物"这个词比"狗"包括的对象更多，"生物"则又比"动物"包括的对象更多。词是对象和现象的概括，人借助词的帮助，才能进行抽象思维，认识事物的本质，发现事物的客观规律。

3. 言语的交流功能

正因为言语有符号固着功能和概括功能,因而形成的第三个功能便是交流功能。人们在言语活动中传递知识,唤起他人产生同样的思想和情感,也能让他人感受到说话者的意图,继而协调一致地行动。

言语在儿童心理的发展中有极为重要的意义。儿童的心理主要是在和成人的交际过程中吸取人类经验而发展起来的。言语产生之后,儿童就可以通过和成人的言语交际,了解那些自己直接经验之外的事物,心理反映逐渐成为个体经验和社会经验的总和。即使是刚刚掌握言语的幼小儿童,其心理反映的内容也远比他自己有限的直接经验要广泛得多、丰富得多,同时也深刻得多。更重要的是,掌握言语之后,儿童的心理机能发生了重大变化,形成了新质的意识系统,具体体现为:高级心理机能开始形成,低级心理机能得到改造;意识和自我意识产生,个性开始萌芽。

二、言语的种类

言语分为外部言语和内部言语。外部言语又可以分为口头言语和书面言语两种。

(一)外部言语

1. 口头言语

口头言语是指以听、说为主的言语。它通常以对话和独白的形式来进行。人们在对话时,有交际对象在场,相互之间有应答和支持。对话是在两个或更多的人之间进行,大家都积极参加的一种言语活动,如聊天、座谈、讨论等。对话言语的突出特点是具有"情境性",即交谈者的一些思想并不完全在言语中表达出来,而是辅之以表情、动作等非言语手段。由于交谈者对所谈的内容都有所了解,所以发言人的一个词或一个眼神就能使大家"意会"到他要表达的意思,即对话时常用情境性言语。情境性言语只有在结合具体情境时,才能使听者理解说话人所要表达的思想内容,而且往往还需要说话人运用一定的表情和手势作为自己言语活动的辅助手段。

独白是一个人在较长的时间内独自进行的言语活动,如报告、讲课、演讲等。独白言语和对话言语有所不同,独白言语没有交谈者的言语支持,独白之前往往需要做好准备,表达时要求完整、连贯,发言人为使听众深刻理解自己的发言内容,必须用连贯、准确的言语表达自己的意思。所以,独白是比对话更为复杂的言语活动。

2. 书面言语

书面言语是指人们用文字来表达思想和情感的言语。无论从人类的发展历史还是从个体发展的过程来看,书面言语的发生都晚于口头言语。儿童总是先掌握口头言语,在此基础上,通过专门训练逐步掌握书面言语。

书面言语通常以独白的形式进行,它并不直接面对对话者,不能借助表情、声调、手势来表达思想和情感。儿童掌握书面言语一般要经过识字、阅读和写字三个阶段。识字是基础,是使用书面言语的手段,学会阅读和写作才是发展儿童言语的最重要因素。

人们掌握了书面言语,便摆脱了具体事物和时空的限制,开阔了视野,扩大了接受知识的范围,自主接受人类文化遗产,促进科学的进步。同时也使个体的心理活动变得更丰富、更深刻,使口头言语变得更精确,更符合逻辑。

(二)内部言语

内部言语指只为语言使用者所意识到的内隐的言语,也叫作不出声的言语。它是人们进行思维活动时凭借的主要工具,通常以简缩的形式进行。如果说,用于交往的言语是"宣之于外"的外部言语,那么,用于调节的言语则主要是"隐之于内"的内部言语。内部言语的对象不是别人,而是自己,是自己思考问题时所用的一种特殊的言语形式。内部言语的特点是隐蔽发音,默默无声,比较简约、压缩,与思维密不可分。主要执行自觉分析、综合和自我调节的机能。

内部言语与外部言语相互联系,互相促进;口头言语和书面言语是内部言语的外显表现,口头言语和书面言语的发展推动内部言语的发展,而内部言语的发展又有助于口头言语和书面言语的提高。

第二节　学前儿童的言语

一、学前儿童口头言语的发展

学前儿童的言语主要是口头言语。他们的口头言语不是生来就有的,而是在后天生活中逐渐掌握的。学前儿童口头言语的发展主要表现在语音、词汇、语法、口语表达能力及言语机能的发展等方面。

(一)语音的发生与发展

1. 发音准备期

语音是言语的物质外壳,语音分辨能力强弱、发音正确与否,直接影响言语的可理解性。所以,应掌握本民族语言(母语)的全部语音,包括准确分辨和正确发出母语语音两个方面。儿童发音准备期大致分为三个阶段:简单发音阶段(1—3个月)、连续音节阶段(4—8个月)和模仿发音—学话萌芽阶段(9—12个月)。

儿童刚出生时只会哭,哭是儿童最初的发音。新生儿的哭声中,特别是哭声稍停的时候,可以听出 ei、on 的声音。两个月以后,婴儿不哭时开始发音。当成人引逗他时,发音现象更明显,已能发出 d、a、e、ei、nei、oi 等音。发这些音不需要较多的唇舌运动,只要一张口,气流自口腔冲出,音也就发出了。这与儿童发音器官不完善有关。这个阶段的发音是一种本能行为,天生聋哑的儿童也能发出这些声音。4—8个月,儿童明显变得活跃起来。当他吃饱、睡醒、感到舒适时,常常自动发音。如果有人逗他,或者他们看到什么鲜艳的东西而感到高兴时,发音更频繁。发出的音中,不仅韵母增多、声母出现,而且连续重复同一音节,如 a—oa—oaf,jho,do—do—do 等,其中有些音节与词音很相似,如 ba—ba(爸爸)、ma—ma(妈妈)等。父母常常以为这是孩子在呼喊他们,感到非常高兴。其实这些音还不具有符号意义。但如果成人将这些音与具体事物相联系,就可以形成条件反射,使音具有意义。比如,每当儿童无意识地发出 ma—ma 这个音时,妈妈就高高兴兴地出现在儿童面前,并答应,久而久之,儿童就会把 ma—ma 这个音当作对母亲的称呼。

拓展阅读6-1:言语的发展机制:不同理论学派的解释

9—12个月,儿童所发的连续音节不只是同一音节的重复,而是明显地增加了不同音节的连续发音。音调也开始多样化,四声均出现了,听起来很像是在说话。当然,这些"话"仍然是没有意义的,但却为学说话做了发音上的准备。这一阶段,儿童开始能模仿成人的语音,如 mao—mao(帽帽)、deng—deng(灯灯)。这一进步,标志着儿童学话的萌芽。在成人的教育下,婴儿渐渐能够把一定的语音和某个具体事物联系起来,用一定的声音表示一定的意思。虽然此时他们能够发出的词音只有很少几个,但毕竟能开口"说话"了。人们通常把这段时间称为"牙牙学语"时期。

2. 听词阶段

出生不到10天的儿童就能区分语音和其他声音,并对语音表现出明显的"偏爱"。8—9个月,婴儿已能听懂成人的一些语言,表现为能对语言作出相应的反应。但这时,引起儿童反应的主要是语调和整个情境(如说话人的动作表情等),而不是词的意义。如果成人同样发这种词音,但改变语调和语言情境,婴儿就不再反应。相反,语调不变而改变词汇,反应还可能发生。一般到了11个月左右,语词才逐渐从复合情境中分离出来,真正作为独立信号而引起儿童相应的反应。直到此时,儿童才算是真正理解了这个词的意义。

3. 理解词阶段

1岁左右,儿童已经能够理解几十个词,但能说出的很少。这种能理解却不能主动说出(应用)的语言则是被动性语言。被动性语言很难发挥交际功能。只有出现主动语言,即既能理解又能说出的语言时,才标志着符号交际的开始。

婴儿言语准备的情况和语言环境有直接的关系,在婴儿尚不理解语言的时候,若不给予语言上的刺激,则婴儿的言语发展一定很慢。反之,如能注意多和他们说话,使儿童每次感知某事物时都能听到成人说出关于这个事物的词,那么,儿童头脑中就会形成事物与词的联系,词便成了该事物的符号,这样,婴儿的言语就会迅速发展起来。

4. 逐渐掌握本族语言的全部语音

一般3岁儿童的语音辨别能力已经发展起来,但对个别相似音(如 b 和 p,d 和 t)有时还可能混淆。对于少数民族和方言地区的儿童来说,由于缺乏语言环境,听懂普通话尚是一项比较困难的任务。据贵州地区的一项研究报道,当地少数民族地区的儿童,以前入小学读书之后辍学率很高,其关键原因是听不懂普通话的发音,因此无法接受教学内容。相关教育部门发现问题之后,开始在这些地区大量举办学前班,将学习普通话作为学前班的重要教育内容,结果表明,凡在学前班学习过普通话的儿童,入学后的学业成绩大大提高。可见,对于民族众多和地域性语言发音差异较大的我国来说,让儿童从小把普通话作为"母语",为他创造一个普通话的语言环境是十分必要的。当然,这并不是要其排斥对本民族语言的学习,而是将二者同等看待。

幼儿园教师在教育过程中,首先要使用普通话。教学时应有意识地选择出方言与普通话发音不一致之处,有针对性地编创一些听音练习活动,训练儿童的辨音能力。比如,发现儿童分辨不清 b 和 p,n 和 l,可以发给儿童分别画着报纸和鞭炮的卡片,老师发出"报"或"炮"的音,请小朋友举起反映相应词义的卡片;或者,请儿童在老师发出"拉"和"拿"的音时,做出相应动作。

正确发音一般比听准音要困难一些。儿童正确发音的能力是随着发音器官的成熟和大脑皮层对发音器官调节机能的发展而提高的。儿童发音能力提高很快,特别是 3—4 岁期间。在正确的教育下,4 岁儿童能基本掌握本民族语言的全部语音。

在儿童的发音中,韵母发音的正确率较高。只有 e 和 o 有时容易混淆。原因可能是 e 和 o 的舌位变化基本相同,只是口型略有差别。儿童对声母的发音正确率稍低。3 岁儿童常常不能掌握某些声母的发音方法,不会运用发音器官的某些部位,以至于把"哥哥"说成"得得",把"老师"说成"老西"或"老基"。据我国的一些调查发现,儿童发音错误最多的是翘舌音 zh、ch、sh 和齿音 z、c、s,4 岁以后,儿童发音的正确率显著提高。

学前儿童发音的一些困难,如果不是生理缺陷造成的,一般是受方言的影响,如四川的方言中是没有"j"这个音的,所以儿童基本不会发这个音。儿童发音方面的类似问题,在正确的教育下是可以逐步纠正的。特别是 4 岁左右,可以说是培养儿童正确发音的关键期。在这一时期,儿童几乎可以学会世界各民族语言的任何发音。儿童三四岁以后,发音开始稳定,趋于方言化,即开始局限于本民族或本地区语音,年龄越大越是如此。这时,再开始学习其他方言或外语的某些发音就会感到困难。有的研究材料指出,如果十几岁才开始学习第二种语言,就很难学到纯正的语音。因此,必须注意儿童,特别是三四岁儿童的正确发音。推广普通话也要从小做起。

5. 对语音的意识开始形成

儿童要学会正确发音,必须建立起语音的自我调节机能。一方面要有精确的语音辨别能力,另一方面要能控制和调节自身发音器官的活动。儿童开始能自觉地辨别发音是否正确,自觉地模仿正确发音,纠正错误的发音,就说明对语音的意识开始形成了。

两岁之前的儿童尚未形成对语音的意识,他们往往不能辨别自己和别人发音上的错误,发音主要受成人的调节,靠成人的言语强化来坚持正确的发音,纠正错误的发音。儿童期逐渐出现对语音的意识,开始自觉地对待语音。

儿童语音意识的形成主要表现为:(1)能够评价别人发音的特点,指出或纠正别人的发音错误,或者笑话、故意模仿别人的错误发音等。(2)能够意识并自觉调节自己的发音。例如,有的儿童不愿意在别人面前发自己发不准的音;有的儿童发出一个不正确的音之后,不等别人指出,自己就脸红了;有的声称自己不会发某个音,希望别人教他;有的则有意识地模仿别人,纠正自己的错误。

语音意识的发生和发展,使儿童学习语言的活动成为自觉、主动的活动。这无论对学习汉语还是学习外语来说,都是必要的。

(二)学前儿童词汇的发展

词是言语的基本构成单位。词汇是否丰富,使用是否恰当,直接影响言语表达能力。因此,词汇的发展可以作为言语发展的重要指标之一。学前儿童词汇的发展主要表现在词汇数量的增加、词类的扩大以及对词义理解的加深三个方面。

儿童言语发展的基本规律是:先听懂,后会说。1 岁到 1 岁半,儿童理解言语的能力发展很快,在此基础上,开始主动说出一些词。两岁以后,言语表达能力迅速发展,逐渐能用较完整的句子表达自己的思想。

1. 不完整句阶段(1 岁—2 岁)

又可分为两个小阶段:

(1)单词句阶段(1 岁—1 岁半)。此一时期儿童言语的发展主要反映在言语理解方面。同时,他们开始主动说出有一定意义的词。这一阶段儿童最先理解的是他经常接触到的物体的名称,如"灯灯";其次是对成人的称呼,如"爸爸""妈妈";最后是玩具和衣物的名称,如"球球""帽帽",等等。如果成人经常教他一些动作,或者叫他做一些事情,儿童也能理解一些常用的动词,如"坐下、起来、捡、扔、拿、送"等。如果成人多以眼前的事物为话题,同儿童进行交谈,他们将会理解得更多。

这一阶段儿童对词的理解,往往和某种固定的物体相联系,甚至把物体连同某种背景固定起来。例如,"爸爸"就是指自己的爸爸,而且必须是戴上眼镜时的爸爸。在幼小的孩子看来,物体的名称是同该物体以及物体所处的具体情境相联系的。这一阶段儿童对词的理解非常不确切,一个词常常代表多种事物,而不是确切地代表某种事物。例如,在一个实验里,要求儿童从几样东西里挑出玩具小熊。实际上那几样东西里没有小熊,只有和小熊相似的东西。两三岁的儿童对于完成此任务感到有困难,他们或者说找不到小熊,或者是干脆跑到别处去找。但1岁的儿童却丝毫不感到困难,他们会毫不犹豫地把长毛绒手套拿来当小熊。长毛绒手套和小熊有某种相同的特征,该年龄儿童据此认为它就是小熊,这说明他对词义的理解是笼统的、不精确的。

这个阶段的儿童喜欢说重叠的字音。如"娃娃、帽帽、衣衣、拿拿"等,还喜欢用象声词代替物体的名称,如把汽车叫作"嘀嘀",把小狗叫作"汪汪"。出现这种单音重叠的发音现象,是因为儿童的大脑发育尚不成熟,发音器官还缺乏锻炼。重复前一个音,属同一音节、同一声调,不用费力,容易发出。如果要发出不同的两三个音节,发音器官的部位(舌、唇等)就要变化动作,这对于1岁多的儿童来说,还是比较困难的事情。两三岁的儿童说话仍然较慢,逐个字吐出来,也是同理。

由于这个年龄的儿童对词的理解还不精确,说出的词往往一词多义,故称为"多义词"。例如,见到猫,叫"猫猫";见到带毛的东西,如毛手套、毛领子一类的生活用品,也都叫"猫猫"。这一阶段的儿童不仅用一个词代表多种物体,而且用一个词代表一个句子,因此这阶段称为"单词句时期"。例如,儿童说出"拿"这个词,有时代表他要拿奶瓶,有时代表他要拿玩具,还有时代表他要拿别的儿童手里的食物。

(2)双词句阶段(1岁半—2岁)。1岁多的儿童说话的积极性还不高,只有在高兴或惊讶时,或请求成人帮助时,才主动说话。而且他们说出的话常常是发音不正、词义不准,只有和他们关系比较亲近的人,根据其说话的表情和动作以及当时的情境,才能理解。

在这一阶段,家长可以引导孩子学说句子。比如,孩子说"球球",成人可启发孩子说"这是皮球,宝宝要皮球"。如果具有良好的教育与训练,到1岁半时,有不少孩子可以说出一些简短的双词句,如"擦鼻鼻""吃饭饭""妈妈抱抱"等。

1岁半以后,儿童说话的积极性高涨起来,在很短时间内,会从不大说话变得很爱说话,说出的词大量增加。这一阶段儿童言语的发展主要表现为开始说由双词或三词组合在一起的句子,如"妈妈抱抱"等。这种句子的表意功能虽较单词句明确,但其表现形式是断续的、简略的,结构不完整,好像成人的电报式文件,故也称为"电报句"或"电报式语言"。说出句子是儿童言语发展中的一大进步,也是这一阶段儿童发展的主要特点。但是这一阶段儿童说出的句子都很简单、短小,只有三到五个字,主要有三种形式:①简单的主谓句。如"妈妈来""皮球掉了""妈妈没",等等。②简单的谓宾句。如"要娃娃""拿糖糖""送送妈妈""找老师",等等。③简单的主谓宾句。如"妈妈穿衣""爸爸上班""奶奶坐凳凳",等等。

这时期的儿童虽然已能说出不少句子,但所说的句子往往缺字漏字,不完整。比如"妈妈,穿鞋"(妈妈,给我穿鞋)、"妈妈,怕猫猫"(妈妈,我怕猫猫)。语言本身有一定的语法规则,其中很重

要的是各种词汇的排列顺序。如果我们不按语法规则讲话,把词的顺序打乱,那么这种语言将使人无法理解。1岁半至两岁儿童所说的句子,则时常有颠倒词序的情况。例如"不对起"(对不起),"不拿动"(拿不动)。

从儿童词汇的分类看,1岁半以前的儿童所说的大多数是名词,也有小部分动词。1岁半以后,儿童开始学习形容词等。各种词类的出现,使儿童的句子逐渐变得复杂起来。

2. 完整句阶段(2—3岁)

在单词句和双词句阶段,儿童能选择一个词或把两个词组合起来粗略表达语义。2岁以后,儿童开始学习运用合乎语法规则的完整句更为准确地表达思想。许多研究证明,2—3岁是人生学说话的关键时期。如果有良好的语言环境,即经常有人和儿童交谈,那么这一时期将成为儿童言语发展最迅速的时期。

这一年龄段的儿童渐渐能够用简单句表达自己的意思,并开始会说一些复合句。这一时期也是儿童终止婴儿语的时期。2岁半以后,儿童很少再说"××吃饭饭"之类的婴儿语,说出的句子较长,日趋完整、复杂,由各种词类构成的语言所表达的内容方面,也发生了质的变化。以前,儿童只能以眼前的事物为话题,因为他们还不具备谈过去、将来的能力。从2岁开始,他们能把过去的经验表达出来。在与成人一问一答的交谈中,2—3岁儿童可以用句子表达事物之间比较简单的关系。比如,有一个2岁10个月的小女孩,无论如何不肯让妈妈给她换衣服,妈妈问她"为什么不穿这件衣服",她说:"我就不穿,这衣服不好看。"可见2—3岁的儿童虽然还不会使用"因为……所以……",但是他们已经开始理解事物之间的因果关系,并用自己的语言表达出来。

两到三岁儿童的词汇量增长非常迅速,几乎每天都能掌握新词。他们学习新词的积极性非常高,经常指着某种物体问"这是什么?""那是什么?"当成人把物体的名称告诉他们时,他们便学了一个新词。如果进一步扩展,即成人不但教新词,而且说明该词与某事、某物、某种经验的联系,那就不仅教会儿童一个新词,而且使他们学到更多的东西。到3岁时,儿童已能掌握1 000个左右的词语。

3. 词汇数量迅速增加(3—7岁)

幼儿期词汇数量增长很快,几乎每年增长一倍,具有直线上升趋势。据国内外的一些研究材料报道,3岁幼儿的词汇量达到1 000—1 100个,4岁达到1 600—2 000个,5岁增至2 200—3 000个,6岁则达到3 000—4 000个。当然,个别差异也比较大。但无论怎样说,幼儿期都是人一生中词汇增加得最快的时期,7岁时儿童所掌握的词汇的数量大约为儿童3岁时的四倍。

幼儿期,儿童不仅掌握词汇的数量增长快,而且对词本身的内容、意义理解也加深了,更概括了。如有人问:"什么是杯子?"儿童立即回答:"喝水用的。"这说明儿童理解这个词不是指某个具体的杯子,而是各种各样的杯子的一般属性的概括。另外,儿童还能逐步掌握一些较高级、更抽象、更概括的词。如香蕉、苹果等都是水果,又如光荣、伟大、勇敢等这些词都很抽象,但儿童能理解,也会使用。儿童掌握概括性较高的词越多,越有助于其抽象思维的发展。

儿童一般先掌握实词,然后掌握虚词。实词中最先被掌握的是名词,其次是动词、形容词、副词,最后是数量词。儿童也能逐渐掌握一些虚词,如介词、连词,但这些词在儿童词汇中所占的比例很小。在儿童的词汇中,最初名词占主要地位,但随着年龄的增长,名词在词汇总量中所占的比例逐渐降低,4岁以后,动词的比例开始超过名词。儿童词类的扩大还表现在词汇内容的变化上。儿童最初掌握的基本是和饮食起居等日常生活活动直接相关的词,以后逐渐积累了一些与日常生活距离稍远的词,甚至开始掌握与社会现象有关的词。

此外,词汇的性质也有所变化。最初,儿童掌握的主要是一些具体的词汇,后来逐渐掌握一些抽象性和概括性比较高的词。例如,以前只会说"桌子""椅子",后来就掌握了"家具"一词;起初只会说"香蕉""苹果",后来就能说出"水果"。

在词汇量不断增加、词类不断扩大的同时,儿童每一个词本身的含义的掌握也逐渐确切和加深了。不同年龄的儿童对同一个词的理解可能是很不相同的。例如"猫"一词,对1岁的儿童来说,"猫"可以代表一切毛茸茸的物体,如小猫、小狗,甚至皮大衣、鸡毛掸子等,到了幼儿期,儿童已理解了"猫"一词的确切含义——专指猫这种动物。而且在说出"猫"这个词时,也包括了对猫的习性的理解。

学前儿童能够正确理解又能正确使用的词,叫作积极词汇。有时儿童能说出一些词,但并不理解,或者虽然理解了,却不能正确使用,这样的词叫作消极词汇。无疑,消极词汇不能正确表达思想。儿童已掌握了许多积极词汇,但也有不少消极词汇,因此常常发生乱用词的现象。如把"解放军"一词与"军队"混同,以致把敌军说成是"敌人(的)解放军"。所以我们在教育上应注重发展儿童的积极词汇,促进消极词汇向积极词汇转化。不要仅仅满足于儿童会说多少词,而要看是否能正确理解和使用。

儿童的词汇虽然有了以上多方面的发展,但总的来说,他们的词汇还是比较贫乏的,概括性也比较低,理解和使用上也常常发生错误。因此,还应该重视丰富儿童的词汇,帮助他们正确理解词义和正确运用词汇。

(三)基本语法结构的掌握

语法是组词成句的规则,儿童要掌握语言,进行言语交际,还必须掌握语法体系。否则,很难正确理解别人的言语,也不能很好地表达自己的思想。儿童对语法结构的掌握表现在语句的发展和理解两方面。

1. 语句的发展

儿童掌握句型的顺序是:单词句(1岁到1岁半)—双词句(2岁左右)—简单完整句(2岁开始)—复合句(2岁半开始)。

1岁半前,儿童只能用单词句说话,一个词就代表一个句子。1岁半以后儿童开始说双词句,即由两个词组成的句子,如"妈妈抱""帽帽掉"等。句子极为简略,很不完整,所以有人称之为"电报式语言"。

2岁以后,儿童开始使用简单句,如"积木掉了""宝宝要睡觉"。两三岁儿童的句子往往不超过五个字,一般是主谓结构句(由行动主体和动作组成,如"宝宝睡觉")、谓宾结构句(由动作和动作对象组成,如"坐车车"),有时也出现主谓宾结构句(由行为主体、动作和动作对象组成,如"妈妈拿帽帽")。3—4岁的儿童已经掌握最基本的语法,开始大量运用合乎语法规则的简单句,但也时常出现错误。

简单句出现不久,大约2岁半左右,儿童的句子中开始出现一些没有连接词的复合句,像"糖掉地上了,脏,脏!""不跟××玩,××打人"等。随着儿童年龄的增长,复合句在整个句子总量中的比例逐渐上升,并开始出现连接词。但整个幼儿期儿童还是以简单句为主。

儿童所掌握句型从简单句到复杂句的变化,也反映了句子结构逐渐分化的发展趋势。儿童一开始只能说一些连主谓语也不分的单词句,句子结构混沌不分的程度就可想而知了。以后,单

词句逐渐分化为只有主谓结构和动宾结构的双词句。再往后，句子的结构越来越复杂，层次也越来越分明了。

儿童早期所掌握的词不分词性。如"妙—呜"既可当名词（小猫），又可当动词（咬人）。学前初期的儿童还常常把"解放军叔叔""老奶奶""小姐姐""小白兔"等词组，当作一个词使用，不分修饰词和中心词。比如，不少小班儿童说："我长大当解放军叔叔""我们老师家的小姐姐挺大挺大的，都上中学了""我们幼儿园有两只黑的小白兔"，等等。随着年龄的增长，才在使用中逐渐分化出修饰词和中心词、形容词和名词、动词和名词等词的性质区别。

儿童最初的句子不仅简单，而且不完整，常常漏掉或缺少一些句子成分。比如，最早出现的单词句和双词句实际上是一个简单的词链，严格说还不是句子。如果来说是句子的话，那么缺漏句子成分的现象是十分严重的。简单句出现以后，才初具结构框架，但也常常漏掉了一些主要成分，结构比较松散。词序紊乱，句子各成分之间的相互制约不明显。例如，3岁多的儿童把"你用筷子吃饭，我用小勺吃饭"说成"你吃筷，我吃勺子"；把"老师，我要出去"说成"老师出"。儿童最早出现的无连接词的复合句，也是句子结构不严谨的表现。随着年龄的增长，句子结构逐渐严谨起来。缺漏句子成分的现象逐渐减少，词序排列越来越恰当，句子成分之间的制约关系加强了，复合句中的连接词也出现了，原先几乎没有任何修饰词的句子，也逐渐出现了修饰语。儿童的言语越来越能准确地反映他们的思想。

由于认识的局限性和词汇的贫乏，幼儿最初说出的语句只有表明事情的核心词汇，因此显得内容单调、形式呆板。稍后，开始能加上一些修饰语（如形容词、副词等），使句子的成分变得复杂起来，表现的内容也逐渐丰富并富有色彩和感染力了。

2. 句子的理解

在语句发展过程中，儿童对句子的理解先于说出语句而发生。儿童在能说出某种句型之前，已能理解这种句子的意义。

1岁之前，在儿童尚不能说出有意义的单词时，已能听懂成人说出的某些简单句子，并用动作反应。1岁之后，按成人指令做动作的能力进一步增强。

2—3岁的儿童开始与成人交谈。他们喜欢听成人说儿歌、讲故事，并能学习像"小白兔，白又白，两只耳朵竖起来……"等生动的歌谣。

4—5岁的儿童已能和成人自由交谈，向他们提各种各样的问题并渴望得到解答。但对一些结构复杂的句子，如被动语态（小玲被小楠撞倒了）、双重否定（小朋友没有一个不喜欢听故事的）等，往往还不能正确理解。

学前儿童在理解自己尚未掌握的新句型时，常常根据自己从经验中总结出来的一些"规则"去解释它们。他们常常只根据词的意义和事件的可能性，而不顾语句中的语法规则来确定各个词在句子中的语法功能和相互关系。例如，对"小明把王医生送到医院里"这个句子，相当多的幼儿理解为是小明生病了，王医生送小明去医院，而不是像语法中所规定的那样，介词"把"前面的名词应是动作的发出者，而其后的应是动作的承受者。因为在幼儿看来，"小明"显然是个小朋友，在他们的经验中，医生是看病的而不可能生病，"小明生病，医生送他去医院"才合情合理。也就是说，事件在现实生活中发生的可能性，是他们理解句子的"钥匙"，语法的作用在此时是服从于前者的。

儿童往往根据句子中词出现的顺序来理解它们之间的关系，理解句义。由于儿童经常接触的是主动语态的陈述句,于是他们形成了这样一种理解策略:句子中出现在动词前面的名词是动作的发出者,而其后面的名词则是动作的承受者。其理解模式为:名词—动词—名词,动作发出者—动作—动作承受者。而刚开始接触被动语态句时,儿童也习惯于用这种策略(模式)去理解它,结果出现理解错误,如将"小明被小华碰了一下"理解成小明碰了小华。以词出现的顺序来理解其作用的情况在其他句型中也有反映,如把"小班儿童上车之前大班儿童上车"理解为"小班先上车,大班后上车",等等。

儿童在理解句义,包括句中某些词的词义时,时常使用一些非语言(与语言本身无关的)策略。比如,有人发现,给儿童一些玩具和可放置玩具的物品时,物品的性质和特征如何,直接影响儿童对指示语的反应。如果给他的物品是容器(盒子、箱子等),儿童倾向于把玩具放在它们的"里面",而不管指示语是"放在它上面""放在它旁边";如果物品有一个支撑面(如小桌),儿童则倾向于把玩具放在"上面",尽管指示语是"放在它下面""放在它旁边"。前面谈到的事件可能性策略,也可以说是一种非语言策略,儿童是根据自己的经验而不是语言信息(尤其是语法规则)来理解句义的。

一般来说,儿童只是在理解他们尚未掌握或未熟练掌握的句型时才使用这些策略,在使用过程中逐渐会发现其中的问题,从而改进策略,使之更符合语言规则。这样,对句子的理解能力同时就发展起来了。

(四) 学前儿童口语表达能力的发展

随着词汇的丰富和对语法结构的逐渐掌握,学前儿童的口语表达能力也逐步发展起来。整个学前儿童期就是从情境性言语过渡到连贯性言语、从对话言语逐渐过渡到独白言语的时期。

3岁以前,儿童基本上都是在成人的帮助下和成人一起进行活动的,儿童与成人的言语交际也正是在这样一种协同活动中进行的。所以儿童的言语基本上都是采取对话的形式。

到了幼儿期,儿童由于独立性的发展,常常离开成人进行各种活动,从而获得一些自己的经验、体会、印象等。因此,有必要向成人表达自己的各种体验和印象。这样,独白言语也就逐渐发展起来了。

当然,儿童的独白言语刚刚开始形成,发展水平还很低,尤其是在幼儿初期。小班儿童虽然已能主动地对别人讲述自己生活中的事情,但由于词汇较贫乏,表达显得很不流畅,常常带一些口头语,如"嗯……嗯""那个……那个"等,还有少数幼儿甚至显得口吃。在良好的教育下,五六岁的儿童就能比较清楚地、系统地讲述所看到或听到的事情和故事了,有的儿童甚至能够讲得有声有色、活灵活现。

3岁前的儿童只能进行对话,不能独白,他们的言语基本上都是情境性言语。幼儿初期儿童的言语仍然具有3岁前儿童言语的特点。虽然能够独自向别人讲述一些事情,但句子很不完整,常常没头没尾,让听的人感到莫名其妙。例如,一个3岁的儿童向别人讲自己昨天晚上做的事时说:"看到解放军了,在电影上,打仗,太勇敢了。妈妈带我去的,还有爸爸。"讲的时候好像别人已经了解了他要讲的内容似的,一边讲,一边做出一些手势和表情。这种让别人边听、边看、边猜想当时情境才能懂的言语,就是情境性言语。

连贯性言语的特点是句子完整,前后连贯,逻辑性强,听者仅从言语本身就能完全理解讲话人所要讲的内容和想要表达的思想。

一般说来,随着幼儿年龄的增长,情境性言语的比例逐渐下降,连贯性言语的比例逐渐上升。

整个幼儿期儿童都处在从情境性言语向连贯性言语过渡的时期。六七岁的儿童才能比较连贯地进行叙述,但其发展水平也不很高。大班儿童无论是在讲述自己经历过的事情时,还是在看图讲述时,或者是复述故事时,情境性言语的成分都比较少,这说明,大班儿童连贯性言语的发展已经比较稳定。连贯性言语的发展使儿童能够独立清楚地表达自己的思想,正是在这个基础上,独白言语也发展起来了。幼儿园教学工作的任务之一就是要促进这一过渡,提高儿童连贯性言语的水平。

二、学前儿童内部言语的发展

三岁以前,处在直觉行动思维状态下的儿童是没有内部言语的,他们不能"默默地"思考问题,而总是边想边说边做。只有到了幼儿期,在外部言语发展比较充分的基础上,内部言语才有可能产生。

在内部言语产生的过程中,可以看到一种过渡形式——出声的自言自语,这是一种介于有声的外部言语和无声的内部言语之间的言语形式。这种言语既有外部言语的特点(说出声),又有内部言语的特点(对自己说话)。

儿童的自言自语有两种形式:一种是所谓的"游戏言语",一种是"问题言语"。

游戏言语即一面动作,一面嘀咕,用语言补充和丰富自己的行动。在建筑游戏和绘画活动中,经常可以看到儿童边做边说:"这支大机枪,嘟嘟……轰!哎呀!啊!打死了!……"儿童常常用这种游戏言语来补充用动作表达感到困难的内容,发挥自己的想象。游戏言语一般比较完整、详细,有丰富的情感和表现力。

问题言语是在碰到困难或问题时产生的自言自语,常常用来表示对问题的困惑、怀疑或惊奇等,当儿童找到了解决问题的办法时,也会用这种言语反映出来。例如,在拼图过程中,儿童一边注视桌上的拼板,一边自言自语:"这个怎么办?放哪儿?……不对,在这儿,呀,不行……这像什么?……哈,机器人!……"问题言语一般比较简短、零碎,多由一些压缩的词句组成。四五岁儿童的问题言语最丰富,六七岁的儿童由于能够默默地用内部言语思考,问题言语相对减少,但在遇到稍难些的任务时,问题言语又活跃起来。这就说明,儿童的自言自语是思维的有声表现。

儿童的自言自语起初往往是伴随活动而进行的,具有反映行动结果和行为中重要转折点的作用。以后则出现在行动的开端,具有计划和引导行动的性质,即自我调节的机能。

儿童的自言自语不但具有对自己说话的特点,也包含对别人说话的性质。有时似乎在向别人介绍自己活动的内容,有时则像是在请求别人帮助,或希望别人合作。据研究,儿童的自言自语往往是在儿童需要和别人交往但又缺乏言语交往的实际可能的情况下出现的。儿童和不熟悉的成人在一起时,出现的自言自语最多,和父母在一起时较少,和其他儿童在一起时更少,这是因为,儿童尽可以用外部言语与同伴交往,因而没必要运用自言自语的形式。

由此可见,儿童的自言自语,不仅在形式上,而且在功能上也具有过渡性。它既带有外部言语所具有的交往的功能,同时又具有内部言语的自我调节功能。

三、学前儿童书面言语的发展

由于对语言交际的态度积极和口头言语的进一步发展,到学前晚期,儿童往往主动要求识字、读书。这时候的儿童,形象知觉、图像识别能力较强,适当学习书面言语并不困难,也很有兴趣。但是,儿童由于生活经验与理解能力有限,特别是小肌肉发育尚不成熟,识大量的字,或识较抽象的词,学习书写,负担较重,意义不大。因此,在幼儿晚期,如有条件,可适当教给儿童一些与其生活经验密切联系的、常用的、具体的字词。在教书面言语的过程中,应着重培养儿童的学习兴趣和学习习惯。

书面言语和口头言语是人类语言的两大反映形式,也是两种言语符号类型。这两种言语都对人们的生活发生重要的作用。在学前阶段,幼儿正处于迅速发展获得口头言语的关键时期,他们将在进入学校之前掌握95％的口头言语,即基本完成口语学习的任务。但是,为使他们更好地学习口语,并为下一阶段集中学习书面言语做好准备,在学前期有必要帮助幼儿初步感知认识书面言语,理解书面言语和口头言语的对应关系,感知作为言语符号这两种系统的差异,从而知道书面言语与口头言语具有同样的重要性。

早期阅读是学前儿童学习书面言语的语言行为。相对于学前儿童学习口头言语,早期阅读活动,则是学前儿童开始接触书面言语的途径。

过去,人们一向重视学前儿童口头言语的发展,比较忽视早期阅读的问题。近年来,国际幼教界普遍重视和加强了这个方面的研究。有研究成果表明,学前儿童在出生后的最初阶段便出现早期阅读的兴趣和行为,他们在学习听和说,获得口头言语的同时,开始发展起学习书面言语的行为,因而也就逐步产生接触书面言语的"阅读"能力。如果我们忽视了早期阅读,等于放弃了对儿童书面言语学习行为的培养,也就没有充分挖掘学前儿童早期发展的潜能。

识字是学习书面言语的一种内容和方式,但不是唯一的内容和方式。准确地说,大量、系统的识字不是学前儿童早期阅读的内容。人们在学前阶段让儿童学习阅读,不是要儿童学会一批字,能直接去看文字、写文字,而是要让儿童了解一些有关书面言语的信息,提高学习书面言语的兴趣,懂得书面言语的重要性,建立良好的阅读习惯。这样,儿童就能为下一阶段在小学的正式学习识字和写字等做好准备。因此,早期阅读活动成为儿童接触书面言语的有效途径。

目前,国际儿童语言教育研究提倡"完整语言"的教育。这种观点认为,尽管学前阶段儿童以发展口头言语——听说能力为主,但应当为儿童创造一定的接触读、写的机会。这主要是指帮助幼儿感知、认识什么是读和写,怎么去学习读和写,读和写有什么意义等。实际上,儿童在学前阶段要掌握的不是书面言语本身,而是有关书面言语的信息,以及今后学习书面言语的敏感性。

四、学前儿童言语的培养

学前儿童言语主要是在社会生活环境与教育的影响下形成和发展的,与智力发展有着密切的关系。并且,人早期语言的发展直接影响其今后一生语言的发展。因此,成人必须十分重视学前儿童言语的发展和培养。

(一) 创造条件,让学前儿童有充分交往与活动的机会

言语本身是在交往中产生和发展的。学前儿童只有在广泛交往中,感到有许多知识、经验、情感、愿望等需要说出来的时候,言语活动才会积极起来。据调查,聋哑人的孩子生活在儿童集体中,口语发展正常,如果只生活在自己家中,口语发展就受到很大限制。因此增加学前儿童与成人之间以及学前儿童之间的交往,是发展学前儿童口语的有效方法。

(二)帮助学前儿童扩大眼界,丰富生活,增加词汇量

生活是语言的源泉,没有丰富的生活,就不可能有丰富的语言。学前儿童如果生活范围狭小,生活内容单调,语言发展就迟缓,语言就贫乏。例如,较偏僻农村的学前儿童与繁华城市的学前儿童相比,语言丰富程度差距较大,这是由于他们的生活环境不同造成的。因此组织丰富多样的活动,帮助学前儿童扩大眼界,增加词汇量,十分必要。"见多识广",语言也就丰富了。

(三)加强对学前儿童言语的训练

对学前儿童言语进行有计划的训练是很重要的。幼儿园主要是通过语言教学来发展学前儿童语言表达能力的。教学中,应要求学前儿童发音正确,用词恰当,句子完整,表达清楚、连贯,并及时帮助学前儿童纠正语音,对好的给予鼓励表扬。要运用有效的教学方法,调动儿童说话的积极性,并给予反复练习的机会,以及做出良好的示范,促进学前儿童语言的发展和规范化。

(四)成人语言规范的榜样作用

模仿是儿童的天性。学前儿童十分喜欢模仿周围人们的一举一动,也同样喜欢模仿周围人的语言。我们常常可以看到,学前儿童的发音、用词,甚至说话的声调、表情,酷似他们的母亲或者他们所喜爱的人。成人良好的示范榜样,对学前儿童潜移默化的影响是十分深远的。成人必须有意识地引导学前儿童模仿自己规范的语言,纠正错误。这中间,特别要注意不能讥笑和重复学前儿童错误的发音或语句。

第三节 思 维 概 述

一、什么是思维

(一)思维的概念

思维是人脑对客观事物进行的间接、概括的反映。它借助语言、表象或动作实现,是认知活动的高级形式。人们在学习、工作和生活中,每当碰到一时不能解决的问题时,往往会说:"让我想一想""请你考虑考虑"。这种"想"和"考虑",就是指人的思维活动。思维跟感觉、知觉一样,是人脑对客观现实的反映。不过,感觉和知觉是在客观事物直接作用于感觉器官时产生的,是对具体事物个别属性以及事物之间外部联系的反映,属于认识活动的低级阶段。但是,感知觉不能反映客观事物隐蔽的、与同类事物共有的本质属性和内在规律。要认识事物的这些特性只有依靠思维。因此,思维是人脑对客观事物的一般特性、内部联系及规律性的间接和概括的反映,属于认识的高级阶段。

(二)思维的特性

思维具有间接性、概括性和社会性。

1. 思维的间接性

表现为人能借助于已有知识经验,来理解和认识另一些没有被感知或不可能被感知的事物、事物间的关系及事物发展的进程。例如,日常生活中,医生通过化验病人血液而诊断疾病,生理学家从狗的唾液分析推断大脑皮层的活动规律,教师从学生的现实表现来分析其心理形成规律并制定教育方法,等等。思维的间接性使人的思维具有无限的认识能力。思维和感知觉不同,它是建立在过去的知识经验上的、对客观事物的反映,因此,具有间接性。例如,根据手边的各种资料推测火星上的状况。正是由于思维的间接性,人们才可能超越了感知觉提供的信息,认识那些没有直接作用于人的感官的事物的属性,从而揭示事物的本质和规律,实现对未来的预测。

2. 思维的概括性

表现为思维反映的是一类事物所具有的共性,反映的是事物之间普遍的、必然的联系。在大量的感性材料的基础上,把一类事物的共同特征和规律抽离出来加以认识,这就是思维的概括性。例如,把轮船、飞机、自行车、小汽车等一类事物概括为交通工具,使人的认识活动摆脱了对具体事物的局限性和对事物的直接依赖性,扩大了人们认识的范围和深度。概括性的水平反映着思维的水平,它也是人们形成概念的前提,是思维活动得以进行的基础。

3. 思维的社会性

表现为思维,尤其是抽象思维与语言、知识密不可分。语言作为思维的工具,是社会约定俗成的。语言的使用,使人的思维变得深刻、严密和浓缩,也使人的思维变得可以调节、交流和相互合作。语言与思维的关系表现为:人的思维越深刻、越周密,他的言语表达也就越明确,越有条理。而一个人用词句把思维内容表达得越完善、越精练,思维本身也就越清晰,越合乎逻辑。人借助语言进行思维是人的思维与动物思维的最本质的区别,人类思维的高度发展与人类语言的高度发展是分不开的。除了语言之外,人类思维还可以借助其他工具,如表象和动作。

人的思维的发展是在掌握知识的过程中进行的。而知识是人类在其历史进程中形成和积累起来的。况且,儿童掌握人类的知识宝库离不开成人的教育和指导。因此,思维的社会性是不言而喻的。

这里需要指出,思维与语言既有联系,又有区别。主要区别在于思维是一种心理活动,它与现实的关系是反映与被反映的关系,而语言是代表现实及其关系的符号。每一个现实都可以用不同的符号来表示。

(三) 思维的种类

1. 依据个体发展分类

从个体发展来看,思维可分为直觉行动(动作)思维、形象思维和抽象思维三种。

(1)直觉行动思维。是依靠感知在实际操作过程中进行的思维。其特点是思维与动作不可分离,离开了动作,思维也就终止。儿童在掌握抽象数概念前用手摆弄物体进行计算,就属于动作思维。例如,幼儿利用掰手指来数数,就是典型的直觉行动思维。成人在操作一个复杂而陌生的物体时,也要借助于动作的支持。

(2)形象思维。是运用已有的直观形象(表象)解决问题的思维。直观形象和表象是通过对事物具体形象的概括而形成的。具体形象思维指人们利用头脑中的具体形象(表象)来解决问题的思维过程。例如,解几何题的时候,在头脑中设想出一张图,做了辅助线之后会如何,这样的思维就是形象思维。这种思维形式主要表现在3—7岁的儿童身上,他们更多的是运用形象思维解决问题。形象思维具有三种水平:第一种水平的形象思维是幼儿的思维,它只能反映同类事物中的一些直观的本质的东西。第二种水平的形象思维是成人对表象进行加工的思维。第三种水平的形象思维是艺术思维,这是一种高级的、复杂的思维形式。艺术家、作家、导演、设计师等的形

象思维就属于第三种水平。我们这里所说的形象思维是指第一种水平。

（3）抽象思维（也称逻辑思维）。是指运用言语符号形成的概念来进行判断、推理，以解决问题的思维过程。例如，科学家研究探索和发现客观规律，学生理解和论证科学的概念和原理以及日常生活中人们分析问题、解决问题等，都离不开抽象思维。

成人在解决实际问题的过程中，往往是将三种思维相互联系、综合运用。

2. 依据思维探索答案的方向分类

根据思维探索答案的方向，可将思维分为聚合思维和发散思维。

（1）聚合思维。是指人们根据已知的信息，利用熟悉的规则解决问题，也就是从给予的信息中产生逻辑的结论。是把各种有关信息集中起来，得出一个正确的结论或最佳的解决方案的思维方式。如学生在做习题时，从书本的各种定论中筛选出一种方法，或寻求问题的一个确定的答案。又如理论工作者依据许多现有的资料归纳出一种结论。其主要功能是求同。

（2）发散思维。是根据已有信息，从不同角度、不同方向思考以寻求多样答案的思维方式。是指人们根据当前问题给定的信息和记忆系统中存储的信息，沿着不同的方向和角度思考，从多方面寻求多样性答案的一种思维活动。如一题多解、一事多写等。其主要功能是求异。

聚合思维和发散思维在思维活动中，尤其在创造性思维的活动中是密切联系的。对问题所作的种种假设，就是发散思维；通过调查、实验，排除了一些假设，最后找到唯一正确的答案或最有效方案，就是聚合思维。在一切解决问题的思维活动中，它们是相辅相成的。

二、思维过程

思维的基本过程是分析和综合。分析是在头脑里把事物的整体分解为各个部分、各个方面或不同特征，并分别加以思考的过程。例如，把一台计算机分解为主机、显示器、键盘、鼠标等。综合指在头脑中把事物的各个部分、各个属性、各个特征结合起来，了解它们之间的联系，形成一个整体的过程。例如，把文章中的各个段落综合起来，把握其中心思想。综合是在头脑里把事物的各个部分、各个方面和不同特征结合起来组成整体来加以思考的过程。例如，我们在头脑里可以把一株植物根、茎、叶、花组成整株植物加以思考。分析与综合是思维的基本过程，它们是相反而紧密联系在一起的、不可分割的两个方面。分析是为了了解事物的特征和属性，综合则是通过对各部分、各属性的分析实现的。任何思维活动既需要分析，也需要综合。

分析和综合的不同运用，表现为比较、抽象、概括和具体化等。

(一) 比较

比较是在头脑中把各种事物加以对比，并确定它们之间异同的过程。比较是在分析和综合的基础上进行的。为了比较，首先必须了解事物的各个部分或特征，并认识事物间已分出的部分或特征间的关系，然后才能确定它们之间的不同点和相同点。因此，比较与分析和综合是统一过程。比较是把各种事物或同一事物的不同部分、个别方面或个别特点加以对比，确定它们的共同点和不同点以及它们之间的关系。比较实质上是一种更复杂的分析和综合。比较是重要的思维过程，有比较才有鉴别，才能从众多选择中找出一个，作出恰当的判断。

比较可以从不同的角度来进行。例如，对各种动物，可以从形态来比较；对不同类型的数学应用题，可以从数量关系来比较，也可以从计算方法来比较；对形近字主要从字形来比较；对近义词或反义词则主要从字义来比较等。但是，在比较复杂事物的性质时，必须以本质特征为依据，否则会得出错误的结论。

（二）抽象与概括

抽象是在头脑中抽出一些事物的共同的本质属性，舍弃其非本质属性的过程。例如，"可以写字"是笔的本质属性，这一结论就是通过抽象得到的。概括是在头脑中把从同类事物中抽取出来的共同本质属性结合起来，并推广到同类其他事物的思维过程。概括是在头脑中把从各种事物中抽象出来的共同特征联合起来的过程，又可以分为初级概括与高级概括。前者指在感觉、知觉和表象水平上的概括，后者指根据事物的内在联系和本质属性进行的概括。例如，我们对各种鸟进行分析、综合和比较后，抽取出它们的共同本质属性"有羽毛""两只脚""会飞"，舍弃其非本质属性如颜色、形态、大小、飞行高低等，这就是抽象。同时，我们把这些共同的属性结合起来，推广到同类的其他鸟身上，从而认识到"凡是有羽毛的动物都是鸟"（在现存动物中），这就是概括。

抽象和概括是在分析、综合和比较的基础上进行的，是更高一级的思维过程。只有通过抽象和概括，人才能认识事物的本质属性和规律性的联系，由感性认识上升到理性认识。

（三）具体化

具体化是把抽象和概括出来的一般认识应用到具体的、特殊的事物上去的过程。通过实例来说明概念，加深对概念的理解。例如，在教学中，教师常常引用实例、图解、具体事物来说明原理、法则、规律等理论问题或概念。

具体化是认识发展的重要环节。它既可以使人更好地了解一般的东西（如原理、法则、规律等），又可以使一般认识不断地扩大、丰富和深入。

上述思维过程，彼此之间不是截然分开的，在实际的解决问题活动中是相互联系的统一过程。

三、思维形式

思维的基本形式有概念、判断和推理。

（一）概念

概念是人脑反映事物本质属性的思维方式。例如，"玩具"这个概念，它反映了皮球、娃娃、木枪、小汽车等许多供游戏用的物品所具有的本质属性，而不涉及它们彼此不同的具体特性。概念总是和词联系着，用词来标志，以词的意义形态出现。随着词的意义不断地充实和发展，概念的内容也在不断地扩大和加深。

每个概念都有它的内涵和外延。内涵是指概念所包括的事物的本质属性。外延是指属于这一概念的一切事物。例如"三角形"这个概念的内涵是三线段围绕而成的封闭图形，外延是直角三角形、锐角三角形、钝角三角形等。

概念不是一成不变的。随着历史的发展，随着人类对客观世界认识的日益深入，概念的内涵和外延也在不断地变化。例如，武器、宇宙、人民、交通工具等概念，都随着时代的改变、科学技术的发展而发生很大的变化。因此，概念是人类历史发展的产物。

儿童获得概念的方式大致有以下两种类型。

1. 通过实例获得概念

儿童在日常生活中经常接触各种事物，其中有些就被成人作为概念的实例（变式）而特别加

以介绍,同时用词来称呼它。比如,带孩子上街时,看见各种车辆就告诉他,这是"汽车",那是"马车"。成人教给儿童概念,也同样会通过列举实例进行。如指着图画上的动物告诉他"这是牛,这是马,这是羊",或者"这是公鸡,这是母鸡,这两只是小鸡,它们都是鸡"。儿童就是这样通过词(概念的名称)和各种实例(概念的外延)的结合,逐渐理解和掌握概念的。研究表明,学前儿童获得的概念几乎都是这种学习方式的结果。

2. 通过语言理解获得概念

在较正规的学习中,成人也常用给概念下定义,即讲解的方式帮助儿童掌握概念。在这种讲解中,把某概念用到更高一级的类或种属概念中,并突出它的本质特征是十分关键的。儿童只有真正理解了定义(解释)的含义才能掌握概念。以这种方式获得的概念不是日常概念(即前科学概念),而是科学概念。

概念的掌握并不是通过一次学习就能完成的,需要不断深化。同时,概念并不是孤立的,而是连成体系的,因此,只有形成体系的概念,才是真正掌握的概念。

(二)判断与推理

1. 判断

是肯定或否定某种东西的存在或指明某种事物是否具有某种性质的思维形式。例如,"实践出真知",这是肯定判断;"蝴蝶不是鸟",这是否定判断。任何判断都是我们对事物的认识,是对客观事物之间联系的反映。我们头脑中的任何思想、任何词句,只要其中有某种内容,就一定包含着判断。思维过程要借助于判断去进行,思维的结果也以判断的形式表现出来。

判断是在概念的基础上进行的。它表现为概念之间的关系。例如,"我们是学生"这个判断中,运用了"我们""学生"的概念,并揭示了它们之间的关系。

判断可以分为两大类:感知形式的直接判断和抽象形式的间接判断。一般认为,直接判断并无复杂的思维活动参加,间接判断的获得则需要通过推理,因为它反映的是事物间的因果、时空、条件等方面的联系和关系。其中,因果关系是最基本的。因此,人们常常通过研究儿童对因果关系的认知而了解其判断推理能力。

2. 推理

推理是从已知的判断(前提)推测判断(结论)的思维形式。推理的主要形式有两类:归纳推理和演绎推理。

归纳推理是从特殊事物推出一般原理的推理。例如,从金、银、铜、铁、铝受热膨胀,得出结论"金属受热膨胀"这一一般原理。演绎推理是从一般原理到特殊事物的推理。例如,我们已知道金属是电的良导体(大前提),锡是金属(小前提),得出结论锡是电的良导体。归纳推理和演绎推理是相反相成、相互联系着的。归纳得出的结论可以用演绎去验证,演绎的前提是通过归纳得出的。在复杂的思维过程中,这两种推理经常紧密地交织在一起。

思维的三种形式——概念、判断和推理是相互联系的。概念是判断与推理的基础,而它的形成又借助于判断和推理。判断是推理的基础,而它本身又是通过推理获得的。教师如果在教学中自觉运用概念、判断和推理的规律,将有助于培养、发展儿童的逻辑思维能力。

四、创造性思维

创造性思维是重新组织已有的知识经验,提出新的方案或程序,并创造出新的思维成果的思维活动。创造性思维是多种思维的综合表现,它既是发散思维与聚合思维的结合,也是直觉思维与分析思维的结合。创造性思维也可以叫作创造性的问题解决。当我们遇到难题而百思不得其解,并发现不能用常规的方法解决时,创造性思维就十分必要了。牛顿发现万有引力,爱迪生发明白炽灯泡,曹雪芹写出寓意深刻的《红楼梦》,都是通过创造性思维实现的。从心理学的角度来看,一个人所创造或发现的新东西或新的反应方式,即使早已为别人所完成,但对其本人来说是新颖的,也是创造性思维活动。

创造性思维过程基本上包括准备、酝酿、阐明、证实四个阶段。准备是搜集有关信息、形成概念、储备经验的阶段;酝酿是消化、转换信息,在头脑中反复进行象征性的尝试错误,重新组合概念的阶段;阐明是领悟出道理、得出结论的阶段;证实是对所得结果进行检验的阶段。创造性思维不同于一般思维,其主要特征为发散性。思维的发散性表现为不急于归一,而是提出多方面的设想或各种解决办法,而后经过筛选,找到比较合理的结论。美国心理学家吉尔福特认为发散性是创造性思维的主要特点。他认为思维的发散性主要表现为流畅、变通和独特。流畅指心智活动畅通少阻,灵敏迅速,能在短时间内表达较多的概念,只要不离开主题,发散量越大越好。变通指思考时能随机应变、触类旁通,不局限于某一方面,不受消极定势的束缚,产生超常的构思,提出不同凡俗的新观念。独特指用前所未有的新角度、新观点去认识事物,从而对事物提出超乎寻常的独特见解,解决他人未能解决的问题,最后创造出具有独创性的产品。

拓展阅读6-2:
创造性思维
的案例

第四节　学前儿童的思维

一、学前儿童思维的发生

儿童最初对客观事物的概括和间接反映是依靠动作实现的,最初解决问题的方案也是用动作"设计"成的。思维与其他认识过程相比,最根本的不同在于它的间接性、概括性以及解决问题的特征。这是思维的最重要的品质。无论是处于萌芽状态的思维,还是具有某种过渡形式的思维,只要是思维,就必须具有上述品质,即使它的概括水平还不高,间接性还不够强,解决的问题还很简单。因此,我们可以把概括性、间接性和解决问题作为判断思维发生的指标。

1岁左右,儿童手的动作开始出现了新的功能——运用工具和表达意愿。这两种功能的出现为思维的萌芽提供了直接前提。

11—12个月的婴儿都会用手指向成人指出他想要的东西,或者指向他想去的地方。这类司空见惯的动作包含着儿童对一系列关系的认识和分析:自己的目的是拿取物体或出门玩耍,而依靠自己的力量达不到目的;成人有能力而且会帮助自己,于是用动作表明自己的目的,发出向成人求助的信号。这时,手的动作已不仅仅是获得事物触觉信息的手段,也不仅仅是直接运用物体的工具,而成为一种具有象征功能的类似语言的符号,并使得心理反映具有了初步的间接性。

1岁以后,儿童拿到物体不再盲目地敲敲打打,而开始按照它们的性质进行活动:推或拉下面带轮子的各种玩具车,喂娃娃或各种动物玩具,把碗和杯子端起来作喝水状,等等。这些动作

可以说是一种带有理解性的动作,因为它反映着儿童对于"类"概念的朦胧意识。

在以上两类动作发展的基础上,儿童开始能够用"试误"的方法寻找解决问题的手段。例如,一个物体放在毯子上——儿童够不到的地方。开始,他试图直接够取这个物体,几次尝试均未成功。一个偶然的拉动毯子的动作,使儿童观察到毯子的运动与在其上物体运动之间的关系,于是开始有意识地拽拉毯子,直至拿到物体。这里,儿童不仅通过实际的尝试解决了问题,而且多少积累了一些经验。以后当他再遇到够取放在桌子上的玩具之类任务时,"试误"的次数便会减少,甚至可能迅速地将拉毯子以取物的经验迁移过来去拉桌布,或者自己选取一个中介物(如竹竿)为工具,达到目的。这类解决问题的智慧性动作的出现,标志着个体思维的发生。1岁半到2岁,是儿童思维的发生时期。

思维的产生使儿童的心理发生重要质变。思维是高级的认识活动,是智力的核心。思维的发生使儿童的认知发生了巨大的变化。思维的发生,意味着儿童的认识过程完全形成了。思维的发生和发展,引起了其他认识活动的质变:知觉不再单纯反映事物的外部特征,而开始反映事物的意义和事物之间的联系,成为"理解了的"知觉,也就是思维指导下的知觉。记忆也不再是人与动物共有的那种低级形态,而开始出现有意记忆、意义记忆和语词记忆。而思维自身反映事物的本质和规律性联系的特征,它的间接性、概括性特征,使儿童认识事物、接受教育的能力迅速提高。

思维的产生和发展使儿童的个性开始萌芽。思维的影响并不局限在认知领域。它还渗透到情感、社会性、个性等各个方面。比如,思维的渗入使儿童的情感逐渐深刻化;对各种感知信息的分析综合,使儿童能够对自己的行为独立作出决断而逐渐摆脱对成人的依赖;对自己的行为所产生的社会后果的认识,萌发了他们的责任感和自持力;对他人需要的理解使得儿童学会同情、关怀、谦让、互助;而对自己、自己与他人的关系的认识,使得儿童获得了自我意识这一个性的核心。总之,思维的发生与发展使儿童的心理开始成为具有一定倾向的、稳定而统一的整体。

二、学前儿童思维发展的趋势

从思维的萌芽到成熟,其间经历了一系列演变。演变的历程主要表现在以下方面:从思维工具的变化来看,从主要借助于感知和动作,到主要借助于表象,再过渡到借助于概念。从思维方式的变化来看,从直觉行动性思维,到具体形象性思维,再过渡为抽象逻辑思维。从思维反映的内容来看,从反映事物的外部联系、现象到反映事物的内在联系、本质,从反映当前事物到反映未来事物。

思维是和语言相联系的。但儿童最早的思维却不是依靠语言,而是依靠动作进行的。他们在实际的行动中概括事物的共同属性和相互关系,也用实际动作来解决思维课题。例如,请一个两岁左右的小朋友想一想,"怎样才能把放在桌子中央的玩具拿下来",听到任务,儿童没有任何"想"的表现,而是马上去"拿"。他伸长胳膊去拿,拿不到;围着桌子转,踮起脚尖,再伸手,还是拿不到;偶尔扯动桌布,桌子上的玩具移动了一点,儿童马上用力一拉,玩具就到了手边。儿童最早的思维就是这样依靠动作进行的。

随着儿童言语的形成和发展,动作在思维中的作用和地位逐渐下降,语言的作用逐渐增加。学前中期,儿童逐渐可以摆脱对动作的依赖而在头脑中思考。但思维的工具仍然不是抽象的概念(语词),而是与所思考的问题有关的事物的具体形象(表象),表象影响甚至支配着儿童对事物的认识。随着言语发展,在儿童的思维中,形象和语词的相互关系也逐渐发生变化。起初,语词和形象是紧密相连的,形象的作用大大超过语词的作用。这种情况表现在很多方面。例如,儿童所能理解的语词,往往都是有具体事物或生活经验作支架的。对于抽象的、高度概括的语词,常常不能理解,或者给予"具体的"理解。比如,一个儿童听大人说到"黑暗的旧社会"这一短语,就问:"在黑暗的旧社会里,人白天上街是不是还得带手电啊。"在他的头脑中,黑暗就是夜里,漆黑一片。以后,语词的作用逐渐加强,并逐渐摆脱表象、形象的束缚,开始成为独立的思维工具。但是,总的来说,形象在儿童思维中始终占优势地位。

儿童思维发展的总趋势,是按直觉行动思维在先,具体形象思维随后,抽象逻辑思维最后的顺序建立起来的。这个发展顺序是固定的,不可逆转的。但这并不意味着这三种思维方式之间是彼此对立、相互排斥的。事实上,它们在一定条件下往往相互联系,相互配合,相互补充。学前儿童(主要是幼儿期儿童)的思维结构中,特别明显地具有三种思维方式并存的现象。这时,在其思维结构中占优势地位的是具体形象思维。但当遇到简单而熟悉的问题时,能够运用抽象水平的逻辑思维。而当遇到的问题比较复杂、困难程度较高时,又不得不求助于直觉行动思维。

三、学前儿童思维的特点

由于活动范围的扩大,知识、经验的不断丰富和言语能力的发展。学前儿童的思维已有很大发展。但各年龄段学前儿童的思维具有不同的特点,主要表现为以下七个方面。

(一)学前早期儿童以直觉行动思维为主

学前儿童最早出现的萌芽状态的思维,便是直觉行动思维。直觉行动思维实际是手和眼的思维。一方面,思维离不开对具体事物的直接感知;另一方面,思维离不开自身的实际动作。离开感知的客体,脱离实际的行动,思维就会随之中止或者转移。儿童离开玩具就不会玩游戏,玩具一变,游戏马上中止的现象,就是这种思维特点的表现。

直觉行动思维的概括性除了表现在动作中之外,还表现为感知的概括性。儿童常以事物的外部相似点为依据进行知觉判断,比如,有了推动小汽车向前跑的经验之后,凡看到带轮子的东西(如算盘)就叫"车车",就要推着玩。尽管这种概括性反映的只是事物之间简单的、表面的相似处,但毕竟也是对事物之间关系的一种认识,也是对事物特性进行初步比较的结果。

由于直觉行动思维是和感知、行动同步进行的,所以,在思维过程中,儿童只能思考动作所触及的事物,只能在动作中而不能在动作之外思考。因此,不能计划自己的行动,也不能预见行动的结果。思维不能调节和支配行动是直觉行动思维才有的特点。

(二)学前中期儿童以具体形象思维为主

直觉行动思维是通过外部展开的智慧动作进行的,是"尝试错误"式的。当用这种思维方式解决问题的经验积累多了以后,儿童便不再依靠一次又一次的实际尝试,而开始依靠关于行动条件以及行动方式的表象来进行思维。具体形象思维虽已开始摆脱与动作同步进行的局面,但还未能完全摆脱客观事物和行动的制约,因为这种思维方式所依赖的形象或表象是对所感知过和经历过的事物的心理映像,事物具体而形象的外部特征影响着儿童的思考。

无论是直觉行动思维,还是具体形象思维,都是一种以自己的直接经验为基础的思维,这就

使得它们均带有一种"自我中心"的特点。也就是说,处于这类思维水平的儿童倾向于从自己的立场、观点认识事物,而不太能从客观事物本身的内在规律以及他人的角度认识事物。

(三) 学前晚期儿童开始出现抽象逻辑思维的萌芽

抽象逻辑思维是指用抽象的概念(词),根据事物本身的逻辑关系来进行的思维。抽象逻辑思维是人类特有的思维方式。严格地说,学前儿童尚不具备这种思维方式。但学前晚期,儿童开始出现这种思维的萌芽。例如,前面我们曾列举了体积守恒方面的两个实验,说明幼儿往往根据所看到的某些现象来判断橡皮泥和水的体积,大部分幼儿看到泥和水的形状变了,就认为它的体积也变了。但实验也发现,大班某些幼儿已能摆脱形象的干扰,作出正确判断,但说不出更多的道理,只知道"这还是原来那块橡皮泥""这还是那杯水"。水平更高些的,也只会说:"这块大了,但薄了""这杯子里的水矮了,但杯子粗了",还不懂得"底面积乘高等于体积"的道理。所以说,学前晚期,儿童开始出现的只是抽象逻辑思维的萌芽。

随着抽象逻辑思维的萌芽,自我中心的特点开始消除,即开始去自我中心化。儿童开始学会从他人以及不同的角度考虑问题,开始获得守恒观念,开始理解事物的相对性。

(四) 学前儿童对概念的掌握受其概括能力发展水平的制约

一般都认为,学前儿童概括能力的发展可分为三种水平:动作水平的概括、形象水平的概括和抽象水平的概括,它们分别与三种思维方式相对应。

学前儿童最初掌握的概念大多是日常生活中经常接触的各种事物的名称,如人称、玩具、动物等。因为这类概念的内涵往往可以被感性材料清楚地揭示出来,如桌子这类概念的本质属性和桌子的形状、功用等可以感知或体验到的特征之间,有着比较直接的联系。儿童概括出桌子的外部特征和功用,也就基本上掌握了这一概念的内涵,所以学前儿童掌握实物概念比较容易。

学前儿童最先掌握的是基本概念,依次出发,上行或下行到掌握上级概念或下级概念。比如,桌子是基本概念,而它的上级和下级概念分别是家具和书桌、餐椅等。儿童先掌握的是桌子的基本概念,然后才是更抽象或更具体些的上下级概念。

学前晚期,儿童开始能够掌握一些生活中常遇到的抽象概念,比如某些关于道德品质特征的概念。但儿童对这类概念的掌握也离不开事物的形象和具体活动的支持。比如,他们对勇敢的理解是打针不哭,摔倒了也不怕疼,自己爬起来;对团结的理解是不打人,不抢玩具,大家一起好好玩。也就是,对抽象程度很高的词,他们往往也只能在具体形象的水平上掌握。

每个概念都有一定的内涵和外延。内涵即含义,是指概念所反映的事物的本质特征。每一种事物都有各种不同的特征。有的特征是可有可无的,它的有无,并不影响这一事物之所以成为这种事物。有的特征则是必备的,缺少它,某事物也就不成其为该事物了。这类特征就是事物的本质特征。例如,动物这个概念的内涵(本质特征)就是指一种生物,这种生物有神经、有感觉、能吃食、能运动。概念的外延,则是指概念所反映的具体事物,即适用范围。动物这一概念的外延(实例)就是指各种各样的动物,如鸟、兽、昆虫、鱼,等等。

由于儿童基本是通过实例的方式获得概念的,所以成人常常有意无意地从各种实例中选择一些儿童常见的并对某一概念具有代表意义的"典型实例"重点向儿童介绍,同时与概念名称(词)相结合。这种做法固然有利于儿童较快地获得概念,但同时也可能起到一种消极的定势作用,使概念的范围局限于"典型实例",造成其内涵和外延的不准确。例如,成人带孩子去动物园,常常一边看猴子、老虎、孔雀、大象,一边告诉他这些都是动物;动物园这个名称和儿童在其所见的各种动物实例也自然发生着结合。以至于当被问到动物这个概念的含义时,相当多的幼儿回答"是动物园里的,让小朋友看的""是狮子、老虎、熊猫……"。如果你告诉他,蝴蝶、蚯蚓、蚂蚁也是动物,不少儿童就会觉得奇怪;如果再告诉他,人也是动物,那就更难以理解了。有的儿童这样争辩:"人是到动物园看动物的! 人怎么是动物呢? 哪有把人关在笼子里让人看的!"

从实例(概念的外延)入手获得的概念基本上是日常概念,即前科学概念,其内涵与外延难免不准确。只有在真正理解其含义的基础上掌握的概念,才可能内涵精确,外延适当。而这是儿童的思维水平难以达到的。

为了提高儿童掌握概念的水平,比较可行的办法是多给他们提供具有不同典型性的实例,同时引导他们总结概括其中的共同特征。比如,在帮助儿童理解动物这个概念时,可以从鸟、兽、鱼、昆虫、两栖等多种类别中选择不同的典型实例,让儿童较充分地认识动物的多样性,在比较之中剔除个别特征(如外形、生活习性等),找出共同特征(如能自行运动等),使其在尽可能高的概括程度上把握概念。

(五)学前儿童的判断能力随年龄的增长而发展

学前儿童以直接判断为主,随着年龄的增长,其间接判断能力开始形成并有所发展。判断的形式逐渐间接化,判断的依据逐渐客观化,判断的论据逐渐明确化。

幼小儿童进行判断时,常受知觉线索的左右,把直接观察到的事物的表面现象或事物间偶然的外部联系,当作事物的本质特征或规律性联系。判断逐渐间接化的这一发展趋势,不仅表现在对科学现象的认识方面,还表现在对社会现象的认识方面。比如,儿童常常"以貌取人",以为长相漂亮的人是好人,丑的人是坏人。对儿童道德判断的研究发现,幼小儿童常根据行为的直接后果判断过失的程度,而不考虑主观动机等其他因素。他们对事物的判断常常依据自己的主观感受和生活经验,而不考虑事物本身的客观逻辑。例如,有的儿童认为球从桌子上滚下地是因为它不想待在上面。做算术题,如果问:"妈妈买了 4 个苹果,给哥哥 2 个,给你 2 个,还剩几个?"有的儿童不去回答这个问题,而反问:"为什么给哥哥那么多? 应该大让小!"儿童在计算中有时出现算题内容干扰计算过程的现象,就是他们以主观体验或情绪作为判断依据的一种表现。

随着知识经验的丰富,儿童开始摆脱主观化或自我中心的倾向,从客观事物本身的内在关系中寻找判断的依据。幼小的儿童常常意识不到判断的根据,有时他们虽然能作出某种判断,却不能说出根据,或根本不知道判断还需要有根据。比如,当询问小班儿童为什么作出这一判断时,有的儿童很奇怪:"不为什么,就是这样";有的则以别人的话作依据:"老师说的"或"我爸说的"。小班儿童缺少独立寻找论据来支持自己判断的意识和能力。

大一些的儿童似乎开始明白作出判断需要有根据,也意识到应该自己去寻找根据,但最初所找到的根据常常是主观猜测性的或直观感性的。比如,在上述的沉浮实验中,不少儿童寻找到的依据是"方积木浮起来,因为它在水里""因为它像小船"等。学前晚期,儿童的论据意识进一步增强,表现为他们开始注意论据的合理性,尽量修正自己论据的矛盾和不合理处。比如,有的大班儿童在找出物体漂浮的原因是"因为它小""它轻"之后,又看到实验者把更小更轻的钉子放在水中却很快沉下去的现象,马上说:"小的铁制物品也会沉下去,铁的不行,木头的才行";当观看到小铁船浮在水中的演示后,开始对自己的论据表示怀疑:"对了,大军舰也是铁的,也能浮……可能是因为里面有空气吧!"虽然幼儿还做不到从比重的角度科学地解释沉浮现象,但这种自觉地修改判断依据,使之趋于合理化的发展趋势,表明了其思维逻辑性的提高。

(六)学前儿童已能进行一些推理,但其水平比较低

学前儿童的推理往往建立在直接感知或经验所提供的前提下,其结论也往往与直接感知或经验的事物相联系。年龄越小,这一特点越突出。比如,不少儿童看到红积木块、黄木球、火柴棍漂浮在水上,不会概括出木头做的东西会浮的结论,而只会说:"红的""方的""圆的""小的"东西浮在水上。

年龄较小的儿童,往往不会推理。比如,刚入园的儿童常哭着要找妈妈。这时,如果对他说:"别哭,再哭就不带你找妈妈",他会哭得更厉害,因为他不会推出"不哭就带你找妈妈"的结论。大些的孩子似乎有了推理的能力,但其思维方式与事物本身的客观规律之间的一致程度较低。常常不是按照事物本身的客观逻辑、按照给定的逻辑前提去推理判断,而是以自己的逻辑去思考。

学前儿童的概括能力尚处于具体形象水平,故往往只能对事物外部的非本质特征进行归纳,很难抓住事物间的本质联系进行从个别到一般的推理,以至于出现从一些特殊事例到另一些特殊事例的转导推理。比如,有个3岁的儿童看到大人种葵花籽,知道了"种豆得豆、种葵花籽得葵花籽"的道理,于是自己抓了几颗爱吃的糖来种,希望长出几棵结满糖果的"糖果树"。转导推理是从个别到个别的推理,这种无逻辑的推理是儿童尚没有形成类概念,即不能把同类与非同类事物相区别的结果。随着儿童概括能力的发展,类概念的形成,归纳推理的能力才逐渐发展起来。学前儿童的演绎推理能力尚处于萌芽时期,很少能够达到命题演绎水平。

(七)学前儿童理解力逐渐增强

由于思维发展的水平有限,学前儿童对事物的理解一般是不深刻的,直接理解居多。但在正确的教育下,随着儿童言语的发展和经验的丰富,理解的水平也不断提高。他们是从对个别事物的理解,发展到理解事物的关系。从主要依靠具体形象来理解事物,发展到依靠语言说明来理解。从对事物作简单、表面的理解,发展到理解事物较复杂、较深刻的含义。从不理解事物的相对关系,到初步能理解事物的辩证关系。

这些发展趋势很明显地反映在儿童听故事或看图讲述等活动中。小班儿童往往只能指出图画中的个别人物或人物的个别动作,或者图画中对儿童最有吸引力的事物。在成人的引导下,大一些的儿童开始能理解人物之间的一些简单的关系。大班末期,观看比较简单的图画时,已能基本把握整个画面的内容,甚至能用一句话概括出图画所反映的主题,说明他们已经理解了这幅图画。

儿童理解成人讲述的故事时,也常常先理解其中的个别字句、个别情节或者个别行为,以后才能理解具体行为产生的原因及后果,最后才能理解整个故事的思想内容。儿童所能理解的故事都是比较简单的。由于言语发展水平的限制以及儿童思维的特点,小班儿童在听故事或者学习文艺作品时,常常要靠形象化的语言和图片等辅助手段才能理解。随着年龄的增长,儿童逐渐能够摆脱对直观形象的依赖,而只靠言语描述来理解。但在有直观形象的条件下,理解的效果更好。幼儿的理解往往很直接、很肤浅,年龄越小越是如此。例如,在给小班儿童讲完《孔融让梨》的故事后,问他们:"孔融为什么把大梨让给别人?"不少儿童回答:"因为他小,吃不完大的。"可见他们还不理解"让梨"这一行为的含义。儿童对语言中的转义、喻义和反义现象也比较难理解。例如,上课时,一个小朋友歪歪斜斜地坐着,如果老师讽刺地说:"××坐的姿势多好!"小班儿童可能都学着他的样子坐。他们以为老师真认为那样坐好,真的在表扬那位小朋友。所以对儿童,尤其是小班儿童千万不要说反话,要坚持正面教育。大班儿童已能理解事物的较复杂、较深刻的含义。他们喜欢猜谜语,听寓言故事,当然这些谜语、寓言的含义也不能是太隐蔽的。

学前儿童的思维常常是比较刻板的。他们对事物的理解比较固定、绝对,难以理解事物的中间状态或相对关系。例如,看电影时,每出来一个人物,儿童总是爱问:"这是好人还是坏人?"这些问题常常使人难以回答。因为他们的头脑中,人只有两类:好人和坏人。"基本上是好人,但有些缺点错误",这样的答案,小孩子常常是不能接受的。对于左右这样具有相对性的概念,儿童掌握起来很困难。尤其是以别人为中心的左右,就更难分辨。因为自己的左右还可以用端碗的手、拿勺的手作为固定的标准辨别,而别人的左右有时和自己相反,辨别的标准往往不固定。幼儿园教师都有这种经验,与小朋友面对面站着时,要求儿童伸左手,教师必须伸右手,否则儿童就会乱伸。因为他们不理解对面人的左边,正是自己的右边。

四、学前儿童思维能力的培养

(一) 不断丰富学前儿童的感性知识

思维是在感知的基础上产生和发展的。人们对客观世界正确、概括的认识,绝不是主观臆造或凭空虚构的,而是通过感知觉获得大量具体、生动的材料后,经过大脑的分析、综合、比较、抽象、概括等思维过程才达到的。只有这样,才能反映事物的本质和内在联系。因此,感性知识越丰富,思维就越深刻。从某种意义上说,感性知识、经验是否丰富,制约着思维的发展。因此,幼儿园教师要针对幼儿思维以具体形象为主、向抽象逻辑过渡的特点,有意识、有计划地组织各种活动,发展幼儿的观察力,丰富幼儿的感性知识及表象认识,促进幼儿思维能力的发展。

(二) 帮助学前儿童丰富词汇,正确理解和使用各种概念,发展语言

语言是思维的工具。学前儿童语言的发展,直接影响到思维的发展。要发展学前儿童的抽象逻辑思维,必须帮助学前儿童掌握一定数量的概念;而概念总是用词来表达的。许多研究表明,学前儿童概括水平较低,与缺乏感性经验有关,除此之外也与缺乏相应的概括性的语词有关。因此,在日常生活和教育、教学过程中,教师应该有计划地不断丰富学前儿童的词汇,并帮助学前儿童正确理解和使用各种概念,促进思维能力的发展。

(三) 开展分类练习活动,培养学前儿童的抽象逻辑思维能力

分类法常常是用来测量学前儿童概括能力和掌握概念水平的,也是用来培养和发展学前儿童概括能力的。进行分类练习,有利于发展学前儿童的概括能力、抽象逻辑思维能力。进行分类练习的方法有很多。例如,在学前儿童面前摆好正确归类的图片组,告诉学前儿童每组(类)的名称,并适当地说明理由,然后让学前儿童自己说出各类图片组的名称和理由,等等。

(四) 在日常生活中,鼓励学前儿童多想、多问,激发其求知欲,保护其好奇心

提出问题、解决问题的过程,也就是积极思维的过程。思维总是从提出问题开始的。学前儿童好奇心很强,频繁地提出各种问题。例如:"鱼在水里为什么不闭眼睛?""鱼睡觉吗?"面对这种情况,教师和父母都必须主动、热情、耐心地对待幼儿的提问,绝不能采用冷淡或压制的态度,特别是在学前儿童提出难以马上回答的问题时,更应注意态度,可以告诉学前儿童:"让我想想再告诉你",同时鼓励他们好问、多问,称赞他们会动脑筋。另外,成人也可以经常向学前儿童提出各种他们能够接受的问题,引导学前儿童去思考,去观察。例如:"两个大小、颜色完全相同的球,一

个是木头做的，另一个是石头做的。请小朋友想想，用什么办法才能把它们区别出来？办法想得越多越好。"经常向学前儿童提一些问题，能使学前儿童的思维经常处在积极的活动状态之中，有助于思维的发展。

（五）开展各种游戏(智力游戏、教学游戏)，培养学前儿童的创造性思维

目前许多幼儿园正在开展"变一变"、"不做别人的小尾巴"(要求儿童无论绘画、游戏，或是编故事结尾，都必须与别人不同)、情境设疑(要求儿童根据所提供的情境，找出解决问题的最佳方法)、看图改错以及问题抢答(以最快的速度找出最多的答案)等游戏。这些游戏有助于培养学前儿童思维的变通性、流畅性和独特性。也就是说，通过这些游戏，能促进学前儿童创造性思维的发展。

思考与练习

1. 学前儿童口头言语的发展有哪些特点？

2. 为什么必须重视学前儿童言语的发展？

3. 结合自己的体会谈谈应该如何培养、发展学前儿童言语。

4. 什么是直觉行动性思维、具体形象性思维和抽象逻辑性思维？

5. 学前儿童思维活动的主要特点是什么？

6. 举例说明成人为什么要正确对待学前儿童的问题。

7. 结合实际谈谈怎样才能促进学前儿童思维的发展。

第七章

学前儿童的情绪和情感

第一节 情绪和情感概述

一、情绪和情感的性质及作用

（一）情绪和情感的性质

1. 定义

情绪和情感是人对客观事物的态度的体验，是人的需要是否获得满足的反映。喜、怒、哀、乐等就是人类的一些常见的情绪和情感。这是人类心理活动的一个重要方面。对上述定义，可从三个方面来分析：

（1）情绪和情感是人对客观现实的态度的反映。情绪和情感总是由客观事物引起的，离开了具体的客观事物，人不可能产生情绪和情感，世界上没有无缘无故的爱与恨，就是这个道理。客观现实是情绪和情感产生的源泉，人的情绪和情感是客观现实的反映。但是，这种反映并非反映事物的本身，而是反映主体对事物的态度。例如，我们看到一个人谈吐文雅，行为端庄，会产生好感。这种好感的产生尽管来自那人本身，但好感所反映的却是对那个人表现的态度，是对该表现的一种体验或感受。

（2）认识是情绪和情感产生的前提和基础。人们对客观事物的认识、评估是产生情绪和情感的直接原因，换言之，没有对客观事物的认识，便不能产生任何情绪和情感。如上例，正是因为那个人的言谈举止作用于主体的感官，使主体对这些表现产生了认识，才产生了对这些表现的评价，在此基础上产生了对那个人的好感。即便同一事物，由于它在不同的条件、不同的时间出现，我们对它的认识、判断与评价也会不同，从而会产生不同的情绪和情感的体验。例如，我们在野外看到一只老虎会大惊失色、惊恐万分，而在动物园看到老虎时却无害怕之感。

（3）情绪和情感的性质以客观事物是否满足人的需要为中介。人对客观事物的不同认识，产生了不同的态度，从而产生了不同的情绪和情感。那这种态度又是由什么决定的呢？决定人们态度的是该事物是否符合主体的需要。如果该事物符合并满足主体的需要，主体就会对该事物持肯定的态度，产生满意、愉快、高兴的情绪和情感体验；反之，如果该事物不符合、不能满足主体

的需要,主体便会对该事物持否定的态度,产生不满、愤怒、痛苦、仇视等消极的情绪和情感体验。如上例中,我们之所以对那个人产生好感,就是因为那个人的行为表现符合我们的心愿,与我们期望的行为规范相吻合,于是便产生了满意、喜欢、尊敬的情感。因此,对客观事物的不同态度取决于该事物对主体需要的满足程度,需要就成为客观事物与主观情感体验的媒介,从而也决定了人的情绪和情感的性质。

2. 情绪和情感的关系

情绪和情感是两个既有区别又有联系的概念。其区别在于:

(1) 从需要的角度看,情绪是和有机体的生物需要相联系的体验形式,如喜、怒、哀、乐等;情感是与人的高级社会性需要相联系的一种较复杂而又稳定的体验形式,如与人交往相关的友谊感、与遵守行为准则规范相关的道德感、与精神文化需要相关的美感与理智感等。

(2) 从发生的角度看,情绪是原始的,发生较早,为人类和动物所共有。而情感发生较晚,是人类所特有的,是个体发展到一定阶段才产生的。情绪发展在先,情感体验在后。婴儿出生不久就产生了对身体舒适状态作出反应的"笑"等情绪反应。而情感则是在与社会接触的过程中逐渐产生的。婴儿对母亲的依恋与爱的情感就是在不断受到爱抚关怀的过程中,愉快的情绪体验持久而稳定下来,从而逐渐培养起来的。

(3) 从稳定程度看,与情感相比,情绪不稳定,一般具有较大的情境性、激动性和暂时性。随着情境的改变及需要满足情况的变化,情绪会发生相应的变化。而情感则是具有较大稳定性、深刻性和持久性的心理体验,是对事物的态度反映,是个性或道德品质中稳定的成分。

(4) 从表现形式看,情绪一般发生得迅速、强烈而短暂,有强烈的生理变化,有明显的冲动性和外部表现。而情感则比较内隐,多以内在体验的形式存在。一个人高兴时手舞足蹈,愤怒时咬牙切齿,这些是情绪的外显表现;但人们热爱祖国的情感是一种内在的深刻体验,不轻易外露,而主要是在行动中表现。

情绪和情感虽然有各自的特点,但又是相互联系、相互依存的。一方面,情绪是情感的基础,情感离不开情绪,情感是在情绪稳定固着基础上发展建立起来的,情感又通过情绪的形式表达出来;另一方面,情绪离不开情感,情绪是情感的具体表现,情感是情绪的本质内容。情感的深度决定着情绪表现的强度,情感的性质决定了在一定情境下情绪表现的形式,在情绪发生过程中,往往深含着情感因素。

3. 情绪和情感与认识过程的关系

(1) 情绪和情感与认识过程的联系:情绪和情感与认识过程是紧密联系的。认识过程是产生情绪和情感的前提和基础。有了对事物本身属性的认识,才能有主客体之间需求关系的反映,从而产生情绪和情感;没有对事物的认识就不能产生情绪和情感。没有某种感觉,不可能有某方面的情调。所以聋者不觉噪声之讨厌,盲者不知丽色之可喜。当人听到并知道是节日的礼炮声或是激战的炮声时,便有不同的态度体验,这是与知觉相联系的情绪和情感;当人们回首欢乐的童年、学业和事业的成就、甜蜜的爱情、遭受的挫折、惊险的场面,便会产生不同的态度体验,这是与记忆相联系的情绪和情感。

(2) 情绪和情感与认识过程的区别:认识过程反映了客观事物本身的属性,而情绪和情感过程则是反映主客体之间的需求关系。单纯对客观事物的认识不能产生情绪和情感,只有客体和主体之间的需求关系的反映才产生情绪和情感。认识过程的随意性较强,人可以随意地感知、注意、记忆、想象和思考,也可以随意地停止这种认识活动。而情绪和情感过程只有通过认识作用,才具有某些随意的性质。

4. 情绪和情感与机体变化

情绪和情感活动中,机体所产生的外部表现和内部变化是和神经系统多种水平的机能联系着的,是大脑皮层和皮层下中枢协同活动的结果。

(1) 机体的生理变化。伴随情绪和情感的产生,有机体内部会发生一系列的生理变化。这些变化主要表现在呼吸系统、循环系统、消化系统以及内外腺分泌的变化上。例如,人在紧张时,肾上腺活动增强,促进肾上腺分泌增多,引起血糖增加,同时呼吸加快,心率加速,血压升高,脑电出现高频率、低振幅的波(频率为 14～30 次/秒,振幅为 5～20 V),皮肤电阻降低,唾液腺、消化腺的分泌和肠胃蠕动减少等。而人在高兴时,肾上腺活动正常,肾上腺分泌适当,呼吸适中,血管舒张,血压下降,皮肤电阻上升,唾液腺、消化腺和肠胃蠕动加强等。这种变化的差距是十分明显的。以呼吸系统为例,在不同的情绪状态下,人呼吸的频率乃至于呼气和吸气的比例都会产生明显变化。人在悲痛时,每分钟呼吸 9 次;高兴时 17 次;积极动脑筋时 20 次;愤怒时 40 次;恐惧时竟达到 64 次。

情绪和情感的心理状态与机体有着密切关系。我国古代就有"喜伤心""怒伤肝""忧伤气""思伤脾""悲伤肺""恐伤肾""惊伤胆"之说,现代医学更是明确提出了身心疾病的概念。

(2) 情绪的外部表现。情绪和情感发生时,人的身体各部位的动作、姿态也会发生明显变化,这些行为反应被称为表情。表情是人际交往的一种形式,是表达思想、传递信息的重要手段,也是了解情绪和情感体验的客观指标。人类的表情主要有面部表情、身段表情与言语表情三种。

① 面部表情。人的面部表情最为丰富,它是通过眼部肌肉、颜面肌肉和口部肌肉来表现人的各种情绪状态的。眼睛是心灵的窗户,各种眼神可以表达人的不同情绪和情感。例如,高兴时眉开眼笑,悲伤时两眼无光,气愤时怒目而视,恐惧时目瞪口呆等。眼睛不仅能传情,而且可以交流思想,因为人们之间有些事情不能或不便言传,只能意会,因而观察他人的眼睛,可以了解他人的内心愿望,推知人们对事物的态度。眉毛的变化也能表现出一个人不同的情绪状态,如展眉欢欣,蹙眉愁苦,扬眉得意,低眉慈悲,横眉冷对,竖眉愤怒等。口部肌肉同样是表现情绪的主要线索,例如嘴角上提为笑,下挂为气,憎恨时咬牙切齿,恐惧时张口结舌。就连表情肌肉有所退化的鼻子和耳朵也能表示人不同的心态,如轻蔑时耸鼻,恐惧时屏息,愤怒时张鼻,羞愧时面红耳赤等。据心理学家埃克曼的研究,人的面部表情是由七千多块肌肉控制的,这些肌肉的不同组合使人能同时表达出两种情绪状态。所以,人的面部表情是丰富多彩的。

② 身段表情。身段表情是通过四肢与躯体的变化来表现人的各种情绪状态的,如从头部活动来看,点头表示同意,摇头表示反对,低头表示屈服,垂头表示丧气。从身体动作来看,高兴时手舞足蹈,悔恨时顿足捶胸,惧怕时手足失措。

③ 言语表情。言语表情是通过音调、音素、音响的变化来表现人的各种情绪状态的,如高兴时语调激昂,节奏轻快;悲伤时语调低沉,节奏缓慢,声音断续且高低差别很少;心中充满爱时语言温柔,和颜悦色;愤怒时语言生硬,态度凶狠。有时同一句话,由于语气和音调不同,就可以表示不同的意思,如"怎么了",既可以表示疑问,也可以表示生气、惊讶等不同的情绪。

5. 情绪和情感的两极性

情绪和情感都具有两极性,这是达尔文在研究人类和动物的表情时,提出的一个对立性原

则。情绪和情感的两极性是指情绪和情感不论从何种角度来分析,都可分为向、背两个方面,如肯定和否定、强和弱、紧张和轻松、快乐和忧伤等。一般说来,情绪和情感的两极性具体表现在以下四个方面。

(1) 从性质上看,情绪和情感的两极性表现为肯定和否定的对立性质。当个人的需要得到满足时,会产生肯定的情绪和情感,如愉快、高兴、爱慕等;当个人的需要得不到满足时,则产生否定的情绪和情感,如烦恼、忧伤、憎恨等。肯定的情绪和情感是积极的,增力的,可提高人的活动能力;否定的情绪和情感是消极的,减力的,可降低人活动的能力。构成肯定或否定两极的情绪和情感,并不是相互排斥的。客观事物之间的联系是极其复杂的,一件事物对人的意义也可以是多方面的。因此,两极对立的情绪可能在同一事物中同时出现。例如,面对困难的烦闷感与战胜困难的兴奋感会同时出现在某一个人身上。甚至相反的两种情绪、情感在一定条件下还会相互转化,破涕而笑、乐极生悲等,就是由一个极端转化为另一个极端的实例。

(2) 从强度上看,情绪和情感强弱是不同的。例如,从不安到激动,从愉快到狂喜,从好感到热爱,等等。在每一对由弱到强的情绪和情感中还存在着许多程度上的差异。例如,从满意到狂喜的发展过程是:好感—喜欢—爱慕—热爱。情绪和情感的强度取决于引起情绪和情感的事物对人的意义的大小,意义越大,引起的情绪和情感也就越强烈。

(3) 从紧张度上看,情绪和情感有紧张和轻松之别。这种两极性往往在人的活动的最关键时刻表现出来。例如,遇到重大的比赛,人们会处于高度紧张的状态,一旦比赛结束,人的紧张状态便逐渐消失,随之而来的是轻松的情绪体验。情绪和情感的紧张度,既取决于当时情境的紧迫性,也取决于人的应变能力及心理准备状态。一般情况下,紧张状态将导致人的积极行为,但是,如果过分紧张,也可能使人不知所措,甚至停止行动。

(4) 从激动度上看,情绪和情感还有激动与平静两极。激动的情绪和情感,是强烈的、短暂的、爆发式的态度体验,如悲痛、狂喜、暴怒等。与激动的情绪和情感相对立的是相对平静的情绪和情感。在大多数情况下,情绪和情感是相对平静的,这也是人们进行正常的生活、学习和工作的基本条件。

(二) 情绪和情感的作用

1. 适应作用

在现代社会中科学不断进步,文化不断发展,社会不断变革,而社会价值、社会规范、社会观念也随之不断变化,这就使个人对环境的适应产生了困难。现代人适应现代社会发展的要求,往往通过调节情绪来应付日趋复杂的工作环境和人际关系。一种新观念、新情况的出现,人们不可能用以往有效的方式作出适当的反应,因而出现某种情绪的困扰,若长期不能排解,就不能适应正常的学习、生活和工作,这不仅影响到工作效率,而且不利于身心健康。医学、心理学的研究和临床经验证明,情绪因素既是致病因素,又是治病因素。长期情绪困扰会导致焦虑、压抑,引起某些身心疾病,如偏头痛、高血压、胃溃疡等,以致引起神经或精神病。因此对情绪进行自我控制、引导、调节和适当的发泄,既有利于人们适应当今复杂的社会生活,有助于工作,也有利于身心健康。

2. 动机作用

情绪和情感是驱策人行为的动机。所谓动机是激励人们行动的原则。动机可以引发并维持主体有组织、有目的、有方向的行为。需要得到满足是行为的内驱力,是行为动机的主要来源。

事实上,情绪和情感就是伴随着需要得到满足而产生的心理体验。它们对促进人的行为,改变人的行为效率,起着重要的动机作用。当然,情绪和情感的动机作用也有正反两个方面,积极的情绪可以使人们提高行为效率,起正向的推动作用;消极的情绪则会干扰、阻碍人的行动,降低活动效率,甚至引发不良行为,起反向的推动作用。研究发现,适度的情绪兴奋会使人的身心处于最佳活动状态,能促进主体积极行动,从而增进行为效率。维持一定的情绪紧张度有利于行为的顺利完成,过于松弛或过于紧张都对行为的进程和问题的解决不利。

3. 调节作用

情绪和情感的调节功能是指情绪和情感对人体的活动具有组织或瓦解的作用。这种作用一方面表现为情绪和情感产生时,会通过皮下中枢活动,引起身体各方面的变化,使人能够更好地适应所面临的情境。例如,面对突如其来的险情,恐惧会使人产生应激反应,引起体内一系列生理机能的变化,使人更好地适应变化的环境。另一方面表现为情绪和情感对认识活动和智慧行为所起到的调节作用,影响着个人智能活动的效率。苏联心理学家基赫尼洛夫就明确提出了思维活动受情绪调节的观点,认为"协调思维活动的各种本质因素正是同情绪相联系,保证了思维活动的重新调整、修正,避免刻板性和更替现存的定势"。实践也证实,心情愉快时思维格外灵敏;而心情沮丧时,思维变得迟钝、混乱。

4. 信号作用

人处于复杂的社会环境中,总会与周围的人发生一定关系,进行一些信息和思想交流。情绪和情感在这种人际关系中起着信号作用,是人际交流的重要手段。情绪和情感有着明显的外显形式,即表情。表情是传播情绪和情感信号的主要媒介。面部表情的喜怒哀乐、声音表情中的音调变化以及身体姿势都显示出主体的情绪状态。从他人这些情绪的外部表现中,就能得知他对一定事物的好恶态度,以及该事物本身情况的一些信息。人们在交际过程中,喜怒哀乐等情绪的表情是交流彼此的思想、愿望、需要、态度以及观点的有效途径。微笑表示满意、赞许和鼓励;怒目圆睁表示个人对事物持否定态度。语言尚未发展起来的婴儿从周围成人的表情中能了解哪些事情受鼓励、应该做,哪些事情受责备、不应该做。婴幼儿看到陌生人会有些惧怕,这时大人如果用微笑、点头等表情鼓励他,他就会慢慢与之接触而不感到陌生。可见,大人及时的情绪和情感反应是婴幼儿学习、认识世界并发展个性的主要手段之一。同样一句话用不同的音调讲出来,引起的情绪反应也不同,从而会造成不同的理解。所有这些都说明,由各种表情表现出来的情绪和情感使人对环境事件的认识、态度和观点更具表现力,人们在人际交往中就更容易传递信息。

二、情绪和情感的种类

(一) 情绪和情感的基本形式

人的情绪和情感多种多样,我国古代有六神说与七神说。六神说是指爱、恶、喜、怒、哀、乐。七神说即喜、怒、哀、乐、惧、爱、恶。近代关于情绪分类的研究,通常把它分为快乐、悲哀、愤怒、恐惧四种基本形式。

1. 快乐

快乐是指盼望的目标达到或需要得到满足之后,解除紧张时的情绪体验。如亲人相聚时的高兴,学习获得好成绩时的愉快,工作取得成就的满足等,都是快乐的情绪。但是,有一些情绪,

如怜悯、奇怪、惊奇等,既不是明显的快乐,也不是明显的不快乐。快乐的程度取决于愿望的满足程度。一般来说,可以分为满意、愉快、欢乐、狂喜等。引起快乐情绪的原因很多,如亲朋好友的聚会、美好理想的实现、宁静明亮的学习环境等都可以引起快乐的情绪。如果愿望或理想的实现具有意外性或突然性,则会加强快乐的程度。

2. 悲哀

悲哀是与所热爱的对象的失去和所盼望的东西落空相联系的情绪体验。引起悲哀的原因比较多,亲人去世,升学考试失意,自己所珍爱的物品丢失等,都会引起悲哀的情绪体验。悲哀的程度取决于失去对象的价值。此外,主体的意识倾向和个体特征对人的悲哀程度也有重要的影响。根据悲哀的程度不同,可分为遗憾、失望、难过、悲伤、极度悲痛等不同等级。悲哀有时伴随哭泣,使紧张释放,缓解心理压力。在比较强的悲哀中,常常伴发失眠、焦虑、冷漠等心理反应。

3. 愤怒

愤怒是由于外界干扰使愿望实现受到压抑,目的实现受到阻碍,从而逐渐积累紧张而产生的情绪体验。引起愤怒情绪的原因很多,恶意的伤害、不公平的对待等都能引起愤怒的情绪。愤怒的产生源于人对达到目的的障碍的意识,只有个体清楚地意识到某种障碍时,愤怒才会产生。愤怒的程度取决于干扰的程度、次数及挫折的大小。根据愤怒的程度,可把愤怒分为不满意、生气、愠怒、激愤、狂怒等。

4. 恐惧

恐惧是有机体企图摆脱、逃避某种情境而又苦于无能为力的情绪体验。引起恐惧的原因很多,如黑暗、巨响、意外事故等。恐惧的程度取决于有机体处理紧急情况的能力。

在快乐、悲哀、愤怒、恐惧四种基本情绪中,快乐属于肯定的、积极的情绪体验,它对有机体具有增力作用。而悲哀、愤怒、恐惧通常情况下属于消极的情绪体验,对人的学习、工作和健康具有消极的作用,因而应当把它们控制在适当的水平上。但在一定条件下,悲哀、愤怒、恐惧也可以起到积极的作用,如战士的愤怒有利于他们在战场上勇敢战斗,对可怕后果的恐惧有利于个体提高责任感与警惕性,悲哀可以使人化悲痛为力量,从而摆脱困境。

(二) 情绪的基本状态

情绪状态是指在某种事件或情境的影响下,在一定时间内所产生的一定情绪状况。一般来说,人的一切心理活动都带有情绪色彩,而且以不同的心情、激动和紧张状态表现出来。最典型的情绪状态有心境、激情、应激和挫折四种。

1. 心境

心境是一种深入的、比较微弱而又持久的情绪状态,如得意、忧虑、焦虑等。其特点表现为:(1)和缓而微弱,似微波荡漾,有时人们甚至觉察不出它的发生。(2)持续时间较长,少则几天,长则数月。一般来说,事件越重大,引起的心境波动幅度就越大,也越持久。例如,失去亲人往往使人产生较长时间的悲伤和郁闷的心境。(3)是一种非定向性和弥散性的情绪体验,在人的心理上形成了一种淡薄的背景,使人的心理活动、行为举止都蒙上相应的情绪色彩。例如,人在得意时感到精神爽快,事事顺眼,干什么都起劲;失意时,则整天愁眉不展,事事感到枯燥乏味。

心境产生的原因是多种多样的。个人生活中的重大事件,诸如事业的成败、工作的逆顺、人际关系的亲疏、健康状况的优劣,甚至自然界的事物,如时令气候、环境景物等都可以成为某种心境形成的原因。除了由当时的情境而产生的暂时心境外,人还能形成各自独特而稳定的心境。

这种稳定的心境是会依人的生活经验中占主导地位的情绪体验的性质而转移的。例如,有的人朝气蓬勃,愉快的心境在他的生活中便占主导地位;有的人失望忧愁,忧伤之情在他的生活中便占主导地位。对心境起决定影响的是一个人的世界观。

心境有消极和积极之分。积极的心境,使人振奋愉快,能推动人的工作与学习,激发人的主动性和创造性;消极的心境则使人颓丧悲观,妨碍人的工作和学习,抑制人的积极性的发挥。人应充分发挥其主观能动性,正确认识和评价自己的心境,消除消极心境的不良影响,培养坚强的意志,增强抗御外界不良刺激和干扰的能力,树立正确的理想和信念,有意识地掌握自己的心境,做心境的主人。

2. 激情

激情是一种强烈的、爆发式的、持续时间短暂的情绪体验,如欣喜若狂、暴跳如雷、悲恸、绝望等。激情有以下四个特点:(1)激情具有激动性和冲动性,激情一旦产生,人完全被情绪所驱使,言行缺乏理智,带有很大的冲动性和盲目性;(2)激情维持的时间比较短,冲动一过,时过境迁,激情也就弱化或消失了;(3)激情具有明确的指向性,激情通常由特定的对象所引起,如意外的成功会引起狂喜,理想破灭会引起绝望,黑暗、巨响会引起恐惧,等等;(4)激情具有明显的外部表现,在激情状态下,人的内脏器官、腺体和外部表现都会发生明显的变化,如暴怒时面红耳赤,绝望时目瞪口呆,狂喜时手舞足蹈,等等。

3. 应激

应激是在出乎意料的紧急和危险的情况下所引起的高度紧张的情绪状态。人在遇到紧张危险情境而又需迅速采取重大决策时,就可能产生应激状态。在应激状态下,人可能有两种表现:一是目瞪口呆,手足无措,陷于一片混乱之中;一是急中生智,冷静沉着,动作准确有力,及时摆脱险境。面临出乎意料的危险情境或重大压力的事件,如火灾、地震、突然袭击、重大的比赛、考试等,都是应激状态出现的原因。

应激有积极的作用,也有消极的作用。一般的应激状态能使有机体具有特殊防御排险能力,能使人精力旺盛,思想清楚精确,动作敏捷,使人化险为夷,转危为安,及时摆脱困境。但紧张而又长期的应激会产生全身兴奋,注意和知觉范围缩小,言语不规则、不连贯,行为动作紊乱。在意外的情况下,人能否迅速判断情况并作出决策,有赖于人的意志力是否果断、坚强,是否有类似情况的行为经验。另外,思想觉悟、事业心、责任感、献身精神等也是在应激状态下,防止行为紊乱的重要因素。

人如果长期处于应激状态,会影响身体健康,严重的还会危及生命。

4. 挫折

挫折是在个人行为目的受到阻碍后所引起的情绪状态。挫折是在遭受否定的社会评价和自我评价的情况下发生的。引起挫折的因素可分成主观因素和客观因素。凡是自然界和社会加给个人的困难和限制均属客观因素,如空间、时间的限制,生老病死,自然灾害等;凡是由于个人的条件限制而无法达到目的的情形均属主观因素,如个人的能力低,人格有缺陷,内心存在矛盾、冲突等。

同一挫折情境不一定使所有的人都产生挫折心理。这和每个人对挫折的容忍力有关。所谓对挫折的容忍力是指个人遇到挫折时,行为免于失常的能力,换句话说,挫折的容忍力是指个人抵抗打击或失败的能力,这种能力与个人的意志特征和坚强信念有直接关系。

人遭受挫折后会引起各种反应:(1)攻击性行为。人受挫折后立即产生的反应多是攻击性行为。攻击性行为的出现,往往是挫折的结果。因此,依据攻击性行为的出现,可以判断挫折的存在。攻击性行为通常表现为两种,一为直接攻击,二为转向攻击。(2)冷漠。冷漠包含着愤怒,是愤怒暂时受压抑时以间接方式表示的反抗。研究认为冷漠在以下四种情况下出现:① 长期遭受挫折;② 个人感到无力无望;③ 情境中包含着心理恐惧和生理痛苦;④ 个人心理上有攻击和抑制的冲突。(3)幻想。有时也叫"白日梦"。它是指个人遭到挫折后,陷入一种想象境界,以非现实的方式对待挫折和解决问题,即暂时离开现实,在由想象构成的如梦境界中获得满足。幻想对挫折后的情绪有缓冲作用,可增强对未来的信心;但幻想终究代替不了现实,它不能解决任何实际问题。

人遭受挫折后,可能长期被失败的情绪所困扰,久而久之,便会产生一种不安兼恐惧的情绪状态,即焦虑。焦虑有助于解决问题,但过度焦虑影响身体健康,严重时可能导致心理变态。

(三)高级的社会情感

1. 道德感

道德感是人们运用一定的道德标准评价自身或他人的行为时所产生的一种情感体验,如敬佩、赞赏、憎恨、厌恶等。人们在相互交往中掌握了社会上的道德标准,并将其转化为自己的社会需要。人们看到一定的言语行为和观察到一定的思想意图时,总是根据个人所掌握的道德标准加以评价,这时人所产生的情感体验即为道德感。如当别人或自己的言论、行为、意图符合自己的道德标准时,便产生满意的、肯定的体验;否则,便产生消极的、否定的体验。可见,道德感是由人们所掌握的道德观念、道德标准决定的。

道德感受社会生活条件的制约,受阶级的制约,但是就全人类来说是有共同的道德标准的。例如,对社会义务的承担,对国家的热爱,对老弱病残的扶助等,任何社会都是宣传和倡导的。

微课 7-1:
情绪情感发
展特点

2. 理智感

理智感是人们认识和追求真理的需要得到满足时而产生的一种情感。它在认识活动中表现为:对事物的好奇心和新异感;对认识活动获得的初步成就的欣慰的体验;对矛盾事物的怀疑与惊讶感;判断证据不足时的不安感;对问题解答的坚信感;对知识的热爱,对真理的追求;对偏见、迷信、谬误的憎恨;对错失良机的惋惜;对取得巨大成就的欢喜与自豪等。

理智感同人的认识活动的成就的获得,需要的满足,对真理的追求及思维任务的解决相联系。人的认识活动越深刻,求知欲望越强烈,追求真理的情趣越浓厚,人的理智感就越深厚。理智感不仅产生于认识活动之中,也是推动人们探索、追求真理的强大动力。天文学家哥白尼在回顾自己所走的道路时说,他对天文的深思产生于"不可思议的情感的高涨和鼓舞"。

虽然理智感对全人类表现出更多的共性,但它仍受社会道德观念和人的世界观的影响,因而,人们对科学的热爱、对真理的追求,都反映了每个人鲜明的观点和立场。

3. 美感

美感是人对客观事物或对美的特征的情感体验。它是由具有一定审美观点的人对外界事物的美进行评价时所产生的一种肯定、满意、愉悦、爱慕的情感。

美感体验有两个鲜明的特点:(1)对审美对象感性面貌特点如线条、颜色、形状、音韵、节律等的感知,是产生美感的基础;(2)对美的对象的感知与欣赏能引起情感的共鸣,并给人鼓舞和力量。

美感具有阶级性与民族性,受社会历史条件的制约,但仍有全世界共同享有的美感。例如,美丽的自然景观,能给大多数人带来美感。因此,美感的某些内容是存在共同性的,但是并不能以此来否定美感的阶级性和社会性。

第二节　学前儿童的情绪和情感

一、学前儿童情绪和情感的发展

(一)婴幼儿(0—3 岁)情绪和情感的发展

1. 情绪和情感对婴幼儿生存、发展的意义

(1)情绪和情感是婴幼儿适应生存的重要的心理工具。新生儿一落地,就用哭声传达着信息,或饥饿,或寒冷等,呼唤照料者的注意,用自身的情绪情感能力求得生存的主动地位,得到母亲等照料者的抚爱。他们用微笑表达舒适满足,用哭声挽留母亲的离去;当母亲回来时,全身愉快的活跃反应表明心中的喜悦之情。新生儿所表现出的这些情绪和情感反应,最能激起母亲给新生儿以无微不至的关怀和积极的情感应答,从而使新生儿身体得到健康成长,心理得到健全发展。

(2)情绪和情感是婴幼儿心理活动的激发者。研究表明,情绪和情感对婴幼儿的心理活动具有明显的动机作用。婴幼儿心理活动的情绪色彩非常浓厚。情绪直接影响着婴幼儿的行为。"儿童是情绪的俘虏"是最贴切的说明。诸多心理学研究和实际观察、经验都表明,情绪对婴幼儿心理活动的动机作用是非常强烈和明显的,情绪是婴幼儿心理活动的激发者和驱动器,支配制约着婴幼儿的心理活动。

(3)情绪和情感推动、组织婴幼儿的认知加工。情绪和情感对婴幼儿的认知活动起着推动促进或抑制延缓的作用。婴幼儿有积极愉快情绪的时候,容易被外界事物所吸引,有利于其智力操作。研究表明,同一情绪在唤醒不同水平时对智力操作的效果也不同。过低、过高的唤醒水平都不利于智力操作,处于一般、中等积极愉快状态和兴趣状态,能为婴幼儿进行认知操作提供最佳的情绪背景,使操作最快,最有效,显示出最优的操作效果。而消极的、负面的情绪,会使婴幼儿感到高度的不愉快、紧张、激动,则易使婴幼儿操作行动被抑制,态度消极,方法简单化,或者引起退缩、躲避甚至排斥、拒绝等行为,使婴幼儿在操作中动作笨拙,过程缓慢,步骤混乱,造成婴幼儿智力操作慢、效果差。

(4)情绪和情感是婴幼儿进行人际交往的有力手段。表情是婴幼儿与成人交往的重要工具之一。婴幼儿借助于面部表情、动作、姿态等,使成人了解他的各种需要,和成人进行交往。婴幼儿掌握语言之前,表情是主要的交际工具。婴幼儿初步掌握语言之后,表情仍是重要的辅助手段。许多研究表明,情绪是婴幼儿人际交往的组织者,在婴幼儿社会交往的发起、维持,自己社会行为的保持、调整中起着重要作用,是婴幼儿维持正常社会关系的必要手段。

(5)情绪和情感促进婴幼儿意识产生、个性形成。情绪情感对婴幼儿自我意识的形成、发展有重要作用。婴幼儿对自身积极的情绪体验,如由自己活动、能力、操作成功得到的自豪感和成

就感,由他人喜爱、称赞等得到的被爱感、愉快感,促使其形成积极的自我形象和对自我的肯定性评价;而对自己消极的情绪体验,如由自己活动、能力、操作失败而引起的沮丧感、焦虑感,由他人批评、忽视、得不到关怀而引起的自卑感,则促使婴幼儿形成消极的自我形象和对自我的否定性评价。

婴幼儿情绪和情感对个性的形成也有很大影响。婴幼儿时期是个性形成的奠基时期。首先,在生命的头二三年中,由于成人对婴幼儿的不同态度和方式,使婴幼儿逐渐形成了对不同人、不同事物的不同的情绪态度。久而久之,婴幼儿便对这些不同的成人形成了不同的情绪和情感态度。其次,由于婴幼儿经常、反复受到特定环境刺激的影响,反复体验同一情绪和情感状态,这种状态便会逐渐稳固下来,成为稳定的情绪特征,而情绪特征正是个性性格结构的重要组成部分。研究表明,亲人的长期爱抚、关注有助于婴幼儿形成活泼开朗、乐观自信的性格情绪特征,而长期缺乏亲人的关注和爱抚,则会使婴幼儿形成孤僻、抑郁、胆怯、不信任人等性格情绪特征。

2. 婴幼儿情绪的发生和分化

儿童出生后即有情绪,新生儿就有情绪反应,如哭就是原始的情绪反应。经过多年的研究观察,现代人普遍认为,一些原始的基本的情绪是进化来的,是不学而会的、天生的,儿童天生就有情绪反应。

基于目前的研究,可以认为新生儿的情绪反应已经分化,从新生儿的情绪表现中,我们至少可看到两种不同的情绪反应,即积极愉快的情绪和消极不愉快的情绪。

3. 婴幼儿情绪的社会化

婴儿初生下来的情绪基本都是生理性的,是一种原始本能反应。由机体内外某些适宜、不适宜的刺激所引起,并反映机体当时的内部状态、生理需要。但是,婴幼儿自一降生,即进入人类社会环境中,和成人进行相互交往,在人际交往中实现着情绪的社会化。

婴幼儿情绪的社会化是当前情绪发展研究的焦点之一,是近年研究的热点课题。婴幼儿社会性微笑、母婴依恋、陌生人焦虑、分离焦虑和情绪的社会性参照等既是婴幼儿情绪社会化的核心内容,也是当前情绪社会化研究的中心主题。

(1)社会性微笑。社会性微笑的出现是婴幼儿情绪社会化的开端,是婴幼儿发展中的首要事情。新生儿最初显露的是反射性微笑,这在婴幼儿睡眠中、困倦时发生,或在身体舒适时发生,或可以通过柔和地抚弄婴幼儿的面颊、对婴幼儿说话而产生。在初生1个月左右时,婴儿对各种不同刺激包括社会的和非社会的,如灯光、铃声、人脸、图片、说话声等都露出微笑,而并不对人有所选择。到约第五周时,婴儿每当听到大人的声音、看到大人的面孔,就特别高兴、愉快、活跃,发出微笑。到两三个月时,每当成人面孔趋近,婴儿会主动报以兴奋的微笑和全身活跃,但几乎对任何一张面孔都笑。而且,这时许多类似面孔的刺激同样可以引起微笑,而当成人侧转时婴儿笑容则消失。这说明婴儿这时的社会性微笑并不是对某一个特殊个体(如母亲),而只是对一个特定的知觉图形发生的。四个月左右,婴儿逐渐能区分不同的个体,把主要抚养者、家庭其他成员和生人分开,婴儿对不同人的微笑开始不同。他们对主要抚养者(通常是母亲)笑得最多、最频繁,其次是对其他家庭成员和熟人,对陌生人笑得最少。以后,笑进一步分化,婴儿对亲近、熟悉的人尤其是母亲笑得更多、更开心,笑的时间也更长,而对陌生人则笑得越来越少,越来越拘谨、严肃。

(2)母婴依恋。母婴依恋的形成是婴幼儿情绪社会化的另一个重要标志。在婴幼儿同主要抚养者(一般是母亲)的最多、最广泛的相互作用中,在同母亲的最亲近、最密切的情感交流中,婴幼儿与母亲之间逐渐建立了一种特殊的感情联结,即对母亲产生一种依恋关系。研究表明,这种依恋关系在婴儿六七个月形成。其表现为：婴儿将其多种行为，如微笑、咿呀学语、哭叫、注视、依偎、追踪、拥抱等指向母亲；最喜欢同母亲在一起，与母亲的接近会使他感到最大的舒适、愉快，在母亲身边能使他得到最大的安慰；同母亲的分离则会使他感到最大的痛苦；在遇到陌生人和处于陌生环境而产生恐惧、焦虑时，母亲的出现能使他感到最大的安全、得到最大的抚慰；而平时当他饥饿、寒冷、疲倦、厌烦或痛苦时，首先要做的往往是寻找依恋对象，接近依恋对象的可能性要大于接近其他任何人。

母婴依恋一旦建立，婴儿就会经常欢笑而少哭闹，情绪欢快、活跃而好探索，喜欢玩弄、操作物体，喜欢尝试着接近新事物、新情景甚至陌生人，有助于婴儿形成积极、健康的情绪和情感，养成自信、勇敢、敢于探索的个性人格，并促进婴儿智力发展，培养婴儿乐于与人相处、信任人的基本交往态度。

（3）陌生人焦虑。随着婴儿逐渐能分清生、熟人，随着母婴依恋的建立，婴儿能很好地把主要抚养者母亲和陌生人区分开来，陌生人的出现便会引起婴儿的恐惧和焦虑。如，当一个8个月大的婴儿正坐着吃东西时，一个陌生人靠近他，则他的脸会表现得非常紧张，眼睛在陌生人和母亲之间来回观看，突然，几秒钟后他"哇"地大哭起来。如果陌生人离去，婴儿会慢慢平静下来，但如果陌生人又回来，婴儿还会大哭。这种反应，称为"陌生人焦虑"。

研究表明：陌生人焦虑一般在婴儿6—8个月时发生，陌生人焦虑的发生、发展是有过程的。婴儿4个月前，连生、熟人都不能区分，当然谈不上惧怕陌生人。4个月左右，婴儿开始区分生、熟人了，对陌生人也笑，但明显比对母亲笑得少了，但这时并不害怕陌生人，对陌生人的态度一般还是比较友好的。五六个月时，婴儿见到陌生人往往会表现出一种严肃的表情，笑得更少，但是仍然不怕。而到六七个月时，婴儿见到陌生人就开始感到害怕了，到8个月时，婴儿明显怕生。

为什么婴儿会产生陌生人焦虑呢？研究认为，陌生人的出现引起婴儿的焦虑，是因为婴儿在头脑中建立了母亲的表象，把陌生人与母亲的表象相比较，敏锐地感觉到了陌生人与母亲的区别。有许多实验研究证明了陌生人焦虑的发生依赖于当时的情境关系。母亲是否在场、婴儿与母亲的距离、环境的熟悉性、陌生人的特点、其与婴儿的距离等是至关重要的因素。研究指出，如果陌生人接近婴儿时，父母在旁边或者陌生人不介入婴儿的活动，焦虑反应不是很强的；如果婴儿是在家里被陌生人接近，几乎很少出现害怕；而如果是在不熟悉的实验室里被接近，就有近50%的婴儿怯生。当陌生人接近婴儿时，如果他是慢慢地走近婴儿，说话轻柔，在一旁与婴儿玩耍，那么婴儿就很少产生恐惧；如果陌生人是很快地走近婴儿，默不出声或者说话声很响，并企图要抱他，则婴儿会很可能产生恐惧。

同时，一些研究表明，婴儿是否发生陌生人焦虑和婴儿是否能对当时情境作出某些反应有关，即婴儿是否有办法对它采取行动。如果婴儿有能力对一个情境作出"适当"的反应，即使这一情境很新奇，甚至从未见过，他也不一定会恐惧。而此时婴儿还没有成熟到能够对陌生人这一有差异的刺激作出任何有控制性的反应。他不能把握陌生人接近这一奇怪的事件，结果是痛苦、害怕、大哭。

可见，陌生人焦虑的发生与诸多因素有关，受多方面因素的影响。多方面、多角度地认识、理解婴儿陌生人焦虑的产生机制和产生条件，对我们更为有效地减弱、消除婴儿的陌生人焦虑，减轻婴儿的痛苦将有所帮助。

（4）分离焦虑。随着婴儿与母亲依恋的建立，婴儿也出现了第二种形式的焦虑——分离焦

虑,即婴儿与某个人产生了依恋之后,又要与所依恋的人分离,就会表现出伤心、痛苦,拒绝分离。比如,一个8个月的孩子正坐在房间里玩玩具,看见妈妈走出去了,随着妈妈身影的消失,他哭了起来。这就是分离焦虑反应。研究证明,分离焦虑在婴儿六七个月时产生,随着母婴依恋的建立而同时发生。分离焦虑的发展也是有过程的。在头半年中,当妈妈离开时,他可能会哭;但是,如果有另外一个人来跟他玩,婴儿能很快接受他的替代而安静。但是,6个月后,婴儿的反应明显不同于头半年:当母亲离开时,他们非常不高兴,会哭闹不安;同时,他们不愿意再接受他人的替代,别人再跟他玩,他也一定要妈妈。这是婴儿社会性情感发展上的一个很大的转折。研究表明,婴儿如果在头半年与他们的主要抚养者分离,被人领养,他们很少显示出不安;如果有,也一般是很轻微的且很容易消失。婴儿没有任何悲伤,也不大哭大闹。但如果分离发生在6个月以上,婴儿的反应则很不相同;婴儿会非常不安,非常悲伤,他们极力缠在母亲身上,哇哇大哭,拒绝分离。

关于分离焦虑的机制,研究者从多方面进行了探讨,认为分离焦虑的产生同几个重要因素有关。首先,分离焦虑的出现,与三方面认知能力有关。① 提取记忆的能力;② 比较过去和现在的能力;③ 预期可能在最近发生的事件的能力。头半年婴儿还没能产生这三方面能力,因此不会有分离焦虑。6个月以后,正是婴儿记忆提取能力提高,能尝试把刺激、事件加以比较或联系并形成有关的推测的时期。当母亲离开之后,婴儿记忆中便能产生以前母亲在场的图式,并把这种图式与目前情境相比较,推测"现在可能会发生什么事""母亲会不会回来"。这时,如果婴儿能解答这类问题——能正确预料到可能会发生的事情(即母亲很快会回来),可能就不会发生焦虑。但婴儿此时还不足以正确解答这些问题(即不能正确预料母亲回来),所以,婴儿容易焦虑并苦恼、哭叫。其次,婴儿分离焦虑是否产生也与婴儿应对情境的能力高低有关。此时的婴儿当母亲离开时,已能认识到自己正处于一个不同寻常的情景,但他们没有好的应对办法,不知如何做或改变环境时,压力便更大,便感觉紧张,惊恐、痛苦、焦虑由此而生。最后,婴儿分离焦虑的发生与婴儿和母亲分离时的即时情景有关系。当母亲离开时,婴儿处于一个陌生的环境,或与一个陌生人在一起,他更容易产生焦虑。研究指出,如主要抚养者离开时,有婴儿所熟悉的人与他待在一起,那么离开的影响要小得多。当父母中有一个离开而另一个还留在房间里时,尽管房间里有一陌生人,婴儿很少有不安的表现;但当父母都离开而留下婴儿一人与陌生人在一起时,婴儿会哭叫并停止玩耍。

婴儿与母亲分离时的痛苦程度部分取决于母婴之间的关系性质。婴儿与母亲关系越密切,婴儿越不愿与母亲分离,焦虑反应越强烈;相反,母婴关系一般,分离时婴儿的痛苦反应也就相对较弱,很少出现忧伤。

(5)情绪的社会性参照。这是婴儿情绪社会化的一种重要现象和过程,它充分显示了情绪的信号作用和人际交往功能,是情绪社会化的重要方面。当婴儿处于陌生的、不能肯定的情境时,他们往往从成人的面孔上搜寻表情信息,然后决定自己的行动。这一现象被称为情绪的社会性参照。

情绪的社会性参照是在婴儿成长的特定时期发生的人际情绪的交流和对他人情绪信息的利用,是在一种特定情境中发生的特定情绪交流模式。它包含了婴儿对他人情绪表情的分辨和如何利用这些情绪信息来指导自己的行为。对婴儿来说这是相当复杂的心理活动和心理能力,不是轻而易举就能获得的。它经历了一个逐渐发展的过程。婴儿的社会性参照是在婴儿成长到

7—8个月时才发生的。因为这时婴儿已具有了一定的活动能力,活动范围更广,遇到陌生、不确定事件和情境的机会大为增加。每当婴儿遇到不能确定的情境时,他需要从母亲脸上寻找信息,以理解、评价情境,并确定自己的反应。比如,当8—10个月的婴儿遇到陌生人接近时,他们都注意察看母亲的面孔,母亲对陌生人的情绪态度对婴儿的陌生人焦虑影响很大。研究显示,当母亲表现出积极友好的态度时,婴儿很少出现陌生人焦虑,惧怕、哭泣反应很弱;而当母亲表现出消极害怕的情绪反应时,婴儿便产生陌生人焦虑,哭泣、恐惧反应强烈。

情绪的社会性参照对婴儿的发展有极其重要的意义,特别是对于半岁左右到1岁半左右的婴幼儿,因受语言能力发展的影响,情绪的社会性参照在其成长中起着更为核心的作用,它在很大程度上决定着婴幼儿的生活质量和发展机会。婴幼儿与成人的积极主动的情绪和情感交流,参照成人的情绪信息,能使婴幼儿避免和摆脱险境和危险物体,并有利于婴幼儿对行为的阻止和调整。同时,婴幼儿与成人经常的情绪体验的分享,有助于丰富婴幼儿的情感世界,密切亲子关系。积极的社会性参照,作为婴幼儿认知发展的媒介,能促进婴幼儿探索新异情境和事物,进一步扩大活动范围,发展智慧和能力。与此同时,要注意避免消极的社会性参照,因为它不利于婴幼儿良好情绪性格的形成和阻碍智力发展。

(二) 幼儿(3—6岁)情绪和情感的发展

1. 情绪在幼儿心理发展中的作用

(1)情绪对幼儿行为的动机作用。情绪的动机作用有正反两个方面,积极的情绪可以提高活动的效率,起正向的推动作用;消极的情绪则会降低活动效率,甚至引发不良行为,起着反向的推动作用。情绪的动机作用在幼儿身上表现得特别明显。愉快的情绪不仅使幼儿愿意学习,而且学得快。不愉快的情绪则导致各种消极行为。为了使各项教育活动取得良好效果,必须让幼儿保持积极的情绪状态。

(2)情绪对幼儿心理活动的组织作用。组织作用有两种功能:组织功能和破坏功能。积极的情绪对心理活动起协调组织的作用;消极的情绪对心理活动起破坏瓦解的作用。如有一个实验,要求幼儿把各种彩色纸条分别放在颜色相同的盒子里,比较在游戏中与在单纯完成任务的情况下幼儿的注意。结果发现,在游戏中4岁幼儿可持续22分钟,6岁幼儿可持续71分钟,而且分放纸条的数量比单纯完成任务时高50%。在单纯完成任务的情况下,4岁幼儿只能坚持17分钟,6岁幼儿只能坚持62分钟。可见,情绪对幼儿心理活动的组织影响。

情绪态度对幼儿语言发展也有影响。如一位宝宝对代词"你""我"的含义分辨不清。有一天,有人送宝宝一件喜爱的玩具,姨妈问:"玩具是谁送给你的?"宝宝说:"是叔叔送给你的。"姨妈马上说:"好!送给我的,我拿走了。"这时宝宝急了,大叫道:"送给我的,送给我的。"在这一刹那,宝宝终于明白了"你""我"一字之差的"严重"后果。

不同的情绪状态对幼儿的智力操作也有不同的影响。适中的愉快情绪对进行智力活动有明显的优越性,而痛苦、惧怕等消极情绪对幼儿的智力活动有明显的抑制作用。痛苦、惧怕程度越高,操作效果越差。总之,适度的积极情绪有利于幼儿的智力操作,消极情绪对幼儿智力操作一般是不利的。

(3)情绪对幼儿性格形成的作用。情绪特征是性格结构的重要组成部分,许多性格特征,如活泼、开朗、忧郁、粗暴等都和情绪密切相关。情绪在人际关系中也起重要作用。随着年龄增长,幼儿在一定的、不断重复的情景中,经常体验着同一情绪状态,这种情绪逐渐稳定成为幼儿的性

格特征。大约 5 岁以后,幼儿情绪逐渐系统化和稳定。如果周围成人此时经常关心、爱抚幼儿,尊重幼儿,使幼儿体验到安全感和信任感,就有助于促进朝气蓬勃、活泼开朗的良好个性的形成。如果父母和教师经常要求幼儿帮助别人、关心生病的小朋友,要求幼儿相互谦让、不挤同桌的小朋友等,就能使幼儿逐渐形成比较稳定的同情心和关心体贴他人的情感。久而久之,这种情感就会成为幼儿个性的一部分。

(4)情绪对幼儿生长发育的作用。情绪不仅影响幼儿的心理健康,也影响幼儿的生理健康。爱的剥夺会影响幼儿的身心发展,过于溺爱也会导致幼儿自我中心,不能与他人建立良好和睦的关系。儿童情绪被剥夺,缺乏父母的疼爱,会抑制脑垂体激素的分泌,抑制生长素的分泌。儿童长期处于郁闷的情绪状态,成长发育会受到阻碍。如有男女两对双胞胎,男双胞胎由于母亲的拒绝抚爱,造成情绪剥夺,13 个月大时只有正常 7 个月大的婴儿的发育水平,而女双胞胎得到母亲正常的抚爱,13 个月时发育正常。有人称情绪剥夺为"剥夺矮小",对婴幼儿正常生长发育的影响是十分明显的。

2. 幼儿情绪发展的特点

随着情绪研究的日益深入,情绪对人的发展有影响作用这一观点被大多数人所认可。了解幼儿情绪发展的特点,对幼儿进行教育,是教育者的责任。

(1)情绪内容的丰富性。随着幼儿年龄的增长,活动范围不断扩大,因而有了许多新的需要,继而也就出现了多种新的情绪体验。例如,幼儿中期逐渐出现的友谊感,幼儿晚期进一步表现出的集体荣誉感,等等。原来并不引起儿童情绪体验的事物,可随着年龄增长,不断引起的各种情绪体验。例如,周围成人对幼儿的态度,经常不断引起幼儿愉快、自豪或委屈等情绪体验。周围的动物、植物甚至自然现象同样也可以引起幼儿的同情、惊奇等体验。

(2)情绪体验深刻化。婴幼儿对父母产生依恋,主要是基于父母满足他的基本生理需要,幼儿对父母的依恋,则已含有对父母的尊重和爱戴等内容。又如,幼儿对行动有不同的体验,对自己的行动成就可能表现出骄傲,而对别人的行动成就可能表现出羡慕。

(3)情绪变化具有情境性。幼儿的情绪常有明显的情境性,很容易随着外界情境变化而变化,两种对立的情绪可在短期内相互转换。例如,两个小朋友刚刚为争一本小人书而打架,可转眼之间,一起参加游戏,很快就和好了。幼儿常常是眼泪未干就又笑了,这种破涕为笑的情况在幼儿身上是常见的,而且年龄越小表现越明显。

(4)情绪容易受感染和暗示。幼儿的情绪,常常因为外界环境的影响,容易受感染和暗示。初入园的小班幼儿常常会看见一个小朋友哭,很快跟着哭起来;看见小朋友笑,也会莫名其妙地笑起来。同时,这种情绪的发生迅速而强烈。

(5)情绪的稳定性逐渐提高。① 情绪的冲动性、易变性减少。幼儿早期由于大脑皮层的兴奋容易扩散,加上大脑皮层对皮层下中枢的控制能力又发展不足,因此情绪冲动易变。到了幼儿晚期,幼儿对情绪的控制能力逐渐发展。起初这种对情绪的控制具有被动性质,即在成人的要求下,由于服从成人的语言指示程序才得到控制,后经在日常生活和各种集体活动中成人不断的经常的教育和要求,逐步养成幼儿对情绪的自控能力,从而使冲动性、易变性减少。② 情绪变化从外露到内隐。幼儿初期儿童对自己的情绪体验,通常不能加以控制和掩饰,而完全表露于外。到幼儿晚期,随着心理活动有意识的发展,特别是幼儿内部语言的发展,对情绪的自我调节能力逐步加强,由外露到内隐。

二、学前儿童情绪和情感的培养

（一）建立合理的生活制度、创设丰富的生活内容,让学前儿童处于愉快的情绪之中

依据学前儿童的身心特点制定合理的生活制度,不仅有利于儿童身体健康和良好行为习惯的形成,更有助于儿童情绪的稳定。为此,无论是家庭,还是幼儿园都应为儿童建立起科学合理的生活制度。与此同时,也必须为儿童创设丰富多彩的活动内容,让他们生活在轻松活泼的多样化的生活环境之中。一般来讲,单调、枯燥的活动,容易使孩子疲劳,从而产生厌倦的、不愉快的情绪。相反,丰富多彩的生活内容,会使儿童产生兴趣,感到快乐和满足。

（二）和谐的家庭生活、良好的情绪示范、科学的教养态度激发学前儿童的良好情绪

愉快、和谐的家庭生活,亲情的给予对学前儿童情绪发展影响极大。事实证明,家庭不和、父母离异,容易造成儿童恐惧、悲观等不良情绪,乃至形成不良个性。儿童的情绪易受感染、模仿性强,因此成人的情绪示范非常重要。日常生活中若成人经常显示出积极热情、乐于助人、关心爱护儿童等良好情绪,对儿童良好情绪的发展起潜移默化的作用。否则会造成不良后果。父母、教师不仅应以自身为孩子良好情绪树立榜样,同时对儿童的教育、管理应有科学的教养态度。如公正地对待孩子,满足儿童的合理需求,帮助儿童适应变化的新环境,以及坚持正面教育,针对儿童的个别情绪特征给予疏导。不能恐吓、威胁儿童,也不能溺爱或过分严厉对待儿童,否则会使儿童形成不良情绪和不良性格。

（三）通过文学艺术作品培养学前儿童进一步的社会情感

文学艺术作品最富有感染力,也最为儿童所喜爱,选择适合儿童年龄特征的、优秀的儿童文学艺术作品,对培养儿童的进一步的社会情感有独到的作用。

（四）正确对待学前儿童的情绪行为,帮助学前儿童及时疏通和转移不良情绪

不良的生活环境容易造成学前儿童情绪发展不良。如对儿童的冷淡、粗暴容易造成儿童情绪萎缩,适应性差;不公正容易造成嫉妒;溺爱容易造成儿童情绪激动。在以往的教育活动中,家长和教师往往把儿童发泄内心不满的方式看作调皮捣蛋的行为。每个儿童在生活中都有可能与人发生冲突,受到挫折,从而表现出不良情绪反应。如面目肌肉紧张、坐立不安、睡眠不好等。为了避免儿童产生严重的不良情绪困扰,作为家长和教师一定要充分理解和正确对待儿童的发泄行为,不要让幼小的心灵总受压抑;并且要为儿童创设发泄情绪的环境和情境,培养儿童多样化的发泄方法并学习自我疏导。如给儿童设个"情绪小屋",让儿童有一个小空间,在那里与好朋友说说心中的小秘密,自由表达自己的情感,或者自己静静地待一会儿,这些都有助于疏通和缓解儿童的不良情绪。培养儿童多方面的兴趣,引导他们投入丰富多彩的活动,是帮助儿童转移不良情绪、学会积极发泄的有效方法。

拓展阅读7-1:
调控工作情绪
的六种方法

思考与练习

1. 掌握以下概念:情绪、情感、心境、激情、应激、道德感、理智感、美感。

2. 幼儿情绪和情感发展有什么特点? 请举例说明。

3. 结合自己的生活经验,谈谈如何培养学前儿童积极乐观的情绪和情感。

91

第八章

学前儿童的意志

第一节 意志的概述

一、什么是意志

意志是自觉地确定目的,并根据目的来支配调节自己的行为,克服各种困难,从而实现目的的心理过程。

人为了达到一定的目的,要克服不同种类和程度的困难。由于遇到的困难的种类和性质不同,意志活动的表现也不同。例如,睡意袭来时要完成必须及时完成的工作;在某段时间需禁食而克制进食的生理需要;在填写入学志愿时为考甲校还是考乙校而犹豫不决,最后确定考乙校;为了将来更好地为社会做贡献而勤奋学习;等等,这些行动当中都有意志活动。意志包括三个基本特征。

1. 意志具有明确的目的

意志是人类所特有的高级心理机能。人的有目的的行为与动物的行为迥然不同。虽然动物在适应环境的过程中也作用于周围环境,例如挖洞筑巢、捕食避害,但对环境的作用,其性质是截然不同的。动物的行动,无论多么精巧,都不可能事先了解自己行为的目的与后果,只有有意识的人类,才能预先确定一定的目的,并有组织地逐渐实现这一目的。意志不同于其他心理过程的最重要特点,是始终保持着清醒的意识,意志是为实现预定目的而进行的心理过程。为了实现目的而确定行动的方式方法与步骤,始终不渝地按照预定目的去行动,遇到困难仍然不改变预定目的,这种行动过程就是人的意志的表现。

2. 意志可以调节行动

人的运动可以分为不随意运动和随意运动两种。不随意运动是在无意中发生的不由自主的运动,例如,眼睛受到强光,瞳孔会立即缩小;手碰到刺立即缩回等。随意运动是受意识支配的运动,是实现意志行动的基础,例如读书、打球等。有了随意运动,人们就可根据预定目的调节支配行动,从而实现预定的目的。

意志表现为人的意识对行动的自觉调节与控制。所谓有目的的行动,就是在行动之前清楚地意识到自己行动的目的;拟定行动方式方法与步骤,也都是由意识支配的。

意识对行动的调节有两种基本表现:一是发动,二是制止。前者在于推动人去展开达到预定目的所必需的行动,后者在于制止不符合预定目的的行动。意志的调节作用的两个方面在实际活动中是统一的。例如,有了提高学习成绩和各方面能力的目的和决心,一方面会促使学生去努力学习和锻炼,另一方面又抑制学生的其他欲望,将不相干的其他活动带来的干扰降至更低水平。

意志不仅调节外部动作,还可以调节人的心理状态。当学生排除外界干扰,把注意力集中于完成作业时,就存在着意志对注意、思维等认识活动的调节;当人在危急、险恶的情境下,克服内心的恐惧和慌乱,强使自己保持镇定时,就表现出意志对情绪状态的调节。

3. 克服困难

意志对行为的调节和支配并不总是轻而易举的,常会遇到各种外部的或内部的困难,因此意志过程的突出特征是努力克服困难。正是在为达到目的而进行的行动中遇到困难的时候,意志方能够更好地体现出来。

困难包括外部困难和内部困难。前者有的是由自然条件造成的,如气候、自然地理、生态环境等不利因素;也有的是由社会条件造成的,如缺乏必要的工作条件、人为的障碍、政治经济方面的困难等。内部困难是人本身具备的不利因素,如身体上的疾病、消极的情绪、性格上的弱点(胆怯、懒惰等)、知识经验不足等。遇到外部困难时,可能出现新的需要和动机,于是产生内部困难。因此,外部困难可能成为产生内部困难的原因。

二、意志与认识、情感的关系

(一)意志与认识过程

1. 意志是在认识过程的基础上产生的

意志的一个特征是具有自觉的目的性。人的任何目的,都是在认识活动的基础上产生的。因为目的虽然是主观的东西,但它却来源于对客观现实的认识结果。对于目的的选择以及用什么样的方式来达到目的也是在认识活动的基础上产生的。

意志过程从确定行动目的时开始,就要有对所面临事物的感知活动。人在确定目的、选择方法和步骤时,要审度客观形势,分析主观条件,回顾过去的经验,设想将来的结果,拟订方案,编制计划,并对这一切进行反复的权衡和斟酌,所有这些都必须通过记忆、思维、想象等认识过程才能实现。另外,在克服困难的过程中,还需要更多的深思熟虑,找出有效的方法去克服它、战胜它。因此,意志行动离不开认识过程,意志是在认识活动的基础上产生和形成的。

2. 意志对认识过程也有很大的影响

意志促使认识更加具有目的性和方向性,使认识更广泛而深入。比如人在认识过程中,由于意志的作用,直觉很快过渡到主动的观察,无意注意转化为有意注意,无意回忆转化为追忆。由于意志行动的自觉目的性,在想象活动中,再造想象也迅速过渡到创造想象;从思维的反映过渡到解决问题的阶段;等等。人在克服智力活动方面的困难时,如同分散注意斗争等,都需要意志努力。

(二)意志与情绪

一方面由于情绪是人对客观事物的一种态度体验,而意志行动是要改变客观事物以达到预

定目的,那么在意志行动中无论是遇到外部困难还是内部困难,以及目的能否实现都会引起人积极争取或积极拒绝的态度,即产生情绪。另一方面,情绪既可以成为意志行动的动力,也可以成为意志行动的阻力。当某种情绪情感对人的活动起推动和支持作用时,这种情绪情感就会成为意志行动的动力。例如,在学习、工作中,积极的心境、对祖国的热爱和社会责任感会推动人们努力学习、辛勤劳动。当某种情绪情感对人的活动起阻碍和削弱作用时,这种情绪情感就会成为意志行动的阻力。例如,消极的心境、对所要达到的目标抱漠然的态度、害怕困难的情绪、不切实际的骄傲情绪以及高度的焦虑情绪等,都会阻碍意志行动的执行,削弱人的意志。

消极的情绪对意志行动的干扰作用,取决于一个人的意志力的水平:意志坚强的人可以控制消极的情绪,在艰难困苦的逆境中仍然能奋发图强,干出一番事业来;意志薄弱的人则可能被消极情绪所俘虏,使意志活动半途而废。

总之,认识、情绪和意志是密切联系、彼此渗透的。意志过程包含着认识和情绪的成分,认识和情绪过程也包含着意志成分。它们彼此渗透,融为一体,在人的实践活动中,从不同的层次、角度反映客观现实,共同组成个体统一的精神世界。

三、意志行动的主要心理成分

人的意志行动有下列八个方面的心理成分。

(一) 意志行动中的态度、兴趣

态度是个体对客观事物的一种心理倾向。这种倾向可分为肯定与否定两个基本方面。肯定的态度倾向具体表现为同意、接受、亲近、拥戴等。否定的态度倾向具体表现为反对、拒绝、对抗、敌意等。

态度是认知与情感有机结合的产物。个体对某种事物的认知与对该事物的情感,由于存在着相互影响、相互制约的关系,因而两者一般是一致的,有时也会出现认知与情感的不协调状态,即所谓理智(即认知)与情感的矛盾,在这种情况下,便会形成对某种事物的矛盾态度。例如,个体对某个人或某件事,从认识上讲,知道对方没有大的缺点和过错,但从情感上却不喜欢对方,这样在对待这个人或这件事时,常常表现出矛盾态度。个体对某种事物的认知反映与情感反映一旦形成后,两者就会自发地结合起来,从而形成对该事物的一种综合性反映,这便是态度。

在个体的态度体系中,包含着各方面的众多的稳定态度,如对物的态度、对人的态度、对生活的态度、对社会的态度等等。这些态度之间存在着相互渗透与相互制约的关系,从而形成一个有机的整体。

态度的形成为行为反应做好了准备。虽然态度不具有动力性质,它不能直接发动行为,但它可以为行为提供一种预先准备好了的大体倾向,即对某种事物接受或排斥。

在个体的态度体系中,还包含着各种稳定化了的兴趣。兴趣也是认知与情感两种成分有机结合的产物,因此兴趣属于态度的范畴。但兴趣所体现的只是一种肯定的态度倾向,而不包括否定的态度,而且兴趣比一般的肯定态度更为积极,即它具有一种更积极的接受与亲近倾向。兴趣是在个体对某种事物有了较深刻的认识之后,又产生了浓厚的积极情感(如喜爱)而形成的。综上所述,可以将兴趣定义为:兴趣是个体对客观事物的一种高度积极的肯定态度。

在心理学中,又将兴趣分为直接兴趣与间接兴趣。直接兴趣是对某种客观事物(或活动)本身感兴趣。间接兴趣只是对某种客观事物(或活动)所能带来的结果感兴趣。例如,人们对于知识,有些是对某种知识本身感兴趣,表现为一种强烈的求知欲望;而有些则只是利用某种知识达到其他目的,如为了考核、升学或为了工作、事业的需要而对知识感兴趣。总之,兴趣对行为有着更为直接也更积极的影响,对正在进行的活动有一定的推动作用。

(二) 意志行动中的需要

需要是有机体内部的某种缺乏和不平衡状态,它表现出有机体的生存和发展对于客观条件的依赖性,是有机体活动的积极性源泉。需要的产生是源于有机体内部生理上和心理上的某种缺乏和不平衡。当人需要某种东西时,便把缺少的东西视为必需的东西。需要总是指向能满足该需要的对象或条件,并从中获得满足。没有对象的需要、不指向任何事物的需要是不存在的。

马斯洛把人的动机与七种层次的需要联系起来:(1)生理的需要:饥饿、口渴等;(2)安全的需要:脱离危险,保障生命安全、财产安全等;(3)归属和爱的需要:爱别人,得到别人的爱等;(4)尊重的需要:自尊、自重、取得别人的赞扬与承认等;(5)认知的需要:求知、理解、探究等;(6)美的需要:对称、整齐、美的欣赏与创作等;(7)自我实现的需要:胜任自己的工作,充分发挥自己的潜能,实现自己的抱负等。人们通常把需要分为两种:一种是对维持生命所必需的食物、水分和新鲜空气等的需要,这是生理的需要;另一种是社会性的需要,如需要互相交往、需要受教育等。人类的需要在不断产生和发展,一种需要满足了,又会产生新的需要。

需要是有机体活动的积极性源泉,是人进行活动的基本动力,是产生行为动机的前提。人的各种活动,从饮食、学习、劳动,到创造发明,都是在需要推动下进行的。需要激发人去行动,使人朝着一定的方向,追求一定的对象,以求得自身的满足。需要越强烈,越迫切,由它所引起的活动动机就越强烈。同时,人的需要也是在活动中不断产生和发展的。当人通过活动使原有的需要得到满足时,人和周围现实的关系就发生了变化,又会产生新的需要。这样,需要推动着人去从事某种活动;在活动中需要不断得到满足又不断产生新的需要,从而使人的活动不断向前发展。需要是个性积极性的源泉,它常以愿望、兴趣、抱负、动机等形式表现出来。

(三) 意志行动中的动机

需要和动机是紧密相连的,明确意识到并想实现的需要叫愿望。如果愿望仅停留在头脑里,不把它付诸实际行动,那么这种需要还不能成为活动的动因。因此,处于静态的需要,还不是动机。只有当愿望和需要激起人进行活动并维持这种活动时,需要才成为活动的动机。

动机是激发和维持个体进行活动,并导致该活动朝向某一目标的心理倾向。动机是指直接推动个体行为的内部动因和动力,它说明人为什么要行动的问题。例如,一些知识分子宁愿放弃舒适的生活条件而到十分艰苦的地方去工作,有的执法人员知法犯法,等等。"为什么人们要做这些事?""是什么东西激发人们去干这些事?"这些问题就是心理学中的活动动机问题。

作为活动的一种动力,动机具有三种功能:(1)激发功能。动机能激发机体产生某种活动。例如,口渴了易激起找水的活动。(2)指向功能。动机使机体的活动针对一定的目标和对象。例如,在成就动机的支配下,知识分子放弃舒适的工作条件到艰苦的地方去工作。(3)维持和调节功能。当活动产生以后,动机维持着这种活动,针对一定的目标,并调节这种活动的强度和持续时间。如果活动达到了目标,动机促使有机体终止这种活动;如果活动尚未达到目标,动机将驱使有机体维持(或加强)这种活动,或转换活动方向以达到某种目的。例如,运动员为了取得好的比赛名次而奋力拼搏。

在具体的活动中,动机的上述功能的表现是很复杂的。不同的动机可以通过相同的活动表现出来;不同的活动也可能是由相同的和相似的动机所支配,并且人的一种活动还可以由多种动机所支配。例如,学生按时完成作业的活动,其学习动机可能是不同的。有的可能是意识到自己对祖国的责任;有的可能是想考取高一级的学校;有的可能是出于个人的物质要求;有的可能是怕老师的检查和父母的责骂;有的还可能出于上述的多种原因。又如,成就动机可以促使人们在不同的学习领域(学习、文娱、体育等)进行积极的活动。因此,在考察人的行为活动时,就必须要解释其动机,只有这样,才能对他的行为作出准确的判断。

(四)意志行动中的抱负水平

抱负水平是指个人在做某件实际工作之前估计自己所能达到的成就目标的水平。抱负水平主要来源于个体对自己的评价,而自我评价又来源于过去的长期生活中,在某种生活目标追求上的成功或失败。例如,过去学习成绩一直较好的学生,会对自己在学习方面形成较高的自我评价,因而也就形成对今后学习成绩的较高期望。

抱负水平制约着一个人的意志行动,因为要获得成功和对进一步成功的期望会增强人对工作的愿望;而失败和对失败的预期会降低对工作的愿望。因此,一般来说,抱负水平高的人对待工作自觉,有信心,有毅力,能努力地去克服困难;而抱负水平低的人对工作缺乏自觉性,缺乏信心和毅力。但是个人的抱负水平也不能太高,不能严重地脱离自己的实际情况。

(五)动机斗争或心理冲突

动机的形成过程相对复杂一些,能够满足个体某种需要的客观事物(目标)往往并不是一个,这就需要个体在这几个目标之中作出选择,在没有最终确定目标之前,便会出现动机斗争或心理冲突。

人有时产生几种动机,甚至于有相互之间矛盾的动机,这就会引起动机的斗争。动机斗争就是对各种动机权衡轻重,评定其社会价值的过程,也是解除意志的内部障碍。只有解除了障碍,确定了某种动机,才能确定行动的目的。心理冲突也是如此。

1. 根据形式不同分类

意志行动中的心理冲突情况是很复杂的,从形式上看,大致可以分为以下三类。

(1)双趋冲突。即对两个目标同时都想得到但又不可兼得时所形成的矛盾心态。所谓"鱼与熊掌吾欲兼得而不能",便属这种情况。学生在开学之初,期望参加两个喜欢的兴趣小组,但学校只准参加一个时会产生双趋冲突。

(2)双避冲突。即对两个目标都想回避但又不得不选择其一时而形成的矛盾心态。例如,某学生犯了比较严重的错误,是向老师主动认错,还是等同学揭发? 向老师认错怕受批评,等同学揭发会受更大的处分,这两者对他都是一种威胁,都想逃避,但他必须选择其一。

(3)趋避冲突。是指对同一目标既想追求又想回避的矛盾心态。例如,某学生上晚自习时,想看小说,又怕完不成作业。

2. 根据内容不同分类

从内容上看,动机斗争除了有原则性的以外,也可能有不具有什么原则意义的。

(1)原则性动机斗争。凡是个人期望与社会道德标准、法律相矛盾的动机斗争,均属于原则性的动机斗争。例如,上课时间有精彩的电影,是放弃上课看电影还是认真上课放弃看电影?

(2)非原则性动机斗争。凡是不与社会道德标准、法律相矛盾仅属个人兴趣爱好方面的动机冲突,均属于非原则性的动机斗争。例如,学生在复习功课时先做数学题还是先念外语单词,这就没有什么原则性,也不会有尖锐的动机斗争。

前述的双趋冲突、双避冲突、趋避冲突既可能是原则性的冲突,也可能是非原则性的冲突。

然而,这两种活动的选择在一定程度上也表现了一个人的意志力。一般来说,在原则性的动机斗争过程中更明显地表现了一个人的意志力量。一个意志坚强的人善于有原则地权衡和分析不同的动机,及时作出决定。而意志薄弱的人则往往长久地处于犹豫不决的矛盾状态,甚至确定目的以后,也不能坚持,还会受其他动机影响而改变。解决动机斗争的最高原则,是个人利益服从集体、国家的利益。这与一个人的理想和世界观有着密切的联系。在动机斗争和确立目的的过程中,最易看出一个人的思想觉悟。因此,这时候对他进行及时的思想教育和帮助是非常必要的。最好把工作做在动机斗争之前,要善于引导,正确地解决问题。

(六)意志行动中的选择与决策

1. 确定行动的目的

正如上面讲过的,动机是关于人在行动中为什么去争取的问题。无论动机有无斗争,都要引向一定的目的,即人在行动中所期望达到的结果。

确定目的在意志行动中非常重要。是否能通过动机斗争而正确地树立行动的目的,表现了一个人的意志力量。动机间的矛盾越大,斗争越激烈,确定目的时所需要的意志努力也越大。意志的力量表现在正确地处理动机斗争,选择正确的目的。

目的在行动中起着极其重要的作用。目的越具体越深刻(即社会意义越大),则由这个目的所引起的毅力也就越大,越能表现出一个人的意志力量。相反,一个没有明确目的而盲目行动的人,往往在工作中遇到困难就会改变原来的行动,不能坚持下去,也就很难取得成就。

2. 选择达到目的的行为和方式

目的确定以后,就要解决如何实现目的的问题,即解决怎样做的问题。简单的意志行动,行动目的一经确定,方式方法很快就可以拟定。复杂的意志行动,如果有较长远的目的,就要制定行动的计划和选择方法。这时也会遇到各种困难,比如,客观条件不具备,人力不足,工具不够,或舆论上存在阻力等,这些都要设法解决。在克服这些困难的过程中表现出了人的意志。

有的计划与方法实施起来方便易行,但是它可能与社会的道德规范发生矛盾。有的计划与方法虽然要消耗较大的精力,但是与社会道德规范相符合。在这种情况下,必须二者择一。一个有思想觉悟的人,便会表现出正确的意志力量,毅然选择后者而放弃前者。

3. 作出实现意志行动的决定

意志是通过行动表现出来的。人通过动机的斗争,目的的确定,方式和方法的选择,然后作出实现此意志行动的决定。一般来说,对简单的意志行动比较容易作出决定,有些复杂的意志行动作决定就比较困难,有时还会有反复。曾经解决了的动机斗争在这一过程中又会出现。这可能是有些动机被暂时压抑下去了,后来又冒出来了;对本来确定的目的也可能动摇,又想改成别的目的;计划和方法的修改或变化更是经常发生。因此,在作决定时,还需前思后想,作深入全面的思考,进一步认识所要采取的行动的重要性和必要性。这样作出的决定就比较可靠,将来反复的可能性也小。

(七)意志行动的实现

决定作出之后,实现所作出的决定是意志行动完成的关键。如果不在行动中实现,那么动机再高尚,目的再美好,方式方法再完善,也只是主观的愿望。它们只是头脑中的活动,只有最后实现了意志,意志行动才算完成。所以实现所作的决定是主观见诸客观的重要阶段。

在实现所作的决定时,意志表现在采取积极行动去达到预定目的的同时,还要制止那些不利于达到目的的行动。例如,学生要达到预定的学习目的,就要在上课时认真听讲,课后及时复习,同时要消除分散注意的因素,纠正不守纪律的现象等。

在实现所作的决定时,经常会遇到内部困难和外部困难。前者是主观上的困难,如可能会遇到与决定相反的动机或目的的引诱,以致影响了目的的达成,此时必须排除这种诱因,坚持达成目的。又如,在实现决定时常需要有一定的知识和技能,也需要完成某种活动的能力,如果具备这些也难以实现决定,克服这种困难,就需要意志上的很大努力,下决心学习和掌握所需要的知识、条件。如设备、工具或工作条件有限,以及工作、学习上遇到干扰,必须积极地创造条件,排除干扰。在克服客观困难时也需要积极的意志努力。有时客观条件问题确实不能解决,这时就必须根据情况改变原来的决定,或补充原来的计划和方法。这不能说是意志的动摇,不能算作意志薄弱。只有遇到困难不经过意志努力,没有积极设法去克服,而轻易改变原来的决定,甚至放弃预定的行动目的,这样才是意志动摇,才是意志薄弱的表现。

(八) 意志行动中的意志品质

构成意志力的稳定因素称为意志品质。人的意志品质存在着很大的个别差异。意志品质是衡量一个人意志坚强与否的尺度。主要的意志品质有:独立性、果断性、坚韧性和自制性。

1. 独立性

是指一个人在行动中具有明确的目的,不屈从于周围人的压力,按照自己的信念、知识和行为方式行动的品质。它反映了一个人坚定的立场和信仰,是高度发展的意志特征。具有独立性的人,在行动中既不轻易接受外界影响,又不拒绝一切有益的意见。

与独立性相反的品质是易受暗示性和独断性。易受暗示性是指一个人容易受别人的影响,对别人的思想、行为不认真分析,盲目接受,因而随便改变原来的决定。独断性是指一个人表面上似乎是独立地作出决定,执行决定,但实际上缺乏独立性,因为他不考虑自己决定的合理性,固执己见,一意孤行,拒绝考虑别人的任何批评、劝告和有益建议。

2. 果断性

是指一个人善于明辨是非,迅速而合理地作出决定和执行决定的品质。果断的人对自己的行为目的、方法以及可能的后果,都有深刻的认识和清醒的估计。所以具有果断性的人在动机斗争时能当机立断,在行动时能敢作敢为,在不需要立即行动和情况发生变化时又能随机应变。

与果断性相反的意志品质是优柔寡断和草率决定。优柔寡断的人遇事犹豫不决,患得患失,顾虑重重;在认识上分不清轻重缓急,动机斗争时间过长,在不同的目的、手段之间摇摆不定,迟迟作不出取舍,即使执行决定也是三心二意。草率决定的人则相反,在没有考虑周全时,就不负责任地仓促决定,凭一时冲动,而不考虑主客观条件和行动的后果。

影响果断性的因素有两个:一是在有关事物方面是否具备相应的知识经验,人们对没有经验的事物总是难以决断;二是自信心,对于有相应经验的事物如果仍然优柔寡断,往往是缺乏自信心的表现。

3. 坚韧性

是指一个人能长期保持充沛的精力,战胜各种困难,不屈不挠地向既定目标前进的品质。具有坚韧性的人,一方面善于克服各种不符合目的的主客观因素的干扰;另一方面善于长期地维持与目的相符合的行动,坚持到底,毫不懈怠。所谓"锲而不舍,金石可镂",即是意志坚韧性的表现。坚韧性对事业的成功具有重要的作用。

与坚韧性相反的意志品质是顽固执拗和见异思迁。顽固执拗的人,只承认自己的意见和论据,对自己的行动不作理性评价,执迷不悟,明知不可为而为之。见异思迁的人则表现为行动易发生动摇,行动过程中随意更改既定目标和方向,虎头蛇尾,这山看着那山高,而终至碌碌无为。

影响坚韧性的因素很多,主要有以下三个方面:首先是心理承受能力,其次是自信心,最后是情感、动机的强度。人们对自己抱有强烈的热爱情感以及强烈的追求愿望的目标是不会轻易放弃的。

4. 自制性

是指一个人善于控制和支配自己行动的品质。具有自制力的人,在任何情况下都能保持清醒的头脑,控制自己的感情不受外界干扰的影响;善于约束自己的言论,不信口开河;克制自己的行为,遇事三思而后行。"富贵不能淫,贫贱不能移,威武不能屈",就是意志自制性的表现。

与自制性相反的意志品质是任性和怯懦。任性的人不能约束自己的言行,不能控制自己的情绪,行为常被情绪所支配,常常只顾眼前的一时痛快而耽误了对主要生活目标的追求。怯懦的人胆小怕事,遇到困难或情况变化时惊慌失措,畏缩不前。

影响自制性的因素主要与个体从小所受到的外界约束有关。经常受外界约束的人,会逐渐将外界约束内化为自我约束从而形成自制力。例如,从小父母管教严的孩子,自制力较强;而父母一贯放纵的孩子就比较任性。此外,自制力还与个体的神经活动类型有关。例如,神经类型为安静型的人容易形成较高的自制力,而神经活动类型为兴奋型的人大多自制力较差。自制力还与年龄有关,年龄越小自制力越差。

态度、兴趣、需要、动机、抱负水平、动机斗争、选择和决策、行动以及意志品质这些心理成分,都不同程度地影响着意志行动的发展。

第二节　学前儿童的意志

一、学前儿童意志的发展

意志是通过行动表现出来的,而行动就是一系列的动作。没有基本动作的发展,不可能产生意志行动,而没有意志成分的参与,或所谓有意性的调控,动作也不可能发展和完善。但是对于成人来说,有些意志过程是比较深刻的,不直接外露。而学前儿童的意志过程,由于生理发育和整个心理活动发展水平的限制,处于发展的低级阶段。学前儿童的意志过程,往往表现为直接外露的意志行动,意志内化的水平很低。因此,当我们谈及学前儿童意志的发展时,只能说是在有意动作的基础上发展起来的意志行动,或者可以说是意志的萌芽。

(一) 学前儿童有意运动的发生及特点

运动根据有无目的性和努力的程度分为无意运动和有意运动。无意运动又称不随意运动,

它是人没有意识到的被动运动。无意运动是指由事物变化直接引起的肌肉运动。无意运动是天生就会的,它是无条件反射活动。比如初生的婴儿就有吸吮动作反应,那就是最简单的不随意运动;婴儿吃饱了,就会用舌头把奶嘴顶出来;给婴儿喂苦水,他的头会摆来摆去躲避奶嘴。这些都是不随意运动。

有意运动又称随意运动,它是人为了达到某种目的而主动去支配自己的肌肉的运动。例如,伸手去拿杯子、用脚去踢球等。有意运动是后天学会的,是自觉意识到主动的运动。有意运动是在无意运动的基础上发生的,它是意志的基本组成成分。

初生婴儿除了一些本能动作以外,动作是混乱的,甚至两只眼睛的运动也不协调,有时一眼向左,一眼向右。手的动作也只是胡乱摆动。半个月以后,双眼的协调运动发展起来了,可是手的协调动作发展要晚得多。

两三个月时,婴儿的手偶然碰到被子或其他物体,他会去抚摸它;有时,婴儿也会用自己的一只手去抚摸自己的另一只手。此时,手的动作特点是沿着物体的边缘移动,或者用手拍拍,还不会抓握物体。这种抚摸动作是无意动作,它没有任何目标,也没有方向性。

三四个月的婴儿,如果有人把东西放在他的手掌上,他会去抓握。这种抓握已经不是天生带来的本能的抓握反射,不像以前那样抓得紧紧的,但也是无意的、被动的抓握。婴儿会把手里的玩具摇得发出响声,但并非有意把玩具弄响。有时,是他的手无意地挥动,带动了手里的玩具,从而发出声响。婴儿有时也会抓住系在小床上的绳子,那也只是偶然的、无意的动作。

大约4个月时,婴儿看见在眼前的物体,例如挂在小车上的小铃铛,已经有了想去抓握的愿望,但是,他伸出去的手,总是在物体的周围打转,抓不住那个物体。这就说明,他的手眼动作还是不协调,大脑还不能支配手的动作,还不能让手去抓住眼睛看见了的东西。

大约4—5个月婴儿出现了手眼协调动作。手眼协调动作,是指眼睛的视线和手的动作能够配合,手的运动和眼球的运动协调一致,也就是能够抓住所看见的东西。动作有了简单的目的方向,并且能够做出一些虽然简单但有效果的动作。例如,把东西拉过来、推开,把奶瓶的奶嘴送到自己的嘴里等。不过,动作虽然有目标,但还伴随着许多不相干的动作。如去拿皮球时,不仅动手,还动起脚来。

当婴儿出现手眼协调动作后,就不再是被动地等待东西到来,而是能够有意主动地用手去准确地抓住眼前的物体。从这里可以看出手眼协调动作是在婴儿手的动作的混乱阶段、无意抚摸阶段、无意抓握阶段、手眼不协调的抓握阶段之后产生的。从这里也可以看出,有意动作是在无意动作的基础上产生的。

儿童的直立行走动作,也是在无意动作基础上逐渐产生的。

手眼协调动作的发生,是儿童有意动作发生的主要标志,是儿童用手的动作有目的地认识世界和摆弄物体的萌芽,也是儿童的手成为认识器官和劳动器官的开端。

(二)学前儿童意志行动的萌芽

意志行动是一种特殊的有意行动,其特点不仅在于自觉意识到行动的目的和行动过程,而且在于努力克服前进中的困难。因此儿童行动自觉意识性的发展,要经过比较长的过程。整个学前期,儿童的意志行动也只是处于比较低级的阶段。

8个月左右,婴儿动作有意性的发展出现了较大质变,可以说是意志行动的萌芽。这时婴儿能够坚持指向一个目标,并且用一定努力去排除障碍。例如,婴儿看见一个物体,因隔着一个坐垫而拿不到时,他会作出一定努力去挪开那个坐垫,把东西拿到手。这种动作明显是作为方法或手段而出现的。有时,婴儿抓住成人的手,向想要而又不能取得的物体的方向拉动。在这里,动作的目的和方法不仅有明确的区分,而且有一定的协调。但是,所用的动作方法仍然是采取已有的习惯动作。

在1岁以后儿童的动作中,意志行动的特征更为明显。这时儿童能够设法探索各种新方法,通过"尝试错误"去排除向预定目标前进中所遇到的障碍。例如,当物体放在毯子上离儿童较远处时,儿童拿不到,他试图直接取得而又失败后,偶尔抓住了毯子一角,于是似乎发现了毯子的运动同物体运动之间的关系,逐渐开始拖动毯子,使物体移近自己,然后将它拿到手。

(三) 学前儿童意志的发展

1. 学前儿童需要发展的特点

学前儿童需要的发展遵循着一个规律,即年龄越小,生理需要越占主导地位。随着年龄的增长,幼儿前期,儿童的社会性需要逐渐增加,出现了模仿成人的活动的探索性需要、游戏的需要及与伙伴交往的需要等。但在这个阶段,生理需要仍然是占主要地位的需要形式。幼儿期儿童的社会性需要逐渐增强。同时,需要的发展已经显现出明显的个性特点。

（1）开始形成多层次、多维度的整体结构。幼儿的需要中,既有生理与安全的需要,也有交往、游戏、尊重、学习等社会性需要形式。并且,各种需要的水平也在发展,如表8-1所示。

表8-1　幼儿需要结构模式

序号	生理与物质生活	安全与保障	交往与友爱	游戏活动	求知活动	尊重与自尊	利他行为
1	吃喝睡等	人身安全	母爱	游戏	听讲故事	信任自尊	劳动
2	智力玩具	躲避羞辱	友情	文娱活动	学习知识	求成	助人

（2）优势需要有所发展。幼儿期是儿童需要发展的活跃期。从5岁开始,儿童的社会性需要迅速发展,求知的需要、劳动的需要和求成的需要开始出现。6岁时,儿童希望得到尊重的需要强烈,同时对友情的需要开始产生。

2. 学前儿童动机发展的特点

动机决定行动目的和行动方法。动机是在需要的刺激下产生的,满足需要是产生动机的基础和前提。从学前儿童需要的发展特点也可以看出,3岁前的儿童,其活动动机的产生主要受其身体状态、当时的外界环境所影响,动机的稳定性很差,变化性强;同时,还没有形成具有一定社会意义的动机体系。实验结果表明,儿童甚至在完成选择一个玩具这样简单的任务时,也难以形成动机间的主从关系。他们翻来覆去地看每样玩具,拿起一个放回去,又拿起另一个,似乎觉得每个玩具都好,都想要,不能决定到底要哪一个。如果告诉他们,选好了一个玩具之后,就要到另一个屋子里去,他们听到指示后,马上又将手里的玩具放回原处,继续挑选。如果不去制止,就会没完没了地选下去。可见,儿童各种动机往往是互不相干的,没有形成主从关系。

进入幼儿期以后,随着儿童社会性需要的发展,儿童的活动动机有了较大发展。儿童活动动机发展表现在以下三个方面。

（1）从动机互不相干到形成动机之间的主从关系。幼儿初期的儿童仍然保留着婴儿期的特点,但随着年龄的增长,动机的主从关系逐渐趋于稳定。有一个实验,要求儿童设法把放在远处

的东西拿到手,但是不许从自己的座位上站起来。为了查明儿童自觉执行任务的情况,实验者是在幼儿看不见的地方观察的。结果发现,有的儿童在多次尝试失败以后,站起来走到东西面前,拿了它,又悄悄地回到位子上。这时,实验者立即回到儿童身边,故意表扬他,并奖给他糖吃,但儿童拒绝接受。当实验者坚持要给时,儿童哭了。这说明在幼儿行为中,遵守规则的动机起主导作用,而获得东西的动机是次要的。

(2)从直接近景动机占优势发展到间接远景动机占优势。随着年龄的增长,儿童逐渐形成更多间接的远景动机。对幼儿做值日生的动机的试验研究发现,小班儿童做值日生的动机往往是值日生可以穿戴围裙。他们做值日生往往是由于对活动本身感兴趣。为了这个兴趣,还可以重复洗已经洗干净的抹布。中大班儿童做值日生时,有社会意义的动机逐渐占主要地位。他们比较注意值日生工作的成果和质量,明确做值日生是要为别人做好事,并能互相帮助。

(3)从外部动机占优势发展到内部动机占优势。外部动机是指推动行动的动机是由外力诱发出来的;内部动机是指人的动机出于自我激发,主要受自身兴趣的激发。幼儿初期儿童的行动动机主要由外来影响所引起,其产生是被动的,儿童行为的动机往往是为了获得成人的奖励;而到了幼儿晚期,儿童的行为动机中,兴趣的作用逐渐增强,成为左右儿童行为的一个主要因素。如对于感兴趣的事,儿童就愿意做,而对不感兴趣的就不爱做,坚持时间也短。

3. 学前儿童自觉行动目的发展的特点

幼儿期是儿童自觉行动目的的开始形成的时期。幼儿初期的儿童,行动往往缺乏明确的目的,带有很大的冲动性。他们常常不假思索就开始行动,因而行动是混乱而无条理的。其行动往往是由外界的影响和当前感知到的情景所决定的,已开始的行动容易停止或易改变方向。3岁儿童做了错事,若问他为什么这样做,他茫然。其实他自己并没有行动目的。

幼儿中期,儿童的行动目的逐渐形成。在活动中,成人往往用具体示范和语言提示,为儿童确定行动目的,指导儿童按照目的去行动,并且使儿童在活动中反复实践,不断强化。但是这种目的性不够稳定。通常,他们的目的在活动中能保持5—10分钟。在成人的组织下,儿童逐渐学会提出行动目的,开始尝试着在某些活动中独立地预想行动的结果,确定行动任务。例如,在游戏、绘画等各种活动中,儿童能够确定自己的活动主题内容,自己选择行动方法。只是所提目的有时还不够明确,还有赖于成人的帮助。这个时期的儿童,他们能在活动中独立地提出自己的个人目的,而且还能提出相当多的共同目的(约占80%)。中班儿童在活动中也常常表现出同时有两三个目的,但恪守一个目的的人数比小班儿童明显增加。通常,他们的目的在活动中能保持15—25分钟。

幼儿末期,儿童已经能够提出比较明确的行动目的。这个时期的儿童不仅能提出个人目的,也能提出共同目的,而且,在稳定的游戏兴趣方面,他们的个人目的与共同目的能统一起来。例如,在搭积木的游戏中,他们有一个共同的目的——搭一座小楼;在活动中他们分配角色,不仅考虑自己的行动,也注意与其他角色的关系。他们能积极地为搭小楼收集材料,而且不时地为实现共同的活动目的提出新的建议。同时他们又有个人的目的,搬自己喜爱的那些积木块,这里,他们的个人目的和共同目的是一致的。大班儿童的目的在活动中通常能保持35-55分钟。

4. 学前儿童坚持性的发展

坚持性也称为持久性。坚持性是指在较长时间内连续自觉地按照既定目的去行动的品质。

行动过程中的坚持性,是学前儿童意志发展的主要指标。在坚持性中,可以看到行动目的和动机的发展水平及作用,又可以看到儿童克服困难的能力和状况。

儿童的坚持性是随着年龄的增长而提高的。研究证明,1岁半至2岁的儿童,已经出现了坚持性的萌芽。观察发现,儿童坚持摆弄某种玩具的时间达3—9分钟,把连续坚持3—9分钟的时间段累加起来,作为每个儿童的坚持时间,结果,10个儿童中有7个人坚持时间占被观察的90分钟的50％以上。从儿童所用的玩具材料看,玩具的数量也相当恒定。

有一个实验,要求2岁和4岁儿童按指定要求分拣和折叠三种堆在一起的布料,主试除指导语和开始时的具体示范以外,不再作任何强化或其他指示。结果发现,2岁儿童已经能够接受坚持性任务。研究证明,从2岁到6岁,儿童坚持性随着年龄的增长而提高。4岁和6岁儿童在实验过程中,用于完成任务的时间多于2岁儿童,而用于任务以外的时间,少于2岁儿童。从完成的任务数量看,6岁的比2岁和4岁儿童的多,其差异有显著的统计学意义。

3岁儿童坚持性发展的水平是很低的,他们在某些条件下虽然能够开始有意识地控制自己的行动,其行动过程仍然不完全受行动目的的制约,他们时常违背成人的语言指示,或者难于使自己的行动服从成人的指示。他们坚持的时间极短,在实现目的的过程中,如果遇到小小的困难,或者任务比较单调枯燥,一般会失去坚持完成任务的愿望和行动。

坚持性发生明显质变的年龄在4—5岁,也正是在这个年龄段,外界条件对儿童坚持性的影响最大。因此,4—5岁是儿童坚持性发展的关键年龄段,应抓紧对这个年龄段儿童的坚持性培养。

二、学前儿童意志的培养

1. 培养学前儿童良好的兴趣

兴趣是激起活动动机的手段。儿童的兴趣不是天生的,是在一定条件的影响下发展变化的,重要的是随时注意儿童的兴趣的发展趋势,及时采取措施,促使他们的兴趣向正确的方向发展。

当婴幼儿在练习抬头时,用发声的玩具吸引他;当婴幼儿学爬行、学走路时,用诱人的玩具吸引他向玩具的方向爬去或走去,都是很有效的。进入幼儿期以后,在婴幼儿兴趣发展的基础上,儿童兴趣的范围扩大了,对任何新鲜的事物都感兴趣,对客观世界充满了好奇,什么都想看看,什么都想摸摸,兴趣左右着儿童的行为。实践证明,充满好奇、兴趣广泛的儿童,一般都能积极主动地参与老师组织的各种活动和游戏;遇到困难和挫折时,有一定的克制能力。教师应利用儿童感兴趣的游戏,使儿童积极主动、心情愉快地进行活动,以此来激发儿童良好的活动动机,进而培养儿童的意志行动。

2. 鼓励学前儿童和增强学前儿童的自信心

成人的态度对儿童动作和意志行动的发展至关重要。儿童具有强烈的活动需要,在探索活动中不断尝试各种动作,通过获得成就感而增强信心。例如,1岁多的儿童走路还摇摇晃晃,却喜欢到处走,到处钻,见东西就扯,见小洞就抠,爬上高处,四处张望,显现一副自豪感。在开始独立行走的过程中,由于身体各部分不能协调配合,整个身躯前倾,两臂不会自然摆动,两脚不会交替前进,蹒跚学步,容易跌倒。成人不仅要扶持,还要鼓励。儿童从大人的支持、鼓励中得到勇气,克服摔倒带来的心理上的恐惧和身体上的疼痛,勇敢地向前迈步。

　　增加自信心,是儿童发展各种动作和意志行动的有力的内部力量。儿童得到点滴进步时,成功感可以使他增加自信心。儿童在活动失败时,更需要成人的支持、成人的亲近和语言强化,包括提出要求、提示、建议、称赞等,鼓励他再接再厉。有些家长在孩子摔跤稍有碰伤时,冷静地帮助他,告诉他如何对待,让孩子感到是正常的事,孩子就会信心十足地继续练习,跑跑跳跳;另一些家长在类似情况下则大惊小怪,担心孩子受伤,责备孩子不该奔跑,这就挫伤孩子的活动积极性。某家长通过让孩子上下楼梯培养孩子的意志品质。刚开始学上下楼梯时,孩子会有一定困难,但如果他能从大人的鼓励、支持中得到勇气,克服摔倒带来的心理上的恐惧和身体上的疼痛,就能勇敢地迈出第一步,登上第一级。随着级数的增加,他的视野渐渐扩大,不用再仰头看着楼上在心里打问号了,可以自由自在地走上去看个究竟了,他就会充分感受到控制自己身体所带来的喜悦,体验到成功的快乐。新的发现不断激发他克服困难继续攀登、探索,日复一日,会逐渐养成胆大、勇敢、坚强、不怕困难的优良品质。楼梯越爬越高,意志越练越强。

3. 启发学前儿童自我锻炼

　　优良的意志品质的培养,依赖于在实践活动中不断地加强自我锻炼。这就要求经常地进行自我鼓励、自我命令、自我监督。只有发自内心地严格要求自己,主动地去克服困难,才能有效地培养坚强的意志品质。教师可以根据儿童的特点,通过讲故事、看电影和阅读等方式,让儿童向典型人物学习,进行自我锻炼,培养坚强的意志力。

4. 鼓励学前儿童做好每一件事

　　对于儿童而言,他们行动的目的性和计划性不是很强,经常做事有头无尾,半途而废,所以应鼓励儿童自始至终做好每一件事。另外,儿童年龄小,做事易受外部环境影响,在做事的过程中,遇到困难,就丢下手中的事去干别的,对于这种情况,成人一定不要迁就,而要及时表扬儿童已取得的成绩,帮助儿童克服行动上的困难,鼓励儿童做完手中的事再去干别的。这是指导儿童经受意志锻炼的重要手段。

5. 通过实践锻炼学前儿童的意志

　　意志是通过行动表现出来的。实践活动不仅可以促进儿童的身体健康,保证正常的生长发育,而且对意志品质也有促进作用。在实践活动中,会碰到来自内部和外部的各种困难。怎样对待这些困难,能否克服这些困难,就是对意志品质的实际考验。如带儿童登山游玩就是一种很好的锻炼方式。有的儿童走累了,想让大人抱,这时可以跟儿童说:"咱们来当解放军,看看谁先到达目的地。"儿童会一边学着解放军的样子,一边继续往前走。

6. 制定切实可行的目标,帮助学前儿童实现目标

　　与儿童一道制定出一个能够达到的目标,并帮助与督促儿童努力实现这个目标。定的目标一定要具体、切实、可行,考虑到儿童的年龄与体力,是儿童通过努力可以实现的。

　　定目标前要与儿童商量,说明任务的艰难,让儿童真心接受,并对克服困难有足够的思想准备。商量时允许儿童提出自己的意见,并尽可能尊重儿童的意见。不可勉强,更不能强加于儿童,因为目标最终是要儿童去实现的。一旦定下目标,不可轻易改变和放弃。放弃目标意味着意志的动摇。若多次定下目标,再多次放弃,可能使儿童对放弃习以为常,以后做事也难再有坚持不懈的意志力。

　　定目标前要充分估计任务的难度与儿童的能力。一般说来,任务不宜太满,应当留有余地。这样,儿童不至于因压力太大而产生畏难情绪,特殊情况下未能完成,也可有余力补上。适当的

拓展阅读8-1:增强意志力的五种方法

目标会使儿童在完成过程中提高兴趣,有时甚至会因情绪高昂,精神集中,忘了时间而超额完成。这就由坚持转化为自觉的追求,进而取得更大收获。久而久之,也会逐渐培养起儿童坚持不懈的品质。

思考与练习

1. 掌握以下概念:意志、意志行动、坚持性、手眼协调、独立性、果断性、坚韧性、自制性。
2. 意志与认识、情绪的关系是怎样的?
3. 心理冲突有哪些类型?
4. 什么是优良的意志品质?
5. 学前儿童意志的发展有什么特点?
6. 怎样培养学前儿童的意志品质?

第九章

学前儿童的社会性

第一节 社会性概述

一、什么是社会性

儿童在出生时,我们可以把他看作一个自然人;儿童在和周围人群(主要是父母、祖辈等家人)的交往中,逐步形成符合社会要求的行为习惯、社会规范和特定的人际关系,即具有一定的社会性。这一由自然人向社会人转变的过程,我们称之为儿童心理社会化过程(如下所示)。社会性的发展是一个从新生儿开始的漫长的过程:

自然人→心理社会化→社会人

儿童社会性的发展,影响着心理发展的各个方面,尤其是直接影响儿童个性的最终形成,这是由于儿童的个性及其品质是在社会交往过程中逐步形成的。只有让儿童参与广泛的、有意义的社会交往活动,他们的认知、情感和意志才能得到发展和表现,各种潜能才能得到发掘,其兴趣爱好、良好的品德才能得到培养,并因此形成自己的个性品质。社会性具有以下特点。

1. 不是先天的

社会性不是与生俱来的,而是后天习得的。虽然儿童在胚胎的晚期,已经具有某些感知觉活动,但是属于纯粹的生理反应,而不具有社会性。

2. 是在社会交往中形成的

儿童心理社会化过程,从本质上说,就是儿童在与周围人交往过程中,形成符合社会要求的行为方式的过程。如果没有社会交往过程,儿童就不会形成社会性。如"狼孩",由于他在很小的时候被母狼叼走并由其哺育长大,生活在狼群里,缺少与人交往的环境,所以虽然他具有人的遗传素质,但也形不成符合社会规范的人的社会属性。

二、学前儿童社会性发展的内容

1. 人际关系的形成

人际关系是社会性的基本内容。学前儿童的人际关系主要包括三个方面:一是学前儿童与父母的关系,即亲子关系;二是学前儿童与同伴的关系;三是学前儿童与幼儿园保教人员的关系。

2. 自我意识的形成

自我意识是一个人对自己本身的认识和看法。1岁前的婴儿,没有"我"的概念,即物我不分。如用嘴吮吸自己的手指时,不小心把自己的手指当成了"好吃的"东西,狠狠地咬上一口,直到自己被咬疼时才知道是自己咬的自己,此时开始区分"我"与外界。到两三岁时,儿童逐步区分出"我"和别人,表明他们已经有了最初的自我意识。进入幼儿园以后,儿童能够在游戏中,通过别人对自己的反应来认识自己。他们在社会生活中受父母、老师、艺术形象等的影响,开始模仿某些人物的言行,并在游戏中以这些人物自居。

3. 性别角色的形成

不论在哪种社会形态下,不同性别的人在社会上都充当着不同的性别角色。按照游戏准备说的解释,男孩女孩玩的多数都是那些与成年以后要充当的社会角色有关的游戏,是为生活做准备的。如男孩喜欢玩骑马、打仗等游戏,而女孩大多喜欢玩做饭、抱娃娃的游戏。

4. 社会性规范的形成

社会性规范在学前儿童心目中形成,是体现其心理社会化进程的尺度。学前儿童在与人的交往过程中,尤其在与同伴一同游戏的过程中,学会如何遵守活动规则,为成年以后遵守社会道德规范、法律法规等奠定基础。

三、学前儿童社会性发展的特点

(一)学前儿童社会认知的发展

社会认知主要是指对他人表情的认知,对他人性格的认知,对人与人关系的认知,对人的行为原因的认知。社会认知是个人对他人的心理状态、行为动机、意向等作出推测与判断的过程。

学前儿童社会认知发展是一个逐步区分、认识社会性客体的过程,无论是对情绪情感、行为意图还是社会规则的认识,都是一个逐步区分、认识人类客体与非人类客体、一个个体与另一个个体、自我与非我的过程。

学前儿童对自我、他人、社会关系、社会规则以及对人的情绪、情感、行为意图、态度动机、个性品质等的认知并不是同时开始的,这些认知的发展也不是等速的。比如相对而言,学前儿童认识他人要早于认识自我,认知情绪要早于认知行为。

(二)学前儿童社会情感的发展

学前儿童的情绪具有明显的情境性,很受周围环境的影响,情境的变化对儿童情绪的影响会快速地显现出来。儿童的情绪还呈现出两极化的特征,两种对立的情绪在短期内可以相互转换。例如,一个儿童想要妈妈给自己买一个喜欢的玩具,当妈妈没有答应时就会大哭大闹,妈妈一旦改变了主意,儿童的哭闹立刻就会停止,甚至破涕为笑。

由于认知水平的限制,儿童在感受周围事物时还不能够进行正确全面的分析,也缺乏对自己情绪的认知和控制,因此儿童的情绪容易受到感染和暗示。例如,新入园的儿童哭着要妈妈,会引得周围的儿童也不由自主地跟着哭;在活动的过程中,当一个儿童笑时,其他的儿童有时也会莫名其妙地跟着笑。因此,教师在教育教学管理中既要注意避免儿童不良情绪的相互感染,又要

为儿童创设良好愉快的氛围,利用儿童之间的相互影响提高教育教学的效果。

四、社会性对学前儿童发展的意义

社会是共同生活的人们通过各种各样的社会关系联合起来的集合,人际关系影响着社会的发展。在现实当中,不同的人具有不同的人际关系表现,对于学前儿童来说也是一样。随着社会的快速发展,当今社会对人的要求越来越高,人们不但需要具备广泛的科学知识、较强的解决问题的能力,还要能够积极主动地适应周围环境,具有和谐的人际关系。因此,在学前儿童阶段就要重视他们的社会性发展,为其以后适应社会打下坚实的基础。

(一) 通过促进学前儿童社会性发展实现儿童的健康、全面发展

人的全面发展是教育的根本目标。人的全面发展包括人的实践活动、社会关系、各种需要、各种能力、潜能素质的全面发展,其中社会性发展是儿童身心健康全面发展的重要组成部分。人处在社会当中,只有积极广泛地参与社会交往活动,实现社会关系的全面发展,才能使人的主体性得到充分发挥,才能使人在良好的人际关系中和谐发展。

一个人要想获得成功,不但在知识和技能上要比别人出众,更重要的是要有坚定的自信心、顽强的毅力等。因此,学校和家庭不但要向儿童传授各种学科知识,还要对他们进行社会性教育,促进其社会化。

合作能力是人适应社会、立足社会的不可或缺的重要素质,如果一个人缺乏与他人合作的精神,那么,他不仅在事业上不会有所建树,就连适应社会都很困难。只有能与他人合作的人,才能获得生存空间;只有善于合作的人,才能获得发展。学前教育阶段是培养儿童合作意识和能力的启蒙阶段,《幼儿园教育指导纲要(试行)》中也明确强调了要培养学前儿童的合作能力,所以注重培养儿童的合作能力是早期教育中不可或缺的一项内容。

(二) 社会性发展是儿童未来发展的基础

学前教育是人一生所接受的系列教育的初始阶段,儿童如果能在学前教育中得到很好的发展,那也就为他日后的发展奠定了基础。随着社会经济和科学技术的不断发展,对儿童进行学前教育已愈来愈被人们重视。

社会性发展是儿童未来发展的基础,儿童的社会性发展直接影响着其未来人格的方向和水平,儿童的社会认知、社会情感和社会行为已初步具有了个人特点,随着年龄的增长,这些稳定的特点在个人身上将进一步明确化、固定化,形成相应的人格特征。因此,对处在可塑阶段的儿童进行良好的社会性教育就显得尤为重要。

自信心作为一种重要的社会性心理品质,是学前儿童良好的心理素质和健康个性的重要组成部分,对儿童的身体健康、和谐发展具有促进作用,幼儿期儿童自信的培养对其以后的生活和工作具有重要的影响作用。有调查发现,许多儿童或多或少都存在着自信心不足的问题,比如,不敢主动要求参加集体活动或其他小朋友的游戏;对自己的能力缺乏信心,害怕与别人比较,特别是怕被别人笑话;缺乏主见,总是跟在能力强的小朋友后面,听从他人的安排;遇到问题,常常害怕、退缩、回避,容易放弃,而不能努力解决;等等。针对儿童所出现的这些问题,教师要帮助儿童建立良好的同伴关系,让他们客观地将自己与伙伴相比较,以促进其自我肯定,树立自信心,为未来的发展奠定一个良好的基础。

第二节　学前儿童的社会性行为

一、社会性行为的界定

社会性行为是人们在交往活动中对他人或某一事件表现出的态度、言语和行为反应。它在交往中产生，并指向交往中的另一方。因此从某种意义上讲，社会性行为也就是具体的交往行为，人们通过社会性行为来实现与他人的相互交往。然而这种交往必须具备一个共同的社会范型，涉及语言、情感表达模式、文化习俗等诸多方面。例如语言是很重要的社会交往的媒介，倘若彼此双方根本听不懂对方表达的是什么意思，那么，这样的交往就是无效的，他们甚至根本无法相互交流。再有，情感表达模式也是如此，如果某个人的情感表达模式不是社会上通用的范型，他的哭就是笑，他的笑就是哭，与别人正好相反，那么他与人交流起来会怎样呢？

根据动机和目的，社会性行为可以分为亲社会行为和反社会行为两大类。亲社会行为又叫作积极的社会行为，它是指一个人帮助或者打算帮助他人，做有益于他们的事的行为或倾向。儿童的亲社会行为主要表现为同情、关心、分享、合作、谦让、帮助、抚慰、援助等。亲社会行为是人与人之间形成和维持良好关系的重要基础，是为人类社会所肯定和鼓励的积极行为。

反社会行为也叫作消极的社会行为，是指可能对他人或群体造成损害的行为或倾向。其中最具代表性、在学前儿童中最突出的是攻击性行为，也称侵犯性行为，如推人、打人、抓人、骂人、破坏他人物品，等等。一旦形成攻击性行为倾向，就很难矫治，而且还会影响到成年以后社会性的发展，这些行为或倾向不利于良好人际关系的形成，还会造成人与人之间的矛盾、冲突，长此以往，儿童很有可能走向违法犯罪的道路。因此，在学前阶段应尽量避免儿童形成攻击性行为倾向。

二、社会性行为的影响因素

儿童的社会性行为受诸多因素的影响，概括起来，主要有生物性因素、家庭教育、社会文化环境等因素。这些因素彼此之间不是孤立的，学前儿童的社会性行为是在它们的共同作用下产生和发展的。

1. 生物性因素

人类的社会性行为有一定的遗传基础。在漫长的生物进化历程中，人类为了维持自身的生存和发展，逐渐形成了一些亲社会性的反应模式和行为倾向，如微笑、合群性等。这些逐渐成为亲社会行为的遗传基础。人们在对某些劳教人员犯罪原因的研究过程中发现，攻击性行为倾向与雄性激素的水平有关，而且男性在受到威胁或被激怒时，比女性更容易产生攻击性反应。同时，幼教研究结果也表明，男女儿童在攻击性上表现出显著的性别差异，男孩的攻击性行为明显多于女孩。另外，人的高级神经活动类型是与生俱来的生物性因素，由于它的不同，人会表现出

不同的气质类型、不同的性格特征,并因此影响到人对现实的态度与交往的方式。研究者发现,胆汁质儿童的攻击性行为出现的频率远远高于黏液质的儿童。因此说气质也是影响社会性行为的重要因素。

2. 家庭教育

根据社会学习理论,年龄较小的儿童经常由于父母、教师奖励亲社会行为而学会分享,表现出助人行为,所以在亲社会行为的社会化过程中,父母的直接教育对亲社会反应的强化起到重要作用。当年龄较小的儿童看到其他人的助人行为时,他们自己会有更多的亲社会行为,特别是看到父母、教师或其他受尊敬的人的亲社会行为,就更是如此。父母在日常生活中经常表现出这样的亲社会行为,并且也为儿童提供了这样做的机会,这就更加有利于儿童亲社会行为的形成。因此,要想培养儿童的亲社会行为,家长必须率先垂范,为儿童做出亲社会行为的榜样,不仅要言传,而且还要身教。家长要营造一个和谐的家庭环境,让儿童感受到人与人之间的平等、互助、尊重与友爱的关系。

3. 社会文化环境

社会文化环境对儿童社会性行为的影响是潜移默化的。如发展中国家对合作和互相关心的行为比较崇尚,而发达的西方国家则更多地鼓励人与人之间的竞争和个人的独立奋斗。不同文化环境对社会性行为的不同态度,通过社会生活的方方面面影响成长中的儿童。尤其是大众传播媒介,如电影、电视、报纸、杂志等对儿童社会性行为倾向的形成具有十分重要的影响。它主要是通过对社会文化和道德价值观的传递,来影响人的社会性行为的形成。儿童更多地通过模仿其中人物的言行,日积月累,内化成自己的言行。因此,大众传媒的主流内容,直接影响着儿童社会性行为的走向。有研究表明,如果儿童观看的动画片多是反映人与人之间互相仇恨、报复、枪战、决斗等含有暴力内容的情节,儿童在潜移默化的熏陶下,攻击性行为会明显增多。如果儿童观看的动画片多是反映人与人之间互相关心、相互帮助等含有友善内容的情节,能为儿童学习和巩固亲社会行为提供直观、生动的榜样,便有助于儿童通过观察、模仿,习得亲社会行为。因此,电视节目对儿童社会性行为的影响,既有积极的一面,也有消极的一面,成人必须对儿童观看电视节目内容的选择加以干预与引导。近些年来,国外引进的不少内容不健康的动画片,已经给我国儿童社会性行为带来不小的负面作用,必须引起人们的高度注意。

三、学前儿童社会性行为的发展

(一) 亲社会行为

1. 亲社会行为的发生

儿童在出生后的第一年,就能通过多种方式表现出亲社会行为,尤其是同情和帮助、分享、谦让等利他行为。研究者发现:5个月婴儿已经开始有认生现象,对他们较为熟悉的人发出微笑,对不熟悉的人表示拒绝。像前者那种积极性行为反应就是他们最初表现出的亲社会行为倾向。当婴儿看到别的儿童摔倒、受伤、生病、哭泣时,他们会加以关注,并表现出皱眉、伤心等,甚至会出现共鸣性情感表现。到了1岁左右,他们还有可能对那些儿童做出一些积极的抚慰动作,如走过去站在他们身旁,或者拉一拉对方的手,或者轻拍或抚摸一下对方受伤的地方等。在日常生活中,当家长为他们买回了好吃的食物时,婴儿会一边吃一边往大人嘴里放,此时已经表现出最初的分享行为。

在人生的第二年,儿童具备了各种基本的情绪体验,在一定的生活环境中越来越明显地表现出同情、分享和助人等利他行为。如在成人的教育下,把自己的玩具拿给别人玩,或者拿出一点食物分给别的小朋友吃。同时,他们开始按照成人所要求的规则,初步了解到什么是可以的,什么是不可以的,从而形成简单的道德规范。亲社会行为的出现与儿童自我意识的发展、社会认知能力的发展关系密切。由于3岁前儿童的自我意识尚处于萌芽状态,因此有人认为真正的亲社会行为在3岁前是不可能出现的,此时所谓的亲社会行为更多停留在情绪反应或属于模仿性助人行为,而真正的亲社会行为如合作、分享等的出现一般要到幼儿时期。

2. 幼儿期亲社会行为的发展特点

随着年龄的增长、生活范围的扩大和交往经验的增多,到了幼儿期,儿童的亲社会行为有了进一步发展,表现出以下特点。

(1)儿童的亲社会行为发展不存在性别差异。王美芳、庞维国对学前在园儿童亲社会行为的观察研究表明:不论小班、中班还是大班儿童,在园亲社会行为均不存在性别差异。这与我国一些通过家长、教师的评定来进行的儿童亲社会行为的研究所得的结论并不一致。这些研究认为,女孩的亲社会行为要多于男孩。他们认为,这一结论与人们传统的性别角色期待有密切的关系,一般的社会文化期待女孩更富有同情心、更敏感,因此应表现出更多的亲社会行为。教师、家长在对儿童的亲社会行为作出评定时难免受性别角色期待的影响。但现实中儿童亲社会行为的性别差异可能比人们想象的要小。

(2)儿童的亲社会行为主要是指向同伴,极少数指向教师。王美芳、庞维国的观察研究表明:学前儿童在园的亲社会行为中88.7%是指向同伴,指向教师和无明确指向对象的亲社会行为较少,仅为6.5%和4.8%。主要原因是,学前儿童的亲社会行为主要发生在自由活动时间。在自由活动时,儿童的交往对象基本上是同伴,而且同伴之间地位平等、能力接近、兴趣一致,因此他们有机会、有能力做出指向同伴的亲社会行为。儿童与教师之间是服从与权威、受教育者与教育者的关系。在儿童与教师的交往中,儿童一般是处于接受教育的地位,更多表现出遵从行为,而较少有机会做出亲社会行为。因此,儿童的亲社会行为指向教师的也较少。

(3)儿童的亲社会行为指向同性伙伴和异性伙伴的次数存在年龄差异。在幼儿园小班,儿童的亲社会行为指向同性、异性伙伴的次数比较接近,这是由于小班儿童对性别角色的认知水平处于同一阶段,他们并不严格根据性别来选择交往对象,因此他们的亲社会行为指向同性伙伴和异性伙伴的次数也就不存在明显差异。而中班和大班儿童的亲社会行为指向同性伙伴的次数不断增多,指向异性伙伴的次数不断减少。这是由于从中班起,儿童的性别角色认知已相当稳定,他们开始更多地选择同性别儿童作为交往对象,因此他们的亲社会行为自然也就更多指向同性伙伴。学前儿童所做出的指向同伴的亲社会行为中,既有指向同性伙伴的亲社会行为,也有指向异性伙伴的亲社会行为。学前儿童的亲社会行为指向同性、异性伙伴的比例随着年龄的增长而变化。

(4)在儿童的亲社会行为中,合作行为最为常见,其次为分享行为和助人行为,安慰行为和公德行为较少发生。在儿童的亲社会行为中,发生频率最高的是合作行为,而其他类型的亲社会行为发生的频率则相当低,其中大班儿童的合作行为所占比例明显高于中班和小班。观察者发现,儿童的合作行为多为儿童间自发的合作性规则游戏。由于受心理发展水平的制约,小班儿童的合作意识、自制能力较差,游戏多为无共同目的的玩耍,合作性的规则游戏较少;中班儿童的合作

意识、自制能力有一定发展,但还不稳定,他们之间的合作游戏有所增多;从大班起,随着儿童合作意识的不断提高、自制能力的不断增强,儿童之间的合作游戏迅速增多。

此外研究者发现,幼儿期儿童安慰行为和公德行为等亲社会行为发生较少的原因是这些行为没有得到及时的强化。因此,儿童进入幼儿园后,教师、同伴对其社会化发展起着重要作用,儿童不可能离开教育而自发成长为符合社会要求的、品德高尚的社会成员。

(二) 攻击性行为

儿童的攻击性是儿童社会性发展中一项非常重要的内容。攻击性行为是他人不愿接受的、出于敌意或工具性目的的伤害行为,这种有意伤害包括直接的身体伤害、语言伤害和间接的、心理上的伤害。攻击性行为在不同年龄阶段的儿童身上都会有或多或少的表现,一般表现为骂人、推人、打人、抓人、咬人、踢人、抢别人的东西等。

攻击性行为从意向性上可以分为两类:敌意的攻击和工具性的攻击。敌意的攻击是有意伤害别人的行为,如一个男孩故意打一个女孩,惹她哭,这是敌意攻击;但如果男孩只是为了争夺女孩手中的玩具而打她,则属于工具性攻击。从心理问题的严重程度来看,前者比后者要严重得多,更需要幼教工作者的关注和引导。

1. 攻击性行为的发生

儿童在1岁左右开始出现工具性攻击行为;到2岁左右,儿童之间表现出一些明显的冲突,如打、推、踢、咬、扔东西等,其中绝大多数冲突是为了争夺物品,如玩具、手巾等而发生的,也有的是为争座位而发生。

2. 学前儿童攻击性行为的特点

到幼儿期,儿童的攻击性行为在频率、表现形式和性质上都发生了很大的变化,具有以下特点。

(1) 学前儿童的攻击性行为有着非常明显的性别差异。观察者发现:男孩的攻击性行为普遍比女孩多,而且他们很容易在受到攻击后采取报复行为,而女孩在受攻击时则表现为哭泣、退让,或是向老师报告,而较少采取报复行动。男孩还经常怂恿同伴采取攻击性行为,或者亲自加入同伴间的争斗。年龄较大的男孩在与同伴发生冲突时,如果对方也是男孩,他们很容易发生攻击性行为,但如果对方是女孩,他们采取攻击性行为的可能性则要少一些。

(2) 中班儿童的攻击性行为明显多于小班、大班。观察者发现:4岁前儿童攻击性行为的数量是随着年龄增长,呈逐渐增多的态势;中班儿童攻击性行为最多,但此后随着年龄的增长,其攻击性行为逐渐减少,尤其是儿童身上常见的无缘无故发脾气、扔东西、抓人、推开他人的行为会逐渐减少。

(3) 儿童攻击性行为表现为以身体动作为主。观察者发现:儿童攻击性行为表现为以推、拉、踢、咬、抓等身体动作为主。小班的儿童,常常为争抢座位、玩具而出手抓人、打人、推人,甚至用整个身体去挤撞妨碍自己的人。到了中班,随着言语的逐步发展,开始逐渐增加了言语的攻击。如在游戏中发生矛盾冲突时,儿童常冲对方嚷嚷"你讨厌""我不跟你玩了";当想得到小朋友的一件玩具而未果时,常会对对方说"你不给我玩,我也不让你玩""我不给你好吃的"……幼儿期儿童这种带有攻击性的语言在人际冲突中表现得越来越多,而身体动作的攻击性行为则逐渐减少。

(4) 攻击性行为以工具性攻击行为为主。观察者发现:幼儿期以工具性攻击行为为主,他们常常为了玩具、活动材料或活动空间而争吵、打架。但是随着年龄的增长,他们也会表现出敌意的攻击性行为,有时故意向自己不喜欢的小朋友说难听的话,或者在被他人无意伤害后,有意骂人或打人、扔玩具等以示报复。

攻击性行为不仅会影响儿童道德行为的发展,而且如果任其发展,并延续到青少年时期,就容易形成攻击性人格。这将严重影响其以后良好人际关系的形成和正常的社会交往,有的甚至还可能转化为犯罪行为。因此,家长和教师应做到以下方面:一是正确认识儿童的攻击性行为。由于整个心理水平、交往方式和自我控制的不成熟,儿童很容易因为玩具和物品而发生矛盾与冲突,产生攻击性行为。二是对儿童的攻击性行为应该有效地加以控制和引导。正确认识和分析儿童攻击性行为的性质,同时教给儿童恰当的交往方式,特别是当自己的愿望、需要与他人发生冲突时,要注意控制自己,以积极、恰当的方式加以解决。

第三节 学前儿童社会性发展的途径

一、亲子交往

(一) 亲子交往的作用

常言道,父母是孩子的第一任老师。儿童出生以后,最初接触到的社会环境就是家庭环境,最初的社会交往就是亲子交往。心理学界早有定论:亲子交往在儿童身心健康发展中具有不可替代的作用。亲子情感是学前儿童与父母相互交流情感的特殊反映形式,是子女对家庭能否满足自己生理、心理需要所产生的内心体验。父母与子女建立良好的亲子关系,能正确地对待学前儿童的需要,适度地满足他们生理和心理的需要,这对学前儿童的健康成长将产生良好的促进作用。具体表现为如下五个方面。

1. 学前儿童安全感形成的重要因素

许多心理学研究表明:儿童只有在童年早期与父母一起生活,才能在其心理深层形成一块"磐石",以后无论走到哪里,只要有这块"磐石",他的心里就是踏实的,即形成了良好的安全感。在《帮你改掉孩子的坏习惯》(方圆电子音像出版社,2002 年)一书中有这样一则事例:"两岁半,男孩。午间休息时,老师发现他每次上床时都拿一根棍子,睡觉时总是抱在怀里,如果把棍子拿走,他就睡不着觉。"3 岁之前,儿童依恋父母(尤其是母亲)并把他们当作自己的保护伞,倘若父母过早地与婴幼儿分开,由于婴幼儿长期缺少这样的保护伞,因此势必要寻找一个替代物,它可以是其他人,也可以是别的东西。本例中的替代物就是棍子。

2. 学前儿童自信心形成不可或缺的条件

儿童在社会化的过程中,规范自己的行为,使之符合社会化模式。由于儿童的自然本能中有许多并不符合社会要求,因此就必须通过教育等方式对其加以抑制。这种抑制的副作用表现在两个方面:一是对儿童的创造性发挥的抑制,二是对其自主行为的抑制。尤其是后者对儿童自信心的形成相当不利。

3. 良好的亲子交往促进学前儿童身心健康

良好的亲子交往影响学前儿童身心健康的发展,具体表现在生理健康和心理健康两个方面,二者是相互联系和相互作用的。如良好的情绪会促进食欲,使学前儿童有饱满的精力可以愉快地参加体育活动。此外,良好的情绪还有利于学前儿童的睡眠、保证机体生物钟的正常运行、促进身体的健康成长。消极的情绪则会影响学前儿童的生理发育,而身体不好的学前儿童的情绪总是比较消极的,影响学前儿童情绪的主要是亲子情感。因此,亲子情感是影响学前儿童身心健康发展的重要因素。

4. 亲子交往影响学前儿童的认知发展

学前儿童的认知发展,有赖于其与周围环境刺激的相互作用。在活动中,学前儿童的各种感官才能充分地与外界发生作用,广泛地感知外部世界,获取信息,从而促进其认知结构的完善和认知水平的提高。亲子交往影响学前儿童的认知发展,主要涉及两个方面:一是提供外部信息刺激的量。表现在父母能否与学前儿童频繁地交往,并为他们创造丰富多彩的环境,包括亲子游戏。二是亲子交往过程中父母对学前儿童认知行为的态度。例如,有些家长认为学前儿童是软弱的、无能的,应该依附于大人。因此,他们对孩子过分保护,事事代替包办,时时控制孩子,总想把孩子握在手心里,置于羽翼下。长期处于这种亲子关系中的儿童,就形成了依赖、怯懦的性格。在生活中他们总是怕这怕那,不敢独立自主地去尝试、去探索。尤其是学前儿童入园之初,对父母过分依赖,无心参与或勉强参与幼儿园的各种活动,会严重地影响幼儿认知水平的提高。

5. 亲子交往影响学前儿童健全人格的形成

人格是一个人所具有的独特的、典型的、持久的各项心理特征的总和,具体表现在气质、能力、兴趣和性格等心理特征上。家庭、教育和社会生活条件等,对学前儿童健全人格形成具有较大的影响,而亲子交往在人格的情绪情感等重要内容的形成上是至关重要的。培养学前儿童健全的人格,必须从对他们情绪情感的培养入手,使其在对待周围事物的态度和行为方式中,表现出热情、乐观、谦和、待人亲切、富有同情心等一系列良好的情绪情感品质。亲子情感能够使儿童情绪稳定,有较好的安全感,能积极地参与各种活动,表现出活泼、开朗、态度积极等良好情绪;缺乏亲子情感则会使儿童表现出消沉、孤独、沉默、胆怯等消极情绪。

在生活中,如果学前儿童心理上产生了不平衡,就迫切需要交流自己的情感,以达到心理平衡。譬如学前儿童受了委屈,在父母那里得不到安慰,愤懑的情绪未能平复,会导致设法报复、躲藏或憎恨别人等不良情绪的产生,长此以往,心理不平衡会严重地影响其人格的形成。近些年来,人们还提出了隐性教育观念,隐性教育主要指的是家庭的物质环境、精神环境、家庭氛围、家长素质、教育观念、家长和儿童关系的类型等。它是一种潜移默化的教育,不管儿童和家长愿不愿意,日积月累的熏陶,就塑造出了儿童的品行、个性。说到教育孩子,许多家长比较注重讲道理、教授知识等言传,却忽视了环境塑造和身教。亲子关系对儿童的作用是多方位的,会直接影响儿童的心理状态,而心态是形成人格的核心因素。研究表明,不同类型的亲子关系对儿童形成不同个性特征有直接的作用。

(二)亲子交往的途径

1. 哺乳

亲子交往是从哺乳开始的。新生儿出生以后,母子触摸、婴儿哭闹、母子对视、母婴气味信号刺激等哺乳活动,不仅可以有效地刺激泌乳系统,更好地分泌乳汁,而且还可以增进母婴感情。长期以来,人们存在着一些错误认识:新生儿出生不久频繁的哭闹会影响母亲休息,于是采取母婴分离的办法,只有在喂奶时才把新生儿送回到母亲身边。甚至有些母亲因担心产后身材走样,干脆不给孩子哺乳。其实,这些做法对母婴间正常的亲子交往是极为不利的。通过哺乳,母婴间交往活动的烙印对儿童长大成人以后深层心理的形成,有着十分重要的意义。

2. 日常生活

日常生活是亲子交往的基本途径。按照我国的教育传统,儿童3岁前的大部分时间一般是在家庭中度过。因此,父母与儿童是应该朝夕相处的。就是在这种朝夕相处的过程中,儿童的社会交往能力才会在生活化场景中得到发展,因为吃饭、睡觉、游戏、教育活动等生活化场景都具有社会交往的职能。

3. 保育活动中的亲子交往

三岁前儿童的保育工作,对儿童的成长发育来说尤为重要,它关系到儿童的身体健康,同时也关系到儿童社会性的发展。因此,日常生活照料中的哺乳、洗澡、营养配餐、抚摸、预防接种等保育活动,也是亲子交往的重要途径。

4. 教养活动中的亲子交往

随着人们生活水平与教育意识的提高,家长们越来越重视儿童教育,望子成龙、望女成凤的心情也日益迫切。不少家长从儿童出生开始,甚至从出生前就开始教育活动。因此,教养活动也同样是亲子交往的重要途径。家长的教育观念、日常行为习惯等都成为无形的亲子交流的资源,父母的教育言行与儿童的接受行为之间,融入了亲子情感和亲子间相互认知、接受等多重交往关系。教养活动中的亲子交往,是儿童心理社会化最重要的影响因素。

(三) 亲子交往的引导

1. 家长必须了解亲子交往的重要性

前面我们已经提到,亲子交往在儿童社会性发展中的作用具有不可替代性。必须让家长认识到亲子关系对于儿童发展的重要性,儿童与父母及整个家庭的关系,是儿童与社会发生联系的一种基本形式。家庭是社会的一个细胞,良好的家庭关系的营造,对儿童社会性的发展有着较大的影响,祖辈的爱和教师的爱不能代替父母的爱。父母对儿童要进行有意识的指导与教育,家长的思想观念、行为习惯和性格特征,都有可能成为儿童潜移默化的教育资源,对儿童的社会性的发展有直接或间接的影响。而这种直接或间接的关系是通过家庭成员共同活动建立的。父母应该与儿童共同生活,相互交往,互相合作,这样才能有效地促进儿童社会性的发展。非母乳喂养或与父母分离的时间过长,会使学前儿童因其情感需要不能得到满足而产生焦虑情绪,从而会给其成年以后身心健康埋下巨大的隐患。因此,必须引起家长高度的重视。

2. 父母应该了解亲子交往的技巧

交往是一种发展亲子关系的手段,通过亲子交往达到建立亲密亲子关系的目的。父母必须具有与儿童交往的能力,同时还要培养学前儿童的交往能力,激发幼儿交往的需要,拓展亲子关系的内容,提高亲子交往的质量。因此,父母应该了解亲子交往的技巧与方法。

(1) 和谐的家庭氛围,是建立良好亲子关系的"土壤"。家庭是亲子交往的最佳场所。父母为了孩子的健康成长,必须努力地去营造一个温馨的家庭氛围,这也是儿童良好性格形成的基本保

证。有什么样的家庭氛围,就能培养什么样的孩子。和谐、温暖的家庭氛围,会培养出性情温和、善良的孩子;在不和睦家庭氛围中成长起来的孩子,性格往往具有暴躁、敌对、不合群、孤僻、自私等特点。值得一提的是,在单亲家庭中,由于父母中一方的缺失,家庭氛围往往相对沉闷。所以单亲家庭的家长应充当起父和母两种角色,多给孩子以鼓励,积极支持孩子同其他同学交往,以培养孩子适应环境的能力;家长自己要以健康的心态来影响孩子,帮助孩子预防和克服自卑心理,使孩子逐步形成活泼向上的性格。

(2) 家长角色的科学合理定位,是提高亲子交往效能的关键。在亲子交往关系中,家长既是儿童的交往对象,同时又是儿童的导师;既是儿童交往时的朋友,也是儿童的支持者、指导者。通过观察、交谈、询问、抚爱等手段,了解学前儿童的各种需要,给予其科学合理的满足与引导,此时家长的角色是十分重要的,切忌以自己的需要代替儿童的需要。如家长想要孩子学钢琴,而孩子本身又不愿意时,不能强迫他去学琴。另外,亲子交往可以分为三个层次:一是应自然人的需要而进行的亲子交往,是最初级的交往,如婴儿期的哺乳过程;二是单方面主动、应答式的交往,如在游戏或生活过程中,学前儿童(或父母)有了疑问向父母(或学前儿童)询问时,询问者为单方面主动,而被询问者则是应答式,此时的亲子交往属于中等层次;三是亲子双方主动的交往,属于高级交往,也是最具效能的亲子交往。随着学前儿童年龄的增加,他们对高级的亲子交往活动越来越感兴趣,家长要把握好这一时机,开展广泛的亲子交往活动。如在旅途、游戏、劳动、学习、购物、访友、看望亲人、郊游等活动中,家长应该有意识地、尽可能多地与孩子相处,以弥补与之接触时间少的缺陷,增进相互的情感。

3. 克服不正确的家庭教养方式

心理学家曾对专制的父母、放任的父母和权威的父母三种不同的家庭教育环境与儿童社会能力间的相关关系进行研究,得出的结论是,不同的家庭教养类型与儿童的性格、情感、人际关系形成、处事能力等均有明显的关系。

专制的父母要求孩子绝对遵循父母所订的规则,不鼓励孩子提问、探索、冒险及主动做事。较少对孩子表现温情,并严格执行对孩子的处罚。这种教养类型在多数情况下对父母而言,可能更省事。但在这种家庭中长大的孩子从小缺乏思考的训练,又未从父母那儿得到温情,他们不懂得如何恰当表达自己的情绪、想法,在人际关系或处事能力上,可能会碰到较多困难。因此,专制的父母为孩子规划所有的事,将孩子训练成听话的机器,并不能帮孩子获取必要的知识技能,他们终究有不能包办孩子一切的时候,那时放手就太迟了。

放任的父母不为孩子立任何规矩,无明确要求,奖惩不明。只给予孩子足够的温情,孩子没有长幼有序的观念,享有很大的自主权。这种类型的父母忽略了教导孩子树立尊重意识,不能适时提供孩子做人处事的基本道理,使得孩子较缺乏自制力。尤其对学龄前儿童来说,父母若不能在言语、行为上有所引导,那么,孩子有如独自在汪洋大海中漂泊,不知该往何处,即使犯错也不自知。所以,给孩子这种自主,反而阻断了他学习做人的机会。因此,放任的父母是不负责任的父母,往往使孩子面对挫折无所适从。

权威的父母以合理、温和的态度对待孩子,他们站在引导和帮助的立场,设下合理的标准,并解释道理。既尊重孩子的自主性和独立性,又坚持自己的合理要求;既高度控制孩子,又积极鼓励孩子独立自主。因此,权威的父母才能培养孩子健全的人格,在这种家庭环境中长大的孩子,从小被尊重,又不乏父母的引导和要求,往往能成为独立而有自信的人。

二、师幼交往

（一）师幼交往概述

师幼交往是指在幼儿园中教师与幼儿（儿童）之间由于教育教学的需要而进行的交往活动。师幼关系就是在师幼交往过程中形成的比较稳定的人际关系，师幼关系不但影响着教育教学活动的过程和效果，对儿童的学习和学校适应造成影响，而且还会通过教师与儿童之间的情感交流和行为交往对儿童自我意识、情绪情感等社会性方面的发展产生重大影响。

师幼交往贯穿于儿童生活的各个环节，是促进儿童全面发展的关键因素，师幼交往体现了教师内在的教育观念和教育能力。

2001年国家颁布的《幼儿园教育指导纲要（试行）》中明确指出："教师应成为幼儿学习活动的支持者、合作者、引导者。"建立民主、平等、和谐、合作、互动的师幼关系是顺利开展教育教学的重要保证。由于儿童行为能力、认知能力发展还不完善，对教师的依赖性还比较大，教师在儿童的心目中处于十分重要的地位，因此，师幼交往是儿童在幼儿园生活中社会交往的重要内容，对其社会性发展具有决定作用。

（二）构建良好师幼关系，促进幼儿发展

教师既是儿童的老师，同时又是儿童的朋友。良好的师幼关系是教学活动宝贵的源泉，是创造优良的育人环境的润滑剂。

师幼关系是儿童与教师之间建立的关系，是儿童与教师一起创建的。和谐的师幼关系是高质量教学的基础和前提条件，它能够为儿童提供良好的学习氛围，也有助于儿童良好的身心素质的发展。建立信任、平等、亲密、友好的师幼关系，能使儿童感到安全、温暖、宽松、愉快，有利于儿童的生活、学习和成长，还能使教育发挥最大的效益和功能，促进儿童全面发展。不和谐的师幼关系则会对儿童的身体和心理产生极大的负面影响，不仅使其精神上感到害怕、紧张，身体上也会出现一些不良的症状。不和谐的师幼关系会使儿童产生否定的内心感受与体验，使其情绪沮丧、低落，不利于学习活动的正常进行。

1. 教师要学会充分关爱和宽容儿童，创造良好的师幼交往氛围

儿童在幼儿园里渴望得到同伴和教师的关爱，如果一个孩子能充分享受到教师的关爱，他就会心情愉悦、积极向上，幼儿园也就变成了他向往的地方。因此，教师应努力为儿童营造爱的氛围，了解儿童生理和心理特点，懂得儿童教育的规律，在对儿童的态度、语言和交往上都体现出教师的关爱。此外，教师还要宽容儿童，理解其内心感受。儿童有着不同于成人的特点和需要，是独立的个体。在交往中，教师不要对他们提出超出其年龄范围的过分的要求。教师要对儿童充满爱心，要在人格上给予儿童尊重，善于用各种适当的方法接触和引导幼儿，实现双向交流沟通。

2. 师幼之间平等互动

教师必须将儿童作为一个真正的"人"来看待，尊重儿童，与儿童建立平等的师幼关系。教师要尊重、信任、热爱儿童，关注儿童的所思所想，关注他们的需要和期望；要避免对儿童控制过严，使儿童完全处于被动地位。

尊重、理解儿童，就需要教师将自己放在与儿童相同的地位和水平线上，"蹲下来"听儿童说话，了解他们的想法。改变居高临下的态度，与儿童保持平等自然的关系，相处融洽，形成同伴、

朋友型的师幼关系,让儿童感受到老师就像自己的伙伴一样。

儿童是学习的主体,儿童的能动性是教育取得成功的决定性因素,没有儿童的主动加工消化,没有儿童的同化、顺应过程,单凭教师的灌输是无法实现教育目的的。师幼之间的平等互动可以激发幼儿活动的主动性,使他们积极投入到各种活动中接受教育。

3. 注重师幼互动中的技巧

(1)与儿童加强交流,帮助儿童认识自己,了解他人。教师要注重与儿童进行眼神的交流。眼睛是心灵的窗户,儿童纯真的心灵毫无保留地反映在他们的眼睛里。教师与儿童随时随地进行的简单而真诚的目光交流会让教师更加及时地掌握儿童的情况,儿童也会感觉到老师关爱的目光,感觉自己受到重视。教师要重视与儿童的无声的交流与互动。教师对儿童点点头、摸摸头、拍拍肩都可以传达特定的信息,这种方便有效的沟通方式可以让师幼之间形成默契的情感交流。

(2)与儿童说悄悄话。用说"悄悄话"的方式和儿童对话,教师与儿童将自己内心的喜、怒、哀、乐讲给对方听,可以让儿童切身感受到教师对自己的信任,增强儿童与教师交流的自信心。在沟通中,教师要注意给儿童表达、倾诉的机会,在儿童诉说的时候,要认真倾听并作出适当的积极的反应,适时地表示内心的接纳和给予适当的建议、帮助。教师如能掌握儿童的好奇心以及渴望被教师关爱的心理,以此来和儿童沟通,通常会有出乎意料的效果。

(3)在游戏中与儿童交流互动。在游戏和玩耍中,儿童是最放松、最自然的。教师可利用做游戏的机会与他们打成一片、玩在一起,用童心理解他们的世界,走进他们的生活。在游戏中,教师要敏感地捕捉儿童的闪光点,及时对他们进行肯定、鼓励,使他们在潜移默化中找到自己努力的方向,进而愉快主动地活动,促进师幼间的情感交流。在游戏中,教师要善于引导儿童对所认识的对象发生浓厚的兴趣,进而让他们产生主动的探索愿望和学习积极性。

(4)给予儿童正确的评价。儿童的自我评价能力较差,他们很容易认同教师的评价,如果教师对儿童的评价内容空泛、缺乏个性,则会降低儿童的自我效能感,容易使师幼关系变得肤浅。教师应该以发展的观点对儿童进行正确的评价,通过表扬来增强儿童的成功感。教师可以有意忽视儿童的不恰当行为,积极关注儿童的恰当行为,从而激励儿童的恰当行为,预防儿童的不恰当行为。此外,教师要对能力强弱有别的儿童一视同仁,给予他们同等的表现机会,进行正面的评价和自信心的培养,为儿童正确认识和评价自己奠定基础。

三、同伴交往

(一) 同伴交往的现状

目前,独生子女家庭较多。独生子女没有兄弟姐妹,缺少一起玩耍、相互交往的同伴,这对他们的社会性发展是极为不利的。可以说,儿童已经处在了成人关系网的笼罩之下,他们整天接触的都是大人。在与成人交往过程中,其实存在一种不平等的关系,儿童的所有事情,都被大人们安排得井井有条,根本不需要他们自己去思考,衣来伸手,饭来张口,生存本能被弱化,生活能力没有形成。此外还有身心早熟的隐忧,以及因此而形成的"小大人"的性格。因此,有专家建议:家长在选择居所时必须考虑与公园、学校、广场等有小朋友经常玩耍的公共娱乐场所靠近等因素,给孩子更多的机会与同龄伙伴接触,这有利于儿童交往能力的发展。由此看来,学前儿童的同伴交往是很重要的。

（二）同伴交往的意义

儿童与同龄伙伴交往，能够促进其身心全面发展。这主要是由同龄伙伴生理、心理与认知经验的相似性决定的。有人说，只有儿童能够懂得儿童的心理，确实如此。研究者曾经观察到这样的情景：两个妈妈分别抱着自己不满周岁的宝宝在一起聊天，忽然发现两个孩子也在用特殊的方式进行交流，一个宝宝笑了笑，另一个宝宝也笑了笑；一个宝宝发出了一种怪声，另一个宝宝也发出了一种怪声……这说明同龄伙伴认知的同步性，使他们沟通起来十分容易。而我们成年人却很难了解他们内心的所思所想。因此说，儿童与同龄伙伴交往，更能够促进其身心全方位的健康发展。

按照游戏的生活准备理论，儿童在童年所参与的各种游戏活动都是为其成年以后做准备的。同龄伙伴认知的同步性，决定了同伴交往影响的有效性。由于其生理、心理的现有水平与同龄人更为接近，所以在对同一事物的认识过程、情感体验以及目的性、自控能力等方面极易产生共鸣。尤其是在社会化行为规范的形成上，具有同步进程。如当儿童间产生矛盾或冲突时，我们成年人总习惯这样教育自己的孩子："你是大哥哥（姐姐），应该让着小弟弟（妹妹）。"这种暗示可能对两个儿童形成不同的影响与结果：一方觉得我是大哥哥（姐姐），我只好吃亏了，时间久了有可能形成大哥哥（姐姐）性格倾向；而另一方则觉得我是小弟弟（妹妹），他应该让着我，日积月累有可能形成小弟弟（妹妹）性格倾向。其实，这种教育方式并不利于儿童形成解决矛盾或冲突的能力，换句话说，不具有交往影响的有效性。

（三）同伴交往的方式

1. 游戏

游戏是学前儿童的主导活动。在同伴交往中，游戏仍然具有其他活动不可替代的地位与作用。游戏对学前儿童心理的发展有极其重要的影响，尤其是在合作游戏过程中，他们互相讨论情节，分配角色，确定共同遵守的规则，有时还想象能用什么东西替代游戏中一定要用的真实物品。在游戏中儿童始终处于积极主动的状态，探索各种事物的性质、作用和关系，从而能够更加深入细致地理解现实事物，发展他们的感知、注意、记忆、想象、思维、语言。同时，游戏还可以很好地促进其社会性的发展。

儿童游戏活动从简单到复杂可分为六种，即随心所欲的行为、旁观者行为、单独游戏行为、平行游戏行为、联合游戏行为、合作游戏行为等。随心所欲的行为主要是指儿童不是在做游戏，而是在注视偶尔碰到引起他兴趣的事情，比如看到一个好玩的玩具自己就摆弄起来。旁观者行为是指儿童观看其他儿童的游戏，有时还与正在游戏的儿童谈话、出主意、提出问题，但自己并不参与游戏。单独游戏行为是指儿童一个人专心致志地从事自己的游戏活动，根本不注意别人在干什么。平行游戏行为是指儿童各自从事自己的游戏活动，彼此互不影响。联合游戏行为是指儿童在一起玩同样的或类似的游戏，但每个人可以按照自己的意愿玩，没有明确的组织与分工。合作游戏行为是指为了达到某个具体目标，多个儿童参与游戏。游戏时有领导、有组织、有分工，游戏成员有属于这个小组或不属于这个小组的明确的意识。这种游戏中，儿童参与社会交往的程度相对较高，有助于培养儿童的合作精神和协调人际关系的能力。

2. 共同活动

主要是指要求幼儿园或班级所有儿童共同参与的学习、劳动、体育活动等。这种活动的特点是，有共同的目标、统一的意志、共同的活动内容、共同的活动过程、共同的活动结果等。它要求

儿童共同参与,相互合作。这种活动应该是最能促进儿童社会性发展的活动。

3. 随机交往

在幼儿园生活中,除了正常的集体活动之外,还有许多儿童自己自由活动的时间与机会。如在早晨入园、下午等待父母来接的这段时间,他们可以和自己喜欢的小朋友一起谈话、搭积木等。儿童之间的这种交往就属于随机交往。它的最大特点就是随意、随机、随便。这种交往有助于培养儿童之间的"私人感情",加深他们之间的相互了解,进而建立各自的社会小群体。教师可以抓住时机,促进儿童良好行为习惯的形成,同时也可以发展他们与人交往的技巧。

第四节　学前儿童品德的发展

一、学前儿童品德的概述

1. 定义

品德是个人依据一定的社会道德规范,在行动时所表现出来的心理特征和倾向,是社会道德在人身上的具体化。学前期是一个人个性、品德开始形成的重要时期,错过这个时期,许多良好的品性就很难形成。因此,培养儿童的道德品质是极为重要的。

2. 社会性与品德的关系

社会性是人的心理社会化的内容和结果,是从自然人向社会人转化过程中所获得的特征总和。它涉及个人社会生活中的各种属性,如情感、性格、交往、社会适应等。品德则是个人依据一定的社会道德规范行动时所表现出来的心理特征和倾向,是社会道德在个人身上的具体表现。因此,品德是个人社会品质的核心,不可能涵盖所有个人生活的社会属性,它只能包含在社会性之中,品德教育也只能包含在社会性教育之中。

儿童社会性发展中的诸多内容尚不涉及社会伦理道德,是品德概念无法涵盖的(在许多版本的《学前儿童心理学》中,并没有"品德"这一章内容)。由于学前期儿童心理的发展,要为儿童今后一生奠定基础,如自我服务、自我保护的意识与技能,对其生活能力、独立性、勇敢品质和抗挫折能力的形成,都有着十分重要的意义,因此,虽然品德作为幼儿发展目标中的一部分,不能等同于社会性发展,品德教育也不能替代社会性教育,但是我们依然不能把社会性与品德割裂开来。

二、学前儿童品德的发展

1. 儿童早期道德行为的萌发

儿童出生后的前一两年,主要是通过感知觉与身体动作逐步认识周围的人和事物,并逐步对自己和他人产生各种情感。这是他们道德行为的萌芽,也是社会性发展的起步。

2. 学前期儿童品德的发展

儿童入园以后,随着他们的生活、社会交往范围扩大,他们的心理水平不断提高,道德认识、道德情感都有了很大的发展,道德行为逐渐增多。小班儿童虽然在认识和情感的发展上,比婴幼儿有所提高,但他们还要受成人的指导、安排和左右,因而他们对成人形成一种单方面的尊重,具体表现为服从成人的意愿。此时儿童已经表现出了最初的道德感。到了中大班以后,他们能够根据成人提出的标准决定自己的行为,即表现出"我要做什么",而且也能够根据自己的道德标准,判断自己或别人的行为是"对"还是"不对"。

学前儿童的行为自制力较差,有的儿童虽然能够说出正确的做法是什么,但是在实际行动中却做不到。另外在整个幼儿期,其社会性行为都处于他律阶段,因此,应寓品德教育于日常生活之中,采用生动活泼、形式多样的教育活动,使儿童萌发对祖国的爱,养成讲文明、讲礼貌的好习惯,培养其诚实、讲真话、勤劳、俭朴的好品质,培养其勇敢、坚强、活泼、开朗的性格,最终形成符合社会要求的优良品德。

思考与练习

1. 什么是社会性？学前儿童社会性发展的内容是什么？
2. 如何对待学前儿童的攻击性行为？
3. 学前儿童的亲子交往有什么意义？
4. 如何构建良好的师幼关系促进儿童发展？
5. 同伴交往对学前儿童的影响是什么？

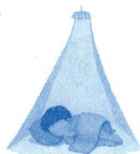

第十章

学前儿童的个性

第一节　个性心理特征概述

在日常生活中，"个性"是一个常用词。例如，人们常说"这个人很有个性"，指的是这个人与众不同；人们也说"要发展儿童的个性"，指的是使儿童的特点得到充分的发展。总之，日常我们讲的个性，指的是人的个别性、特殊性或个别差异。而心理学中的个性则是指一个人全部心理活动的总和，或者说是具有一定倾向性的各种心理特点或品质的独特结合。

个性既不是天生的，也不是人在出生后就立即形成的，而是逐步形成和发展起来的。个性是在个体的各种心理过程、各种心理成分发生发展的基础上形成的。个性形成的过程是漫长的。2岁左右，个性逐渐萌芽。3—7岁是个性形成过程的开始时期。

我们说幼儿期是个性开始形成的时期，其根据是这一阶段已经明显地出现了个性所具有的各种特点；个性的各种结构成分，特别是自我意识和性格、能力等个性心理特征已经初步发展起来；有稳定倾向性的各种心理活动已经开始结合成为整体，形成个人独特的个性雏形。但是学前儿童的个性，离个性的定型还很远。直到成熟年龄，即大约18岁左右，个性才基本定型，而人的个性定型以后，还可能发生变化。

个性是一个复杂、多侧面、多层次的动力结构。它包括了一个人的气质、性格、能力、动机、志向、兴趣、信念和人生观等。此外，个性还包括自我意识。

本节着重分析最突出地表明人的心理的个别差异表现，即气质、性格和能力。

一、气质概述

（一）什么是气质

气质俗称"脾气""性情"，是一个人所特有的心理活动的动力特征。它表现为心理活动的速度（如言语速度、思维速度等）、强度（如情绪体验强弱等）、稳定性（如注意力集中时间长短）和指向性（如内向或外向）等方面的特点和差异组合。它使人的整个心理活动带上个人独特的色彩，制约着心理活动的进行，并直接影响个性的形成与发展。

气质在很大程度上受到先天和遗传因素的影响,和人的解剖生理特点有直接联系。中医认为,"气,生于内而形于外,藏于里而现于表",气质就是人固有的"内气"在外貌和言行中的体现。儿童生来就具有个人的气质特点。

气质的先天性质决定了它是人的个性中最为稳定的特性。这种稳定性主要表现在两方面:(1)无论从事何种活动,一个人的气质特征总会或多或少地表现出来,不会因活动的具体目的、动机或内容不同而有所改变。例如,一个好激动的学生不仅会在讨论问题时大声与人抗辩,在考试前寝食不安,即使看电影、电视,往往也沉不住气,大声惊叫或叹息不已。(2)气质特征不会随个人年龄的增长而发生很大的变化。夏埃弗和拜莱的研究证明,儿童在内向或外向方面表现出来的气质特点,可以一直延续到他们成年。日常生活中也不乏这样的例子,一些分别了几十年的童年时代的朋友,彼此身材相貌都发生了极大的变化,但气质表现还一如当年,以至正是从气质特征上才能找回彼此旧日的痕迹。但是,气质的稳定性并不意味着它绝不可改变,对于每个人来说,可能会因生活条件、社会环境和身体健康状况的强烈转变而引起气质的改变。所以,气质只在童年时才表现得最为单纯,人受社会的影响越大,气质被改造的可能性也越大。

气质并没有好坏之分,只表明人们行为进行的方式各有差异,如同河水的流动:平原上的河水流动平缓,回环婉转;而高山上的河水水流湍急,一泻千里。气质仅是构成每个人心理独特性的最原始成分,是人的性格和能力发展的前提之一。不同气质类型的人都能以自己特有的动力特征成为对社会的有用之才。

(二)气质类型及其表现

1. 气质的类型

古希腊医生希波克利特对气质的分类方法历时久远,一直影响至今。他认为个体内有四种体液,其分布多寡构成了人的气质差异:有的人易激动,好发怒,不可抑制,是由于黄胆汁过多,这种人属于"胆汁质";有的人热情,活泼好动,是由于血液过多,属于"多血质";另有一些人敏感、抑郁,是由于黑胆汁过多,属于"抑郁质";还有一些人冷静、沉稳,是由于黏液过多,属于"黏液质"。虽然,希波克利特用体液来解释气质成因有点牵强附会,但他把人的气质分为四种基本类型则比较切合实际,心理学上一直沿用至今。

巴甫洛夫通过实验研究,发现四种高级神经活动类型,与希波克利特提出的传统的气质类型相吻合。他是根据高级神经活动三种基本特性的结合来划分气质类型的。

高级神经活动的三种基本特性:

(1)神经过程的强度。这是指兴奋和抑制的强度,即神经细胞所能承担的刺激量,以及神经细胞工作的持久性。

(2)神经过程的平衡性。这是指兴奋和抑制两种神经过程之间强度的对比。兴奋强于抑制或抑制强于兴奋,都是不平衡的表现。

(3)神经过程的灵活性。这是指神经细胞的两种神经过程转换的速度。

高级神经活动基本特性不同的结合,可以形成四种高级神经活动类型。其中三种是强型,一种是弱型。强型又可分为平衡型与不平衡型,平衡型再可分为灵活型与不灵活型。(图10-1)

弱型:兴奋和抑制过程都很弱。外来刺激对它来说大都是过强的,因而使其精力迅速消耗,难以形成条件反射。

123

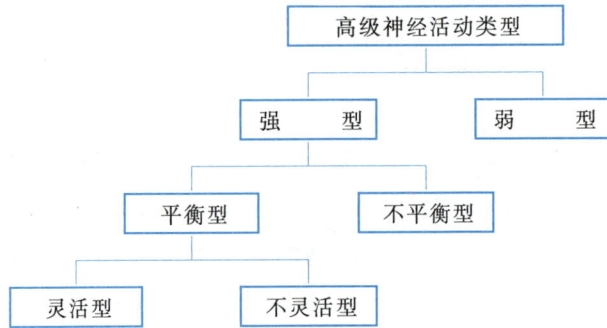

图 10-1　高级神经活动类型

兴奋型：是强而不平衡的类型。其特征是容易形成阳性条件反射,但难以形成阴性(抑制性)条件反射。

安静型：强而平衡,但不灵活,反应迟缓。

活泼型：强而平衡又灵活的类型。

以上四种是高级神经活动的典型分类。实际上存在的类型是很多的。有的研究区分为十种类型。

上述高级神经活动类型是人和动物所共有的。巴甫洛夫提出,人的大脑皮层的神经系统活动还有第一和第二信号系统之分。由此还可以分为第一信号系统占优势的类型(艺术型)和第二信号系统占优势的类型(思维型)以及中间型。

2. 气质的表现

高级神经活动特性在人的心理活动和行为中的表现,可以从下列五个方面来看。

(1)敏感性。即对刺激物的感受性,是神经过程强度的表现。强型的人,其敏感性比弱型者低。

(2)耐受性。即对外界刺激作用时间和强度的耐受程度。如注意集中的持久性,对长时间智力活动或操作活动的坚持性,对强刺激的耐受性,等等。弱型的人耐受性较差。神经过程平衡和有一定惰性的人耐受性较强。

(3)敏捷性。包括不随意动作的反应速度和一般心理反应及心理过程进行的速度。如说话的速度、记忆的速度、思维的敏捷程度等。神经过程强和灵活的人,反应速度较快。

(4)灵活性。即对外界环境适应的难易程度,如对新事物是否容易接受、情绪的转变、注意的转移、在接触新环境和陌生人时是否拘束等。

(5)外向或内向。反映了神经过程平衡性问题。兴奋强的人容易外向,抑制强的人容易内向。

根据上述五个方面的表现,可以把儿童划分为各种气质类型。下面列表简要说明四种气质类型的特点(如表 10-1)。

表 10-1　四种气质类型

神 经 类 型	气 质 类 型	心 理 表 现
弱	抑郁质	敏感、畏缩、孤僻
强、不平衡	胆汁质	反应快、易冲动、难约束
强、平衡、惰性	黏液质	安静、迟缓、有耐性
强、平衡、灵活	多血质	活泼、灵活、好交际

气质的分类是相对的。在现实生活中,并不是每个人都能完全归入某个气质类型,非此即彼。因为除了少数人具有四种气质类型的典型特征外,大多数人都属于中间型或混合型,即只是较多地具有某一类型的特点,却也同时兼有其他类型的一些特点。

二、性格概述

(一) 什么是性格

性格是个性中最重要的心理特征,是指人对现实稳定的态度以及与之相适应的习惯化了的行为方式。像勤劳、懒惰、坚毅、慷慨、正直、谦虚这些便标示了人的性格特点。

对于性格的定义,我们可作如下解释。

(1) 性格是人在现实社会中形成的个性品质,它经常与个体的价值观、信念、需要等个性倾向性相联系。由于行为后果总会造成相应的社会影响,所以人们常用社会道德标准来评价性格。符合大多数人的利益、有益于社会的性格,如正直、慷慨、与人为善等被认为是好的;而不符合大多数人利益、危害社会的性格,如懒惰、吝啬、见利忘义等则被认为是坏的。因此,性格常常与人的道德品质相关,受到好坏的评价。

(2) 性格是一组能展示个人独特风格的心理特征之总和。例如,某一个人对待他人热情、诚恳;对待工作精益求精,任劳任怨;对生活严肃认真且显得有些刻板固执。从这些方面,我们可以看出他的一个统一风格,这些心理特征之总和即构成了性格。因此,心理学界有人认为,性格是个性心理特征的重要方面,在个性中占有核心地位,代表人的个性本质的还是他的性格特征。人的个性差异首先是性格的差异。

(3) 性格具有相对的稳定性。个体一旦形成某种性格,便会时时处处都表现出统一的态度或行为方式。一个吝啬的人,会处处表现得斤斤计较;而一个鲁莽的人,也总是要冲撞别人。但是这种性格既然是后天习得的,在特定的情境要求下人也会逐步改变自己旧有的性格特征,获得新性格。例如,一个性格怯懦、胆小怕事的人,由于生活的锻炼,会变得越来越胆大且自信起来。由于性格是人对现实稳定的心理特征倾向,所以偶尔表现出来的态度或行为不能被视为性格,只有那些经常表现出来的态度行为才能被称为性格。

(二) 性格与气质

性格与气质彼此有区别又有联系。

1. 性格与气质的区别

性格与气质的区别主要表现为:(1) 气质主要是先天获得的,较难改变,也无好坏之分;而性格则主要是后天养成的,有可塑性,可以按照一定社会评价标准分为好的或坏的。(2) 气质与性格彼此具有相对独立性,同种气质类型的人(如多血质)可以具有不同性格特点(如有的慷慨大方,有的吝啬尖刻);不同气质类型的人也可以有类似的性格特点。

2. 性格与气质的联系

性格与气质又有密切联系:(1) 不同气质可以使各人的性格特征显示出各自独特的色彩。如多血质的人用热情敏捷来表现勤劳,而抑郁质的人则以埋头苦干来展示这同一性格特征。(2) 某一气质会比另一气质更容易促使个体形成某种性格特征。如黏液质的人比胆汁质的人更容易养成自制力。(3) 性格也可以在一定程度上掩盖和改造气质。一位黏液质的教师会由于多年从事

幼儿教育工作,而渐渐变得活泼、开朗。

三、能力概述

(一) 什么是能力

能力是直接影响人的活动效率的心理特征,它是使活动任务得以顺利完成的必备心理条件。例如,想要唱好歌,就必须具备旋律感、节奏感等音乐能力;而想要成为一名受学生欢迎的好老师,就需要具有良好的言语表达能力、教学组织能力等与完成教学任务相关的能力。

就活动而言,单一的能力是不足以完成某种活动的,需要多种能力相结合。在各种能力组合中,可能有些能力占据更加突出的地位,起着更重要的作用,尤其在一些简单活动中更是如此。我们通常所谓的才能就是多种能力的独特结合,使之能够最有效地去完成某种活动。才能的高度发展即天才。天才并不表示一个人的全部能力超群,而只是指他在特定的活动领域中是表现非凡的。如莫扎特是音乐天才,但并不表明他在其他活动中也能表现出同样的才华。

(二) 能力的种类

1. 运动、操作能力和智力

(1) 运动和操作能力,是指体育运动、生产劳动、技术操作等方面的能力,是手脑结合、协调自己动作并掌握和施展技能所必备的心理条件。

(2) 智力,是指人认识事物的能力,是人们完成活动所必须具备的最基本和最主要的能力。包括感知力、记忆力、思维力、想象力等。

运动和操作能力的发展,与智力的发展是不可分割的,智力的发展需要通过运动和操作来表现,而运动和操作能力的发展水平越高,越是依靠智力的支配,特别是在两岁以前,智力发展与动作的发展难以区分。

2. 一般能力和特殊能力

(1) 一般能力,是指为各种不同类型的活动所必需的能力。包括一般的运动、操作能力和智力。

(2) 特殊能力,是指为某种专门活动所必需的能力。如音乐能力、绘画能力、数学能力等。

一般能力和特殊能力的划分是相对的,实际上,特殊能力就是一般能力在具体活动中的具体化。例如,数学推理运算能力、绘画感知能力等特殊能力就是一般思维能力与感知力的特殊化形式。所以,特殊能力总是建立在一般能力的基础上,并与一般能力相互包含着。对特殊能力训练的同时,也就发展了一般能力。

(三) 能力与知识、技能

能力不同于知识和技能。能力是人在从事某种活动中表现出来的多种心理品质的概括化,而知识则是来自人类社会历史经验的总结和概括,是对客观事物的规律性的认识。它使我们在应付相同的生活情境时可以减少挫折。技能是个人在自己的心智活动及生活实践中经过反复尝试和练习而逐渐习惯化了的、熟练的行为方式。能力与知识、技能密切相连,对这三者的协同作用,才使人们得以顺利地完成活动任务。

概括起来,能力与知识、技能的相互关系主要表现为以下三个方面。

第一，能力是掌握知识、技能不可缺少的前提。人们依靠自己的感受能力才得以获得各种丰富的感性知识，并在抽象、概括、判断和推理能力的基础上，去领会和掌握各种理性知识。例如，一个学生在推理和计算方面的能力，使得他有可能掌握数学知识。

第二，能力的高低影响着掌握知识、技能的难度、速度和程度，并影响对知识、技能的运用。例如，同一个班级的学生，虽然接受到同样的教育教学，但对知识的掌握、领会程度可能有很大的差别。这种差别除了与他们原来的知识水平、用功程度有关之外，也还包含了能力方面的差异。

第三，知识、技能的掌握也会对能力的发展起到促进作用。如果一个学生在语文知识和写作技巧方面掌握较多，那么他的写作能力也会相应提升。同样，丰富的数学知识也可以使一个学生的计算、推理能力得到提高。

能力与知识、技能虽然关系密切，但并非存在绝对的因果制约性。也就是说，能力的高低还受到个性等其他因素的影响。例如，一个中等智力水平的学生，由于勤奋和努力，他的学习成绩超越常人；而在成绩一般的学生中，也许包含着不少智力优秀的人。可见，能力只是个体完整个性心理的一个组成部分。

第二节　学前儿童的气质

一、学前儿童气质的发展特点

（一）儿童气质即表现出的个别性

从来到这个世界之始，不同儿童就表现出了明显的差异。布拉泽尔顿（Brazelton, T. B.，1969）根据儿童的活动水平、生理机能的规律性等指标，把儿童分成三种气质类型：一般型、活泼型、安静型。

典型的活泼型儿童是名副其实地"连哭带喊"地来到人世的。他不像一般儿童那样要靠外力帮助才哭，他等不及任何外界刺激就开始呼吸和哭喊。护士给他穿衣服时他大喊大叫，脚挺直，或用脚踢，用手推开护士。他睡醒立即哭，从深睡到大哭之间似乎没有过渡阶段。每次喂奶对母亲来说都是一场战斗。

安静型儿童从出生开始就不活跃。出生后安安静静地躺在小床上，眼睛睁得大大的，四处环视。他很少哭，动作柔和、缓慢。第一次洗澡也只是睁大眼睛，皱皱眉，没有惊跳也没有哭，甚至打针时也很安静。

一般型儿童介于前两者之间。大多数儿童属于这一类。

活泼型和安静型儿童的父母常常忧虑孩子的身心是否正常。布拉泽尔顿强调指出，儿童的气质是各有不同的，但这些儿童都是正常儿童。

（二）儿童气质的变化

如前所述，儿童出生时已经具备一定的气质特点，这些特点在整个儿童时期是相对稳定的。

微课 10-1：
气质的类型
及教育

拓展阅读 10-1：
气质类型测
试量表分析

但是,气质也不是不变的,因为人的高级神经活动的特点有着高度的可塑性,而学前儿童的神经系统正处在发育过程中,其气质的形成也往往是先天和后天的"合金"。

有时,气质类型并没有变化,但是受环境影响而没有充分表露,或改变其表现形式,这在心理学上称为气质的掩蔽。如一个儿童的行为表现明显地属于抑郁质,但神经类型的检查结果是"强、平衡、灵活型"。究其原因,发现这个儿童长期处于十分压抑的生活条件下,这种生活条件下形成的特定行为方式掩盖了原有的气质类型表现,而出现了委顿、畏缩和缺乏生气等行为特点。不过,年龄越小的儿童,气质掩蔽的情况越少。

二、根据儿童的气质类型进行教育

气质无所谓好坏,但是由于它影响到儿童的全部心理活动和行为,如果不加以正确对待,将会成为形成不良个性的因素。研究儿童气质的意义在于:第一,使成人自觉、正确地对待儿童的气质特点;第二,针对儿童的气质特点进行培养和教育。

(一)成人对儿童的抚养和教育措施,必须充分考虑到每个儿童的气质特点

由于每个儿童出生时的气质特点各不相同,父母应主动地使自己的行为节律与儿童的行为节律相适应。比如,对弱型儿童应格外细心照料,多加鼓励。对于难以适应新环境的儿童,在送入托幼机构的过程中更应该多加帮助。同时又要注意引导儿童的行为循着社会所要求的方向发展。这些对儿童良好个性的形成都是十分重要的。

(二)要善于理解不同气质类型儿童的不足之处

尽管我们说气质类型无所谓好坏,但作为个体的行为特征,在社会生活中会表现出适宜或不适宜的情况。例如,黏液质的儿童自制力较强,有耐心,但不够活泼,迟缓,执拗;抑郁质的儿童细致,但怯懦、易退缩;多血质的儿童显得活泼开朗,机敏灵活,但有时不够踏实;胆汁质的儿童倾向于大胆、坦率、热情,但又有些爱逞能,易粗心,莽撞。

作为教师要善于利用每一气质类型的积极方面,给儿童提供充分表现的机会,同时,对于他们气质中所表现出来的不尽如人意之处,也要表现出充分的理解,并考虑采取更有策略性的方法来对待。

(三)要巧妙地利用不同气质类型儿童的心理特点因势利导

例如,对于抑郁质的儿童,由于他们比较敏感,不宜在公开场合点名指责,要多表扬其成绩,培养其自信心,激发其活动积极性;而对胆汁质的儿童也要注意不宜针锋相对去激怒他们,要教会他们自制,并逐步养成安静、遵守纪律的习惯;而对多血质的儿童,要培养其耐心、专心做事的习惯;对黏液质的儿童,要引导他们多和其他儿童交往,鼓励他们多参加集体活动。虽然这些道理容易被人接受,但巧妙地加以运用还是一门需要不断学习的教育艺术。

(四)要注意和防止一些极端气质类型儿童的病态倾向发展

抑郁质和胆汁质儿童,如果稳定性发展过差,不能很好地控制自己,便会表现出一些病态倾向。通常抑郁质儿童在极不稳定情况下易发生像紧张、胆怯、恐惧、强迫等具有神经焦虑症倾向的障碍;而胆汁质儿童的极端化发展则可能与一些更具有攻击性和破坏性的行为有关。教师要学会分辨一些基本的心理障碍倾向,采取科学的态度慎重对待它们。

第三节　学前儿童的性格

一、学前儿童性格的萌芽

（一）学前儿童性格的最初表现是在婴儿期

儿童的性格是在先天气质类型的基础上，在儿童与周围环境相互作用过程中形成的。一般来说，母子关系在婴儿性格的萌芽过程中，起着最重要的作用，母亲的良好照顾，使婴儿从小得到安全感，形成对母亲的信任与依恋，为以后良好性格的形成打下基础。

儿童2岁左右，随着各心理过程、心理状态和自我意识的发展，出现了性格方面的最初差异，主要表现在以下四方面：

1. 合群性

在儿童与伙伴的关系方面，可以看出明显的区别，如有的儿童比较随和，富于同情心，看到小伙伴哭了会主动上前安慰，当发生争执时，较容易让步；而另一些儿童存在明显的攻击性行为，如在托儿所，一般每个班里都有几个爱咬人、打人、掐人的儿童。

2. 独立性

独立性是在婴幼儿时期发展较快的一种性格特征，独立性的表现在2—3岁变得明显。独立性强的儿童可以做很多事情，如有些儿童在2岁多时就可以用筷子吃饭、自己洗手等，而有些儿童吃饭还得大人追着喂；有些儿童可以独自睡觉，而有些儿童离不开大人，表现出很强的依赖性。

3. 自制力

到3岁左右，在正确的教育下，有些儿童已经掌握了初步的行为规范，并学会了自我控制。如不随便要东西，不抢别人的玩具，当要求得不到满足时也不会无休止地哭闹；而另一些孩子则不能控制自己，当要求得不到满足时就以哭闹为手段，要挟父母。

4. 活动性

有的儿童活泼好动，手脚不停，对任何事物都表现出很强的兴趣，且精力充沛；而有的儿童则好静，喜欢做安静的游戏，一个人看书或看电视等。

儿童最初性格的差异还表现在坚持性、好奇心及情绪等方面。

（二）成人的抚养方式和教育在儿童性格的最初形成中有决定性意义

研究发现，儿童的气质类型对父母的教养方式有较大影响。父母对待不同气质类型儿童的行为方式是不同的。比如性急的婴儿饿了立刻大哭大闹，这使成人不得不马上放下其他事情，急忙给他喂奶。而对那些饿了只是断断续续地细声哼哼唧唧的婴儿，成人则可能把手头的事情做完，再去喂奶。日积月累，前一种儿童可能形成不能等待别人，自己的要求必须立即满足的态度和行为习惯，而后一种儿童则可能形成自制的性格特征。又如，成人自己总是，而且要求儿童东西要放得整整齐齐，衣服扣子要扣好，手脏了立刻去洗，等等，这种耳濡目染的周围现实使儿童在

潜移默化中形成了逐渐稳固的态度和行为习惯,也就是喜整洁、爱劳动等性格特征的萌芽。再比如,儿童看见糖就拿过来吃,甚至大把大把地抓到自己身边。这时如果不加以教育,反而报以赞赏的表情和语言,那么就会使"独占"的种子得以孕育。反之,如果经常注意引导其同众人分享,则可以为良好的性格特征的形成打下基础。

二、学前儿童性格的年龄特征

个性的独特性和典型性是辩证统一的。每个儿童固然有个人独特的性格,相同年龄的儿童又有共同的性格。年龄越小,性格的共同性越是明显。因为性格是在生活实践中形成的。年龄越大,人与人之间生活经验的差异越大,由此导致的性格差异也越大。学前儿童由于生活时间和生理发育的限制,其生活经历的共同性很多,因此性格的共同性也很大。

幼儿期学前儿童的典型性格也就是学前儿童性格的年龄特点。学前儿童最突出的性格特点表现如下。

(一) 好动

学前儿童总是不停地做各种动作,不停地变换活动方式。在一般情况下,他们并不会因为自己的不断活动而感到疲劳,而往往由于活动过于单调和枯燥感到厌倦。健康的学前儿童如果在活动方面得到满足,他们总是情绪愉快。好动的特点和儿童身体发育的特点有关,活动方式多变化是儿童生长发育的需要。作家冰心曾说过:"淘气的男孩儿是好的,调皮的女孩儿是巧的。"

儿童好动的性格特征,在幼儿期逐渐和其他品质相结合。好动的特征本身,使儿童较易形成勤快、爱劳动的良好性格倾向。儿童喜欢跑跑跳跳,走来走去,搬动东西,参加各种力所能及的劳动。在成人指导下做事,他感到自豪;但是如果成人对儿童自己做事的限制和干涉过多,或经常包办代替,则会导致儿童在幼儿期形成懒惰的性格倾向。

(二) 好奇、好问

学前儿童的好奇心很强。他们什么都要看看、摸摸,许多事物对儿童来说都是新奇的。他们对新鲜事物非常感兴趣。在好奇心的促使下,儿童渴望试试自己的力量,尝试去做大人所做的事情。一些被禁止的事情,儿童往往也要去试试看。

儿童好奇心强和他们的知识经验贫乏有关。好奇心是定向反应的一种,是一种认识兴趣,表现为要求了解自己所不知道的事物,即新奇或矛盾的事物。初次接触的事物使儿童产生好奇心,由于知识经验贫乏,对他们来说,新奇事物为数很多,同时,事物的变化与自己的预期有出入,即构成引起好奇心的"矛盾"。

好奇心导致思考和探索的倾向。儿童的好奇心往往表现在探索行为和提出问题上。儿童的探索行为比较外露,一般不仅用视线来回地扫视,而且加上用手去摆弄。

好问,是学前儿童好奇心的一种突出表现。儿童天真幼稚,对于提问毫无顾忌。他们经常要问许多个"是什么"和"为什么",甚至连续追问。他们总想试探着去认识世界,弄清究竟。作为个案,王瑜元(1985)记录了她的儿子从4岁半至5岁半这一年中的问题,除去"请求允许性"提问外,共得到4 043个问题,涉及面非常广泛。(表10-2)

表 10-2 个案幼儿各类问题数量统计表(单位:个)

类 别	问题数(自然)	百分比(%)	类 别	问题数(社会)	百分比(%)
动 物	462	11.4	周围人的活动	392	9.7
植 物	97	2.4	自己的活动	330	8.2
微 生 物	20	0.4	文艺作品	419	10.4
生物进化	45	1.1	语言文字	313	7.7
人的身体	264	6.5	日 用 品	373	9.2
宇 宙	126	3.1	食 品	121	3
气 象	61	1.5	交 通	241	6
地 理	128	3.2	建 筑	148	3.7
物理化学现象	62	1.5	工 农 业	26	0.6
时 间	81	2	政治历史	48	1.2
数 概 念	75	1.9	军 队	15	0.4
			品德评价	78	1.9
			家 庭	104	2.6
			体 育	14	0.3
合 计	1 421	35	合 计	2 622	65
			各类总计	4 043	100

伯莱恩(Berlyne,1963)提出,发现行为和提问行为两者包含共同的因素,它们都是为了寻找和搜集新信息。在恩德斯雷等(Endsley,R. C.,1979)的研究中,二者是中等程度的正相关。

儿童的好奇心和成人榜样的强化有密切关系。据恩德斯雷的研究,母亲本身比较好奇,并且鼓励孩子好奇的,其子女的好奇心较强。在该研究结果中,母亲的发现行为、好奇定向行为、回答问题数量等与孩子对新事物的发现行为和提问呈中等或强的正相关。母亲权威性强,较少引导孩子去发现,更少和孩子交往的,孩子的好奇心也较差。

儿童好奇、好问的特征,如果得到正确引导,很容易发展成为勤奋好学、进取心强的良好性格特征。反之,如果指责或约束过多,甚至对儿童的提问采取冷漠或讥讽的态度,则会扼杀儿童好奇、好问这一良好性格特征的幼芽。

(三) 好模仿

好模仿是学前儿童突出的性格特点。儿童最喜欢模仿别人的动作和行为。在幼儿园,如果一个儿童说"我爸爸给我买了一支手枪",立即就会有其他儿童跟着说"我爷爷也给我买了一支手枪""我妈妈给我买了一支手枪",等等。

关于模仿的实质,各种心理学派有不同的解释。比如格式塔学派认为是完形的补充(考夫卡);行为主义学派认为是反射活动(桑代克);皮亚杰把模仿看作智力发展过程中顺应比同化占优势的一种表现;谢切诺夫认为模仿是由两个相互联系的阶段所组成的复杂的过程:一是注视和探索别人的行动(定向探究反射),二是根据已建立的标准调节自己的行动(调节动作的技能)。

儿童好模仿的特点和他们的能力发展有密切关系。模仿可分为动作的模仿和智力的模仿。

动作的模仿在婴儿期已经发生,随着动作的发展,儿童模仿动作也逐渐复杂化。幼儿多种多样的模仿动作和他运动能力的发展有关。智力的模仿是较高级的模仿。据皮亚杰的研究,儿童在1岁半至2岁之间,开始出现心理表象时,也出现了延迟模仿。幼儿期儿童随着智力的发展,智力的或心理的模仿也较以前增加。皮亚杰认为2—7岁儿童往往出现自我中心现象,这主要是一种认识上不分化的表现,即混淆了自己的看法和他人的看法,混淆了自己的活动和他人的活动,由此造成不自觉的模仿。比如有的儿童虽说不想去模仿别人,自己要做另一个样子,但所做的仍然和模仿对象的完全一致。甚至有一个6岁儿童,责怪一个7岁儿童模仿他,实际情况恰巧相反。这些事实说明,模仿是内部表象的继续。

学前儿童的模仿和他们的受暗示性有关。儿童往往没有主见,常常随外界环境的影响而改变自己的意见,受暗示性强。比如,当成人问小班儿童"好不好"时,儿童回答:"好。"接着问:"坏不坏?"他会回答:"坏。"当儿童讲述或回答问题后,如果成人提出疑问,他们会立即改变原来的意思。陈鹤琴在《儿童心理之研究》一书中论述儿童模仿问题时,谈到了儿童对暗示的感受性。他认为,暗示分为内外两种,由外界刺激引起动作叫外暗示,由自己内部刺激引起动作叫内暗示。他指出,儿童易受暗示,如一幅画中妇人本来并没有戴帽子,如果问:"那个妇人戴什么帽子?"儿童会答:"黑帽子。"儿童常常重复别人所说的末一句话末一个字,也属于这种现象。陈鹤琴指出,还有一种消极暗示。比如学前儿童跌了跤,母亲去把他抱起来,说:"不要哭。"儿童立刻哭起来。上课时,如果老师说:"不要看窗外。"儿童就去看窗外。

学前儿童的好模仿也和他们的自信心不足有关。儿童一般缺乏自信心。小班儿童更常常表现为胆小,甚至在陌生人或全班小朋友面前不敢大声说话。于爱娟(1987)的实验研究表明,小班儿童很容易受成人示范的影响,比如成人在操作实验中故意做失败示范时,小班儿童多数表现得情绪消沉,经再三鼓励才敢去尝试操作,而且动作非常犹豫;中大班儿童则多数仍然相信自己的力量。有的大班儿童会说:"我想试一试。""我能做。"

将学前儿童好模仿的特点作为一种教育手段,会获得良好的成效。有经验的教师特别注意为儿童树立良好的榜样,使儿童在模仿中学习。例如,上课时老师说:"看,小刚坐得多直!"顿时就有好多儿童挺起腰来,而不必逐个点名叫他们坐直。班杜拉的许多研究都证明观察学习法,即让儿童模仿观察到的榜样,是非常有效的。

培养学前儿童的认知分化能力和辨别是非的能力,加强他们的自信心和独立性,将会使他们形成善于学习正确榜样而不去模仿不良行为的性格特点和习惯。否则,其性格将会向受暗示性强和缺乏自信心的方向发展。

(四) 好冲动

情绪易变化,自制力不强,是学前儿童性格的情绪和意志特征。这在前面有关章节已经讲过。

和好冲动的特征相联系的是缺乏深思熟虑。比如儿童喜爱做事,但做事时急于完成任务,常常比较马虎,粗心大意,不大计较成果的质量;又如儿童常常从情绪出发提出问题,为提问而提问,并非经过认真思考;他们的情绪比较外露,喜怒形于色。这种性格特征常常被认为是天真幼稚。它的优点是对人真诚,坦率,诚实,不虚伪。在此基础上,如果得到正确诱导和培养,他们将会养成既善于思考和处理问题,又胸怀坦荡的性格特征。

以上列举了学前儿童性格的一些典型特征。在这里,我们再次强调,独特性是个性的基本要素。儿童的性格虽然有共同性,但每个儿童仍有个人的性格特征。比如,同属活泼好动,有的儿童相对好静一些;同属受暗示性强,有的又相对有些主见。

随着年龄增长,性格的典型性将发生变化。幼儿晚期儿童有许多已经不带有上述特点,例如变得相对沉着稳重,能自制。但是有些人直至成年,仍然具有易冲动、不善于自制的性格特征。这些已经构成了他个人特有的稳固的性格特征。

三、学前儿童性格的塑造

学前阶段正处在性格发展和初步形成时期,一方面还没有形成稳固的社会观念与态度,有相当大的模仿性和受暗示性,从而极易受到环境中无论好或坏的各种影响。同时,他们又极易把各种习得的态度或行为方式变为习惯巩固下来。换句话说,学前儿童的性格已经开始形成,并表现了相对的稳定性。关于学前期性格特征对后来性格的影响,即儿童性格特征的稳定性和变化问题,曾有过一些长期追踪研究,所得结果不完全一致。例如,卡根等(Kagan and Moss,1962,1964)对36名男婴和35名女婴追踪至成年的研究表明,攻击性的性格特征在男性中发展比较稳定,从童年到成年表现相似,而在女性中则不稳定,变化较大;被动和依赖性的特征,则在女性中比较稳定;坚持性的特征,在3—6岁女孩中已发展到青春期的有三分之二,即在幼儿期已基本稳定(Bloom,B. S. ,1964)。

儿童最初形成的性格特征对其个性形成起了重要的作用。这时性格虽然还没有定型,但它是未来性格形成的基础。在一般情况下,性格比较容易沿着最初的倾向发展下去。例如,性格比较顺从的儿童,容易遵照成人的吩咐和集体规则行事,以后将仍然稳定形成与人和睦相处、守纪律的性格。而儿童最初形成的任性的萌芽,要求别人处处依从其个人的意愿,使得成人如果迁就他,事情似乎就顺利进行,否则,会发生许多麻烦和不愉快。成人在无可奈何中纵容这种性格的发展,儿童任性的性格特征也将日益巩固而最终定型。但是,如果环境和教育条件发生重大变化,儿童的性格也会发生变化。许多事例证明,性格是随外界环境和教育的影响而产生和变化的。因此,我们必须重视对儿童性格的培养。

(一) 加强思想品德教育

首先,在日常生活中渗透教育是实施学前儿童德育最基本的途径。在一日生活常规和生活制度中渗透着良好性格培养的内容,通过常规训练和严格执行生活制度,可以培养儿童诚实、勇敢、自信、关心他人、勤劳等品德和行为习惯。其次,教师也可以结合本班儿童的实际情况、行为表现,有目的、有计划地组织专门的德育活动。最后,利用游戏培养儿童良好的性格特征。因为游戏伴随着愉悦的情绪,在游戏中向学前儿童提出的规则、要求,很容易被儿童接受。例如,有些儿童在日常生活中表现得固执任性,而在游戏中,为了使自己不被游戏伙伴排斥,便会主动抑制自己的性格缺点,慢慢地学会随和与合作。教师有意识地让过于好动、缺乏自制力的儿童在游戏中担任一些需要安静和认真工作的角色,而让过于内向、沉默寡言的儿童担任一些交往较多的角色,通过经常的锻炼,他们都能改变或减少一些个性发展上的不足之处,逐渐培养起良好的性格。

(二) 树立良好榜样

就个人的成长而言,儿童无疑最容易受到榜样的影响。他很容易把某一个人物当作自己崇拜的对象和仿效的楷模。有研究者认为,当前儿童大多数以家长和教师作为榜样,根据这一特

点,教师应该有针对性地及时提供良好的家长、教师或其他典范人物良好的形象,使儿童取得合理的心理寄托,并做好大多数家长、教师自身的工作,使他们堪为楷模。

(三) 个别指导,因材施教

一些常常让教师头疼的爱打人的儿童,其情况往往是各不相同的,有的是习惯反应,有的是被欺负后的报复,有的是出于自卫,有的是模仿电视中的人物行为,等等,因此教师必须根据不同的人和不同的情况进行教育,"一把钥匙开一把锁"。

(四) 重视家庭的因素和发挥家长作用

父母的文化程度、教养方式、生活习惯对学前儿童性格的影响是不可忽视的。心理学研究表明,父母尤其是母亲对儿童性格的影响极大。研究认为父亲对自制力、灵活性产生显著影响,而母亲则对果断性、思维水平、求知欲、灵活性四项行为特征产生显著影响。父亲的影响多表现在意志特征中,而母亲除对情绪、意志特征有影响外,其影响还大量地表现在儿童的理智特征中。因此,幼儿园教育一定要与家庭教育相结合,教师的工作要取得家长的支持,才能在更大的社会背景中培养学前儿童良好的性格。

第四节　学前儿童能力的发展与培养

一、学前儿童能力的发展

(一) 学前儿童的能力初步形成并进一步发展

新生儿已表现出一定的智力活动,而且具有巨大的潜能。婴幼儿时期,儿童智力各方面发展很快。例如,对于声音刺激的感受方面,两三个月的婴儿听到声音时,表现出倾听的神态,三四个月会转头寻找声源。五个月的婴儿出现认生的现象,表明儿童已能记住过去的印象。又如,儿童自出生时起,已有运动能力。半岁左右,儿童四肢和身体的运动能力逐步发展,手的运动能力也开始发展成为操纵物体的能力即操作能力,等等。

婴幼儿双手动作的发展,使他们便于抓握摆弄物体,认识物体属性。躯体动作的发展,使他们扩大了认识范围,又可以主动接近物体,仔细观察各种特性。这些都对智力发展起着积极作用。而言语的发展,使儿童的智力活动更为精确,更有自觉性。总之,婴幼儿的智力在发展着。

幼儿期儿童在接受教育和参加游戏、学习等活动的过程中,积累了知识,学会了一些技能,同时也进一步发展了能力。尤其是有计划、有目的的学前教育指导儿童观察事物,认识事物,讲述故事,进行计算、音乐、美术、体育等活动,有意识地培养儿童的能力,并且促使儿童的能力不断发展。例如,辨色能力的发展,由认识基本色发展到认识近似色、混合色;由无意记忆占优势,到有意记忆开始出现并逐步发展,等等。这些问题在前面各章均有论述,这里就不再一一赘述。

(二) 学前儿童智力的发展

1. 学前儿童智力结构的变化与发展

对儿童智力结构变化发展的趋势,人们从不同的角度提出了不同的理论。

（1）智力分化论。有的研究者认为，儿童的智力最初是混沌不分化的。儿童智力因素的数量随年龄增长而增加。起先是一般化的智力，后来逐渐发展为一些智力因素群。这种智力分化论的代表人物是格雷特（Garrett）。他认为斯皮尔曼的"二因素"适用于婴幼儿，而塞斯顿的"群因素"或吉尔福特（Guildford）的"大量智力因素"则适合大龄儿童或成人。

另一些人对青少年智力因素数量的研究也证明，初中生、高中生、大学生智力因素的数量是不断增多的。

（2）智力复合论。有的研究者认为，儿童的智力最初已经是复合的、多维度的，其发展趋势是各种智力因素的比重和地位不断变化，复合性因素的比重越来越大。这种智力复合论的代表人物是霍夫斯塔特（Hofstatter，1954）。他指出儿童智力结构变化的三个时期：

20个月前，在智力活动中占最重要地位的是感知运动能力和感知敏锐性，包括感知活动中的高度注意力、运动行为的敏捷性、感觉协调和运动的准确性。

20个月到4岁左右，占主要地位的是坚持到底的能力，包括坚持性和刚强性。

4岁到13岁，理解和使用象征性符号的能力或抽象行为，即语言思维能力占主要地位。

霍夫斯塔特据此指出，聪明的儿童在婴幼儿时期表现为活泼，3岁时表现为倔强，以后则变得含蓄。

贝利（Bayley）提出相似的观点，并更具体地列出各年龄段的主要能力：

10个月以前，在婴儿智力中比重最大的是视觉跟踪、社会性反应能力、感觉的探求、手的灵活性。

10个月到30个月，最大比重变为知觉的探求（这种早期的能力将继续保持下去）、语言发声、交际能力、对物体的有意义接触、知觉辨别力。

30个月到50个月，最重要的是与物体的关系、形状记忆、语言知识。

50个月到70个月，最重要的是形状记忆、语言知识。

70个月到90个月，语言知识、复合空间关系和词汇占重要地位，而形状记忆的重要性减退。

斯托特（Stott）等按吉尔福特的智力结构模型对1926名3个月至5岁儿童分14个年龄组进行智力测验，发现吉尔福特提出的许多智力因素是婴幼儿所没有的。婴幼儿只有该智力模型中的31种因素，其中某些因素又只在一些年龄出现，另一些年龄则没有。年幼儿童（特别是1岁前的儿童）有些智力因素又是吉尔福特模型中所没有的，如大动作、精细动作、移位能力等。由此说明对不同年龄儿童的智力应作不同分析。

（3）智力内容变化论。有的研究者着重指出同一智力因素本身随着年龄增长而发生变化。同是智力的一般因素，在婴儿期，其内容是感知动作性质的，以后则是认知性质的。这种智力因素内容变化论的研究者，更多地把注意力放在一般（共同）因素的变化上，即各年龄段儿童的智力都有共同因素，但是什么共同因素，则在不同年龄会发生变化。

麦柯尔等人根据他们对婴幼儿的长期追踪研究，认为各年龄段儿童智力的共同因素是：

6个月：视觉指导的知觉接触。

1岁：感知运动和社会性模仿的混合物、最初步的发声语言行为。

2岁：语言命名、语言理解、语言流畅、语法掌握。

麦柯尔等人后来又提出早期智力发展的五个阶段：

第一阶段（0—2个月）：主要是对某些有选择的刺激作出反应；

第二阶段(3个月—7个月):更积极地探索环境,但还不能作出客观的探索;

第三阶段(8个月—13个月):根据事情的结果区分活动方法;

第四阶段(14个月—18个月):能够不用动作而去把两个物体在头脑中联系起来;

第五阶段(18个月以上):掌握符号关系。

综上所述,婴幼儿的智力结构是随着年龄的增长而变化发展的。其发展趋势是越来越复杂化、复合化和抽象化的。不同的智力因素有各自迅速发展的年龄段。这些观点提醒我们,根据不同年龄儿童心理的这些特点,在不同的阶段,对儿童智力培养的内容要有所侧重。总的来说,对学前儿童应该特别重视观察力、注意力及创造力的培养。

2. 儿童智力发展曲线

所谓儿童智力发展曲线,涉及不同年龄智力发展的速度,发展的加速期、高原期等问题。一般来说,儿童智力的绝对水平是随着年龄增长而提高的,但是各年龄段的智力增长并不是等速的。为了说明智力发展的速度,往往以高原期为基准。

(1) 智力发展的高原期。人的智力发展到一定年龄会停止或接近停止增长。在这个年龄之后,智力趋向衰退。有的研究指出,智力到26岁停止增长,在26—36岁之间保持不变,随后则下降。由此形成一条智力发展曲线,其中最高的一段称为高原期。至于高原期的具体年龄,则各种研究因取材不同而有不同结论,有人甚至认为智力发展持续到60岁。智力结构的复杂性和环境及个人实践对智力发展的影响,是导致结论不同的原因。

不同智力因素成熟的时间也不同。有的研究指出,儿童的感知能力最早达到成熟水平,12岁已达成人的80%,空间推理能力次之,数学和语言能力16—18岁才达到成人的80%,其中语言流畅发展最晚。

各种智力因素下降或衰退的年龄也不同。有人指出,在非语言测验中,如"反应时",30岁以后已有所衰退。但在语言测验中,则智力水平还可以提高。职业也会影响智力衰退年龄的差异。有的研究指出,非技术人员18岁以后智力下降,而技术人员则还可能上升。一般认为,16—18岁以后智力发展趋向缓慢。

(2) 学前儿童智力发展的速度。人生头几年是智力发展非常迅速,甚至是最迅速的时期,由此形成先快后慢上升的儿童智力发展曲线。

布鲁姆(Bloom,B.,1960)搜集了20世纪前半期多种对儿童智力发展的纵向追踪材料和系统测验的数据,进行了分析和总结,发现儿童智力发展有一定的稳定规律。各种测验的时间和条件虽然不同,其所得曲线却非常相似,经过统计处理,得出了一条儿童智力发展的理论曲线。

布鲁姆以17岁为发展的最高点,假设其智力为100%,得出各年龄段儿童智力发展的百分比:1岁,20%;4岁,50%;8岁,80%;13岁,92%;17岁,100%。

上列数字说明,出生后头四年儿童的智力发展最快,已经发展了50%,获得了成熟时的一半。4—8岁,即出生后的第二个四年,发展30%,其速度比头四年显然减缓,以后速度更慢。

布鲁姆用数量化方法说明学前期智力发展的速度和重要性,他的理论常被引用。但是应该指出:第一,布鲁姆所提曲线只是假设的、理论的曲线。第二,智力数量化只在一定程度上有参考价值,不能绝对化。因为智力发展与身体的发展(如身高)不同。身高的发展有尺可量,例如,儿童2岁时的身高和17岁时的身高,可以用同样的尺子去度量,得出2岁身高已达成熟时一半的结论。智力数量化的情况就大不相同。表示不同年龄智力水平的数据,没有确切的可比单位,正如布鲁姆自己指出,对1岁半以前儿童的智力,主要依据其运动和生理发展的能力来计分;对2—3岁儿童,是心理、运动和生理能力的结合;17—18岁,则主要是认知和语言能力。显然,这几种情况得出的数据,其可比性是不高的。第三,布鲁姆的曲线没有充分估计环境对智力的影响,夸大了智力发展的稳定性,这也是他被指责之处。总之,布鲁姆的智力发展曲线是可作参考的,但不可加以夸大。

（三）学前儿童能力的差异

学前儿童在能力发展和表现上存在各种个别与群体差异。

1. 能力类型的差异

人通过运用各种能力与客观环境建立联系,而每个人在运用能力时有各自的特点。在日常观察中就可以发现,有的儿童记忆能力较强,很长的儿歌、快板词等很快就能记住;有的儿童理解能力较好,对故事的内容、计算的方法等很容易理解。在记忆时,有的儿童长于视觉记忆,有的儿童长于听觉记忆;有的儿童对形象的东西能过目不忘,有的儿童则最能记住抽象逻辑性强的东西。在一些特殊能力上也存在明显个别差异,如有的儿童绘画能力突出,有的儿童则长于动手操作各种机械及器具,还有的儿童能歌善舞,对音乐、韵律特别敏感。个体间的能力差异是一个普遍的现象。

这些差异提醒我们在教育活动中要注意观察每个儿童的特殊能力倾向,并给予适当的激发和关怀。事实上几乎每个儿童都有他自己特定的能力类型,我们可以通过仔细观察或各种专门能力测试加以鉴别。当然,对于多数儿童而言,这种能力类型的差异虽然存在但并不显著,只有少数人的这种类型特征非常突出,对于某种能力超群的儿童要特别关注并请有关专家给予鉴定。

2. 能力发展水平差异

除了能力类型差异之外,学前儿童在能力发展水平上也存在不均衡现象。绝大多数儿童的能力发展正常,但有少部分儿童的能力水平高于常态,也有少部分儿童的能力水平低于常态,所以这种智力发展水平符合统计学上所谓的正态分布。它的分布特点为处在中间位置上,即中等水平的人数居多,处在极高或极低这两个极端水平上的人数较少。

心理学家推孟曾按智商的高低将智力分成九类。（表10-3）

表 10-3　智力的分类

智　商	类　别	智　商	类　别
140 以上	天才（Genius）	70—80	近愚（Borderline Case）
120—140	极优（Very Superior）	50—70	愚鲁（Moron）
110—120	优秀（Superior）	25—50	痴愚（Imbecile）
90—110	中智（Average Intelligence）	25 以下	白痴（Idiot）
80—90	迟钝（Dull）		

虽然当时推孟的这种分类只是为了说明的方便,但是后来在实际运用中反映了这个理论上的分布及分类与实际情况颇为一致。所以时至今日,除了两端稍有变更外,智力按智商的基本分类沿用至今。如表10-4是韦克斯勒根据智商分布所列的智力等级。

表 10-4　韦克斯勒对智力的分类

IQ	类　别	百 分 比(%)	
		理论正态曲线	实际样组
130 以上	极优秀	2.2	2.3
120—129	优秀	6.7	7.4
110—119	中上(聪颖)	16.1	16.5
90—109	中等(一般)	50.0	49.4
80—89	中下(迟钝)	16.1	16.2
70—79	低能边缘	6.7	6.0
69 以下	智力缺陷	2.2	2.2

　　理解这样一种能力分布现象,对于教育工作者至少有两个方面的重要意义。一是提醒自己要注意把教育的着眼点放在属于中间能力水平的大多数人身上,根据他们的特点施加教育影响。在一般教育机构中施行英才教育,只会造成拔苗助长的后果。二是要有效地分辨出能力的高、中、低分布,因材施教。对两极端的儿童,需要提供特殊的教育和咨询。

　　3. 能力发展早晚的差异

　　属于能力发展水平超群的儿童虽然是少数,但却时常因为他们在很小的时候就显示出卓越的成就而受到人们的关注并着力加以特殊培养。据统计,音乐家的才能在学前期出现的,比在以后年龄出现的更多。(见表 10-5)

表 10-5　最早出现音乐才能的年龄阶段(%)

性　别	3 岁前	3—5 岁	6—8 岁	9—11 岁	12—14 岁	15—17 岁	18 岁以后
男	22.4	27.3	19.5	16.5	10.7	2.4	1.2
女	31.5	21.8	19.1	19.6	6.5	1	0.5

　　关心那些能力和智力特殊优异的儿童,对于教育工作者来说是必需的。在这些儿童中经常会出现一些对社会卓有贡献的人物,例如,大音乐家莫扎特、科学家维纳、数学家高斯等都是在儿童时期即展露出超群不凡的才华。

　　有人提出应该区分"早熟"与"天才(超群)"。所谓早熟,是指某些儿童智力或才能发展较早,或者说,在婴幼儿期智力或才能发展比一般儿童迅速。但是到了成熟年龄,其智力或才能并不出众。所谓天才,是指智力或才能出众者,我国心理学家称之为"超常"。因为"天才"一词,是天赋才能的意思。而超常的智力或才能固然需要一定的自然物质前提,但更重要的是在生活环境和实践中形成。智力超过同龄人的婴幼儿,将来能否成为超常者,不仅取决于其天生因素,还要依赖后天的社会条件。早熟(早慧)而长大后不成超常者有之,早期不露头角、大器晚成者亦有之。因此,"智力早熟不等于智力超常",在理论上是成立的,但是在实际生活中对二者加以区别是困难的。

　　由于现有的科学知识尚不能有效地诊断人的真正才能,这就要求教师在关注对英才的培养之外,更要注意在平凡的儿童身上寻找闪光之处,不可因为仅仅关注一部分早慧或超常儿童而忽视了其他大多数平常儿童。

二、学前儿童能力的培养

就一般意义来说,对学前儿童能力的培养,主要应从以下四个方面入手,并注意它们的内在联系。

(一)正确了解学前儿童能力发展水平

在日常生活中,成人和学前儿童长期接触,通过日常观察,可以粗略地评定一个儿童能力发展的特点和水平。例如,看出某个儿童有音乐才能,某个儿童聪明或愚鲁。但这种评定不易精确,而且容易受评定者主观因素影响,不能客观反映儿童能力发展的实际水平。心理学研究者曾设计测定特殊能力的工具,例如,音乐才能测验、绘画能力测验等。

智力发展水平可通过智力测验获得。智力测验是能力测验的一种,主要测验人的一般适应能力。传统上使用最多的有比奈智力测验与韦克斯勒智力测验。每种智力测验都包含几组测量不同能力的题目,形式包括文字的和非文字的两种。测验结果所得分数经过计算、转换之后便可取得一个智力的数量指标,即智商(IQ)。应用这种智商可以更为直观地标示出某个儿童的智力水平在全体同龄儿童中的相对位置。

微课 10-2:促进学前儿童智力发展的策略

但是,目前的智力测验也存在着不少问题。

首先,对如何确切地反映学前儿童的智力发展水平还没有统一的标准。其次,还没有很完善的、为大家所认可的测验量表,许多测验无法排除知识经验的影响,很难同时适用于来自不同区域、文化、生活背景的儿童。有些儿童智力测验成绩不好并非其智力真的不行,而是因为其受到了知识、文化背景的局限。最后,测验过程中常常会受到一些无关因素的干扰,比如环境的嘈杂、主试的陌生、来往的行人等都会影响到被试儿童,从而影响到测验结果。而智力测验往往只记录或只重结果(即测验成绩),而不重视记录、分析测验过程,忽视当时客观环境因素及由此引起的主观因素对测验的影响。

因此,不要把智力测验看得太绝对化,不要只凭智力测验结果,特别是一次智力测验结果就确定儿童的智力水平,并非所有的测验结果都那么"灵验"。一"测"定终身,对儿童的发展是非常有害的。

近些年来,针对智力测验存在的问题与弊端,心理学工作者正在致力进行研究与改善。一方面,根据智力是在特定生活环境条件下形成和发展的观点,致力于按照儿童的社会生活条件修订测验内容,更多地着眼于儿童的智力活动过程,尽量使智力测验更好地为确定儿童个人发展的最有利条件服务。另一方面,研究者们趋向于用综合的方法了解儿童,既用智力测验,也强调在实际生活中的观察和直接谈话,更客观、自然地接触了解儿童的智力发展水平。心理学家指出,测量的重点应放在"最近发展区",而不在儿童已有发展水平,应着重考查儿童接受教育的能力,亦称"可教性"。

(二)指导学前儿童掌握有关的知识技能

能力和知识技能有着密切联系,掌握了与能力有关的知识技能,有助于相应能力的发展,例如,指导学前儿童掌握丰富的词汇,说话时应该注意的要点以及正确的发音技能,可以促进学前儿童言语表达能力的发展。

学前儿童处于掌握知识和智力发展的最初阶段。从掌握知识的角度看,人的知识可以分为

直接知识和间接知识,二三岁是开始掌握间接知识的年龄。从智力发展的角度看,这又是思维开始发展的年龄,而思维是对事物的间接反映,是以知识经验为中介的。有了一定的知识经验,才可能对有关事物进行思维和想象。因此,对学前儿童来说,知识和智力教育都不可偏废。

(三) 激发儿童的兴趣

儿童对事物的兴趣直接影响其能力锻炼的机会。凡是感兴趣的事物或活动,儿童会投入更多精力并能使其能力得到更多的锻炼。从这个意义上讲,激发儿童积极有益的兴趣爱好,有助于发展其能力。事实上,儿童对某项活动的兴趣又常常是他的某种能力的反映。

兴趣是在社会实践过程中形成的。对于儿童来说,这些活动往往是具体和直接的。教师要注意利用各种具体的社会实践活动激发儿童对事物的直接兴趣,借此增强和锻炼儿童能力。

(四) 能力与个性其他品质的良好配合

能力作为个性的一个组成部分,与个性的其他特征关系密切。发展能力不能脱离整个个性的培养与发展。

"勤能补拙"是中国的一句古话,它的含义表明了能力发展和良好个性的形成相依相辅,互为促进。一个在性格上大胆、开朗、勇于探索和不畏困难的人,就会比一般人有更多的机会去锻炼和发展自己的能力;而这种能力的提高,又会使他的个性更为突出。同时,个性对施展自己的才能起着至关重要的作用。所以,良好个性对能力的形成和有效表达至关重要,需加以重视。

在教育和社会实践中发展和锻炼儿童的能力是一个规律,而重视能力与个性其他品质的良好配合也是培养能力的一个规律。现代社会需要一个人不仅有才能,而且要大胆敢为,能够表达自己的才能。个性上畏缩而缺乏主见的人即使有才能,也难以充分表达。推孟认为,智力优秀者至少与四种品质相关:为取得成功的坚持力、善于积累成果、自信心、不自卑。从儿童起,我们就要看到这样一种关系,从而努力培养和发展儿童的这些品质。

第五节　学前儿童的自我意识

一、自我意识概述

(一) 什么是自我意识

自我意识就是自己对所有属于自己的身心状况的意识。包括意识到自己的生理状况(如身高、体重、形态及健康程度等)、心理特征(如需要、兴趣、能力、性格等)以及自己与他人的关系(如自己与周围人相处的关系、自己在群体中的地位和作用等)。

人们常常这样说:"我认为我是一个诚实的人。"这里有两个对立部分的自我。句子里开头主语部分的"我"是主观的我,即对自己活动的意识者;句子里宾语部分的"我"是客观的我,即被主观的我意识到的自己的身心活动。因此,也可以认为自我意识就是作为主观的我对客观的我的意识。

自我意识的产生和发展是人和动物在心理上的根本分界线。动物没有意识,更没有自我意识。人有高度发达的大脑，人在劳动的过程中随着言语的产生，不但认识了自然界而且认识了自我，并将"我"与"非我"作出区分。

在个体的心理发展中，自我意识的发展是个性形成和发展的重要条件，是衡量个性成熟水平的标志，是整合、统一个性各个部分的核心力量，也是推动个性发展的内部动因。自我意识对人的影响可以说是终身的，直接关系到一个人生活的幸福与否。因此，我们每个人都要不断地完善自我，使自我意识逐渐成熟。

（二）自我意识的心理成分

自我意识是由自我认识、自我体验和自我监控等三种心理成分构成的。这三种心理成分相互联系、相互制约，统一于个体的自我意识之中。

1. 自我认识（狭义的自我意识）

自我意识的首要成分或基础是自我认识。自我认识包括自我观察、自我分析和自我评价。

（1）自我观察。人是观察的主体，同时又是被观察的客体，也就是将自己的心理活动作为被观察的对象。孔子说，"吾日三省吾身"，这里的"省"就有自我观察的意思。

（2）自我分析。人对从自身的思想与行为中所观察到的情况加以分析、综合，在此基础上概括出自己个性品质中的本质特点，找出有别于他人的重要特点。

（3）自我评价。自我评价建立在自我观察和自我分析的基础之上，是对自己的能力、品德及其他方面的社会价值的判断。自我评价有适当与不适当、正确与不正确之分。适当的、正确的自我评价使主体对自己采取分析的态度，并能将自己的力量与所面临的任务及周围人的要求加以恰当的比较。不适当的自我评价还可以分为自我评价过高和自我评价过低。

一般说来，人们对自我进行正确的认知和恰如其分的评价是比较困难的。因为认识自己是比认识客观世界更复杂的过程，除了认知因素外，还会受到其需要、动机、能力等其他心理因素的影响，因此往往容易过高或过低地估计自己。有位心理学家选择了 25 个被试者（他们彼此都很熟悉），采用排队法对自我评价和他人评价进行比较研究。提出九种品质（文雅、幽默、聪明、交际、清洁、美丽、自大、势利、粗鲁），要求每位被试分别将这些品质在所有被试者身上（包括自己在内）依次排列，程度最高者排在第一，程度次高者排在第二，依次下去，程度最低的一个列在第二十五。然后予以统计，把各人在每种品质排列中自己所占的位置和其余 24 人排列的位置（平均数）进行比较，发现有很大差异。例如，有一位被试者自以为他的"文雅"程度应该排在前几名的，可是把其余 24 人对他的评价平均起来，他的名次却排在二十名以后；另一被试者对于"清洁"品质的评价，自己排的位置要比别人排的平均位置提前五名，"聪明""美丽"提前六名，"势利""自大""粗鲁"等自己排的位置要比别人排的平均位置退后五名到六名。这一实验结果表明，优良品质的自我评价常常比他人的评价高，不良品质的自我评价却比他人的评价低。

2. 自我体验

自我体验是指自己对自己怀有一种情绪体验，也就是主观的我对客观的我所持有的一种情绪体验。例如，自尊、自信、自卑、自责等都是种种自我体验。自我体验反映了主体的我的需要与客体的我的现实之间的关系，如果客体的我满足了主体的我的需要，就会产生肯定的自我体验，为自我满足；否则就会产生否定的自我体验，为自我责备。自我体验的内容很丰富，主要有以下几种。

（1）自尊感，也称自尊心。人们生活在一定的群体中，产生一种高级的自尊的需要，总希望在

群体中占有一定的位置,享有一定的声誉,得到良好的评价。当社会评价满足个人自尊需要时,就产生自尊感。它促使自己更加奋发向上,追求实现更高的社会期望。如果社会评价不能满足个人的自尊需要,甚至产生矛盾时,可能会产生两种情况:一种是产生自我压力感,从而使自己倍加努力,迎头赶上;另一种是产生自卑心理,自暴自弃,一蹶不振。

(2)自信感,也称自信心。自信感是对自己的能力是否适合所承担的任务而产生的自我体验。自信感是与自我评价紧密联系在一起的。良好的自信感建立在适当、正确的自我评价的基础上,在完成任务的过程中既能看到自己的潜力,又能充分地估计到可能发生的困难。而不适当、不正确的自我评价会导致自信感的转化。在自我评价过高的情况下,自信感转化为自高自大;而自我评价过低,自信感又转化为自卑感。无论是盲目自大还是严重自卑,都对个性的正常发展极为不利。

(3)成功感与失败感。成功感是在实现目标过程中取得成功时产生的自我体验;而失败感则是在实现目标过程中遭遇挫折时产生的自我体验。成功感与失败感的产生,不但取决于客体的我是否取得成就,还取决于主体的我对客体的我的要求即期望水平。例如某一考试,甲只求成绩能说得过去,乙一心想拿高分排名前五名,结果他俩成绩一样,都是 80 分,可各自产生了不同的自我体验,甲产生了成功感,而乙则产生了失败感。

3. 自我监控

自我意识在意志和活动方面表现为自我检查、自我监督和自我控制。

(1)自我检查。是主体在头脑中将自己的活动结果与活动目的加以比较、对照的过程,以保证活动的预定目标与计划逐步得以实现。

(2)自我监督。是一个人以其良心或内在的行为准则对自己的言论和行为实行监督,有人把它比作一个人内心的"道德法庭"。无须任何外在形式的监督,而听命于内心自我监督的行为才是真正自觉的意志行为表现。

(3)自我控制。是主体对自身心理与行为的主动的掌握。自我控制表现为两个方面:一是发动动作,例如坚持做完功课后再玩,坚持利用假日参加一些社会公益活动等,都是自我发动与支配自己行为的结果。二是制止作用,即抑制不正确或在当时情境中不应有的言论和行为,如不随地吐痰、不乱抛纸屑、公共场所不吸烟等,都是自我控制的结果。

自我控制有时能掩盖自己的真实情况,这叫作"自我掩饰"。自我掩饰不能一概说好,也不能一概说坏,要具体情况具体分析,有时出于公心和礼貌,也要掩饰自己的真实感受。例如,当别人不小心把墨水溅到你身上而向你道歉时,你尽管心里恼火也会表示:"喔,不要紧。"

(三) 自我意识的作用

1. 对态度和行为的调节、控制作用

人们在日常的学习和工作中,在和别人的交往和团体活动中,由于意识到自己在别人心目中的位置和在集体中的地位、作用,意识到自己负有某种责任或义务,从而自觉地调节情绪,调整和控制自己的态度和行为,以尽可能地与周围环境保持良好的适应。

2. 对自我教育的推动作用

人的自我意识发展水平集中体现在对自我的认识和对自己优缺点所抱的态度上。一个人意识到自己的长处和不足,就有助于他发扬优点,克服缺点,取得自我教育的积极效果。反之,如果不能正确意识到自己的优点和缺点,只看到自己的优点或只看到自己的缺点,都可能导致自己落

后和失败。因此,只有增强主体的自我意识,如通过自我认知看到自己的力量,通过情绪体验保持健康的情感生活,通过自我监控形成良好的行为习惯,才能更好地促进自我教育和自我完善,从而使自己的个性获得健康发展。

二、学前儿童自我认识的发展

儿童认识自己,需要经过一个比认识外界事物更为复杂、长久的过程。

刘金花等人(1993)运用阿姆斯特丹(Amsterdam)创造的给婴儿点胭脂、照镜子,从婴儿对镜子映像的反应变化中探究自我认识萌芽的方法来研究我国婴儿自我认识的发生、发展趋势与性别差异。研究结果表明:(1)婴儿自我认识出现的时间大约是21到24个月之间。(2)婴儿自我认识发生呈下列趋势。① 戏物(镜子)。9—10个月的婴儿中有60％对镜子很感兴趣。他们见到镜子,又是摸,又是舔,或者将脸贴在镜子上,或拨弄镜子的边缘,看镜子中映出来的东西,但很少注意镜中自己的映像。这说明此阶段儿童还不能意识到自己的存在,还不能把自己和周围世界区分开来,往往把自身和周围的东西看作是同样的物体。婴儿往往像玩弄其他物体一样玩弄自己的脚、手指等。随着认识能力的发展和成人的教育,婴儿逐渐认识自己身体的各部分。比如,孩子开始学说话时,成人往往指着他的身体某部分教他"鼻子""耳朵""嘴巴"等。婴儿通过自己的触摸感觉和动作,逐渐认识身体的各个部分。②(镜像)"伙伴"游戏。1岁及以后几个月的婴儿对镜中自我的映像很感兴趣,亲吻、微笑,还到镜子后面去找这位"伙伴"。③ 相倚性探究。约在18个月左右,婴儿特别注意镜子里的映像与镜子外的东西的对应关系,对镜中映像的动作伴随着自己的动作更是显得好奇。有的婴儿(占24％)已能根据相倚性线索认识镜中映像就是自己。④ 自我认识出现。18—24个月,照镜子时立即去摸自己鼻子的人数迅速增加,在有无自我意识问题上出现了质的飞跃。(3)男女儿童自我意识出现时间无显著差异。

三、学前儿童的自我评价

(一)学前儿童自我评价的特点

学前儿童的自我评价尚处在学习阶段(有人称其为"前自我评价"),大致有以下三个特点。

1. 依从性和被动性

学前儿童由于认知水平的限制,加之对成人权威的尊重与服从,往往把成人对自己的评价就当作是自己的评价,所以他们的自我评价基本上是成人对他们评价的简单重复。这种评价不是出于自发的需要,而是成人的要求。

2. 表面性和局部性

学前儿童的自我评价都集中于自我的外部行为表现,还不会评价自己的内心活动和个性品质。与表面性相联系的是幼儿只会对某个具体行为作出评价。如问一个儿童为什么他(她)是个好孩子时,该幼儿只会说"我不骂人""我自己穿衣服"等。

3. 情绪性和不确定性

学前儿童的自我评价往往带有主观情绪性。对权威(如父母、教师)的评价及对自己的评价

微课 10-3:
幼儿自我评价
发展的特点

(与同伴相比较时)总是偏高。加之评价的依从性和被动性,学前儿童的自我评价很不稳定。

随着儿童年龄的增长,其自我实践经验的积累,以及其与同伴、成人的相互作用,儿童自我评价能力逐渐提高,变得较为独立、客观、多面和深入。

仇佩英(1991)探讨了3—6岁儿童在能力、品德、与他人关系方面的自我评价,发现幼儿期儿童自我评价的发展趋势是:3岁儿童倾向于自评过高,随年龄增长自评恰当率提高,过高率下降;4岁儿童自我评价由偏高向恰当转折,恰当自评开始占主要地位;5岁儿童恰当自评已占主导地位,自评过低率有一定上升,与评价过高率趋于一致。这也许是因为5岁儿童已产生初步的自我理想,由此会引起他们对现实自我的不满;同时,随着心理发展,儿童自我意识中的保护机制开始发挥作用,有些学前儿童会以过低的自评来保护自尊或取悦于成人;加上幼儿园教育,成人、同伴的影响,部分儿童可能形成谦虚或自卑的性格倾向,这些都会影响儿童自评的恰当性。

(二) 提高学前儿童自我评价能力的策略

1. 成人对学前儿童评价要实事求是、恰如其分

因为学前儿童的自我评价是根据父母及其他成人对自己的态度形成的,成人把他们评定为聪明的或愚笨的,讨人喜欢的或令人厌恶的,等等,这实质上是对儿童的个性、个性发展的可能性以及其在同伴中地位的评价。儿童通常是信服地接受成人的这种评定,并把自己划归相应的等第,虽然有时成人对儿童的评价并不准确。因此,成人要特别注意对儿童的评价要实事求是,恰如其分,让每个儿童都看到自己既有优点,也有缺点,同时对儿童的自我评价要进行及时的引导和调控,尤其是对自我评价过高或过低的儿童,要采取切实措施,让前者看到自己尚有不足之处,让后者看到自己还有某些优势,使他们对自己的评价变得比较客观、全面,从而在各自的起点上都能得到提高和发展。

2. 通过交往活动提高学前儿童自我评价能力

学前儿童的自我评价是在与人的交往活动中形成与校正的。交往活动是自我认知、自我评价产生和发展的基础。儿童只有在交往中,才有可能被他人所观察和了解,从而产生评价,而儿童则在交往中获取他人评价的信息,借助于想象、推理等复杂的认知过程,内化他人关于自己的评价,从而形成自我评价。而自我认知、自我评价又是学前儿童进行社会交往的前提条件,恰当的自我认知和自我评价使儿童顺利地进行交往成为可能。在交往中,儿童总是对自我、交往对象以及双方的关系有所估计,并产生自我与他人的相应情感,进而采取相应的行为反应。对自我社会形象估计的模糊和自我评价的不准确,则会给儿童的交往带来困难甚至产生人际冲突。要成功实现交往就必须转换社会视角,从“别人怎么看我”的角度,重新估计自我社会形象,修正自我评价,从而调整自己的社会行为,使自己的社会适应性水平得到提高。可见,学前儿童自我认知、自我评价的准确程度与表现出来的对社会交往行为的适应程度是一致的。提高自我认知和自我评价水平,使社会交往具有自觉调节性质,可以避免交往上的失败;而改善社会交往行为,使交往取得成功,也可提高自尊心和自我评价能力,并且增强进一步交往的动机。

要通过交往活动提高学前儿童自我评价能力,我们可以从以下三个方面入手。

(1) 改善交往环境。随着现代居住环境的变化,人们居住的场所逐渐具有高层封闭的特点,邻里之间咫尺天涯,互不往来,影响了人们之间的沟通。所以,家长要经常带孩子到大自然中去,到社会中去。

(2) 增加儿童与成人的交往频率。家长要主动和孩子在一起活动,一起游戏,把这种活动作

为教育孩子的必经之路。幼儿园每个班级的人数不要过多,以增加儿童与教师的交往机会,提高其交往质量。

（3）开展丰富多样的游戏活动,增加儿童之间的交往活动,积累交往经验,使之理解是非善恶,养成团结合作、关心爱护、助人为乐等个性品质。

3. 加强学前儿童交往中的个别指导

（1）对自我评价过高儿童的个别指导。自我评价过高的儿童普遍具有难以与人交往的特征。他们自认为处处都比其他人强,与别人相处总想占上风,因而普遍不受同伴欢迎。

造成儿童长期保持过高的自我评价的原因,往往有两种情况。一是他们经常得到周围人不适当的肯定的评价,即使是在遭到失败时,仍然得到某些人的好评;二是他们确实具有某些能力,而且为其开展的活动又保证了他在这方面取得了部分的或暂时的成功。对自我评价过高、有着盲目优越感的儿童,采取个别说教的方法常常不能奏效。应该有针对性地引导他们参加一些活动,通过活动让他们切切实实认识到自己的不足,从而消除他们的优越感和激情情绪,使其行为逐步变得正常起来。

（2）对自我评价过低儿童的个别指导。自我评价过低的儿童倾向于不与人交往。他们通常看不到自己的力量,对交往上的成功缺乏信心,常有退缩的行为表现。自我评价过低的儿童往往有着多次交往遭受失败和长期自我评价过低的经历。

长期的自我评价过低对儿童个性的正常发展和心理健康是极其不利的。对自我评价过低的儿童,教师要给予特别的关心,时时注意保护他们的自尊心,要让每一个儿童都认为自己不差,知道自己的长处、短处及努力的方向。对已经产生自我评价过低的儿童,教师首先要从点点滴滴的小事上培养他们的自尊心,而且要让他们从同伴和集体的评价中切切实实感受到自己的价值。其次,教师要鼓励他们大胆和别人交往;同时教育其同伴对他们采取友善、热情的态度,消除其紧张情绪和不安心理。此外,在交往的技能技巧上给予具体指导,帮助其取得成功,逐步提高自我评价能力,促进自我意识的发展。

四、学前儿童自信心的发展

（一）学前儿童自信心发展概况

儿童到了二三岁开始萌发自信心。姜立君、杨丽珠（2000）的研究结果表明,儿童自信心各因素（包括自我评价、自我效能感、独立性、自我表现、主动性、敢为性）随着年龄的发展而发展,并表现出年龄差异。儿童自信心总的发展趋势,也表现出随着年龄的发展而发展。儿童自信心在3—4岁间较之4—5岁间发展更为迅速,而且表现出个体差异。

研究表明,自信心较强的儿童往往积极主动地参加各项活动,敢于表达自己的意愿;坚持自己的主张,与成人或同伴有分歧时能据理力争;在游戏及美工活动中创造多于模仿。他们对新环境、新事物容易适应;对待困难不轻易退却,常常自告奋勇地说"我来试试""让我想想办法";在自选活动中爱挑困难的任务,理由是"这样练习本领大""我会做成的""像这样的事我做过"。而自信心较弱的幼儿则往往被动、迟疑,对自己的力量没有把握;不能坚持自己的行动目标,对新环境、新事物容易产生恐惧和退缩;稍遇困难,未经努力就向成人或同伴乞求帮助。他们的内心充满了可能失败的预感和恐慌,往往会先说"我不会""我弄不好""我不行",不想付出更大的努力和

尝试。宁愿随从、模仿别人或放弃目标。

自信心对于儿童心理健康和认识能力发展具有十分重要的意义,它能促使儿童产生积极主动的活动愿望,大胆探索,思考问题,乐于与周围人交往,经常保持愉快情绪。我国高度重视儿童自信心这一心理品质的培养。《幼儿园工作规程》的总则第五条,幼儿园保育和教育的主要目标中增加了自信的内容,这是我国幼教法规在民主化、科学化、现代化方面的进步。

(二) 学前儿童自信心的培养

1. 建立良好的亲子关系

温暖和谐的家庭环境,良好的亲子关系是建立学前儿童自信心的前提。出生第一年,婴儿一切都要依附于成人,如果在成人那里得到精心的照料和爱护,他就会感到安全,就会相信周围的一切,信心十足地迈出自主的第一步。如果婴儿最初就受到冷漠的对待,基本的需要得不到满足,就会产生不安全感和恐惧感,就会不相信自己,不相信周围的一切。因此,我们提倡建立和谐的家庭气氛,父母对子女要采取民主的教育方法,关心爱护儿童。

2. 给予儿童自由权和自主权,多为儿童提供自己做决定的机会,鼓励儿童做力所能及的事情

儿童拥有自己独特的世界,他们对周围世界总是喜欢用自己的独特思维主动去认识、探索,偶有所得,便会欢呼雀跃。甚至更多的时候,拒绝成人给予的一切帮助,显示他的独立性。父母往往容易过低估计学前儿童的能力,觉得他们太小,怕他们做不成事反添麻烦。于是不顾孩子的意愿包办代替,穿衣,大人帮;吃饭,大人喂;玩具,大人收;被褥,大人叠……儿童的独立性、探索性、自信心逐渐丧失。所以成人要以最大的信任、必要的指导和最低限度的帮助有的放矢地促进儿童自信心的发展。

3. 给予学前儿童积极的评价

对于儿童的点滴进步,要积极给予赞许和肯定,使他看到自己的力量。不要贬低或故意揭短,夸大儿童的缺点,要知道,好孩子是夸出来的。

4. 帮助学前儿童获得成功的体验

成功体验是形成儿童自信心的基础。当儿童自己学着穿衣服、铺床、收拾玩具时,成人的及时鼓励、适度表扬,能使儿童从中获得愉快的情绪体验,这种内心体验,可转化为儿童前进的动力。经过实践,强化,再实践,再强化的循环往复,儿童就会在每一次成功体验的激励下,自信心得到进一步巩固和加强。可见,儿童的自信心从成功中来,而自信心又会帮助他们取得更大的成功。

五、学前儿童自我控制的发展

人类个体绝非一出世就具备了控制自己的能力。儿童是在生理不断成熟的条件下,在成人的指导教育下,通过与外界环境的不断交往发展各种心理能力,并逐渐克服冲动性,学会控制自己的活动的。

宋辉、杨丽珠(2000)对幼儿自控能力发展趋势进行了研究,得出如下结果:

(1)儿童自我控制能力结构包括自觉性、坚持性、自制力和自我延迟满足四个方面。

(2)儿童自我控制发展具有年龄特征。从总体上看,3—5岁儿童的自我控制能力随年龄的增长而呈上升趋势,且这种发展的关键年龄明显在三四岁之间。

(3)儿童自我控制发展水平具有性别差异,女孩高于男孩。

思考与练习

1. 什么是个性？
2. 气质的内涵是什么？不同类型气质的主要特点是什么？
3. 什么是性格？如何塑造学前儿童的性格？
4. 什么是能力？怎样培养学前儿童的能力？

第十一章

关于心理发展的四种主要学说

儿童心理学是研究儿童心理发生、发展的一门科学。儿童是怎么知道这是妈妈而不是爸爸，怎么学会骂人，怎么懂得计算……这些都是儿童心理学试图说明的基本问题。国外的儿童心理学家在这方面创立了许多不同的学说，形成了不同的流派，从各个不同角度试图说明儿童心理的发生发展机制。目前，影响较大的主要有以下四种学说。

第一节　成　熟　学　说

成熟学说强调儿童心理的发展取决于个体生理，尤其是神经系统的成熟；成熟支配着个体发展的每一个方面，包括所有能力的学习，甚至包括道德的发展。成熟学说的代表人物是美国心理学家格塞尔(A. Gesell, 1880—1961)。他是一位儿科医生，曾经对儿童的神经运动发展作过长期的研究。作为一名医生，格塞尔受胚胎学研究的影响极深。胚胎学的研究发现，胚胎的发育遵循严格的系列顺序，按照它的成熟程序逐步完成。他认为婴儿出生后，其发展也是按照一定的顺序进行的，如从头到脚、先坐后站再走等。个体的这些发展顺序受神经系统的影响，而归根结底受决定遗传特性的"基因"的控制。

成熟学说认为儿童的学习与成熟是分不开的。当个体的成熟程度不够时，教学就收不到应有的效果。只有当个体成熟到一定程度时，才能真正掌握学习的内容。因此，这一学说认为，儿童的一切技能都是由成熟支配的，没有必要赶在时间表前面去教他们。教育和训练只有在儿童生理成熟的基础上进行才有效，否则只会徒劳无获。

为了证实自己的学术观点，格塞尔做了一个著名的"双生子爬梯"试验。他用一对46周龄的孪生女婴作为实验对象，其中一个为实验对象(代号T)，另一个为控制对象(代号C)。实验开始前，T与C都没有见过楼梯。实验开始后，T每天接受爬梯的训练10分钟，共进行6周。在这期间，既不让C做爬楼梯训练，也不让她看爬楼梯的有关场景。训练结束时，T能以20秒的时间爬上特制的五层楼梯。而C在第53周龄时才开始爬楼梯，并不需要别人帮助，就以45秒的时间爬上最高层。在训练2周后，C能在10秒内爬完楼梯。实验表明，C在53周时开始接受2周的训练，其成绩高于T在46周时接受的6周训练。这一实验显示了成熟在儿童动作发展中的作用。

由此格塞尔认为,对于儿童来说,"一个自我需求的时间表是从器官时间出发的"。也就是说,儿童的生理器官的成熟是儿童心理发展的基本条件。儿童的生理成熟度不仅影响技能的学习,而且也影响个性的形成。

格塞尔把成熟作为儿童心理发展的决定性因素是一种片面的观点。这与我们中国人"树大自然直"的观点一样带有偏颇性。现代心理学研究认为,个体的成熟是心理发展的一个必要条件和物质前提,却并不是心理发展的决定性因素。格塞尔的理论对儿童心理发展的研究是有贡献的,它引起了人们对个体成熟这一因素的重视,特别对于儿童年龄段的研究有重大的启示作用。格塞尔对儿童动作发展所作的长期追踪研究和总结出来的年龄常模,具有极大的临床实用价值。我国的心理学工作者已经将格塞尔的量表作了全面修订,并运用在国内儿科诊断和心理发展的研究方面。在教育上,他的理论也引起我们对儿童早期教育作用的思索,是不是儿童的教育越早就越好呢?

第二节 行为主义学说

一、华生的环境决定论

华生(J. B. Waston,1878—1958)是行为主义心理学的真正创始人。在老师的眼里,他是一个懒惰任性、经常打架斗殴、不服管教的学生。但他聪明自信、英俊潇洒、能言善辩、兴趣广泛。一开始他对哲学感兴趣,曾在杜威门下学习。不久以后,他的兴趣很快转移到心理学与生理学上,并开始用动物进行实验。1913年,凭着敢于否定一切的勇气,华生发表了《一个行为主义者心目中的心理学》一文,宣告行为主义心理学诞生。1915年,华生当选为美国心理学会主席,可见行为主义为人们所接受的速度之快、影响之大。

行为主义学说认为,人的一切行为都是由环境中的刺激引起的。人类的行为来自学习,而学习的决定因素是外部刺激,外部刺激是可以控制的,因此,人的行为也是可以控制的。华生曾踌躇满志地说:"给我一打健全的婴儿和我可用以培养他们的特殊环境,我就可以保证随机选出任何一个,不论他的才能、倾向、本领和他父母的职业及种族如何,都可以把他训练成我所选定的任何类型的特殊人物:医生、律师、艺术家、大商人,甚至于乞丐、小偷!不过,请注意,当我从事这一实验时,我要亲自决定这些孩子的培养方法和环境。"

由上可见,行为主义学说否认遗传的作用,认为遗传只是决定人的身体结构,而不决定人的行为。人的行为无论多么复杂,都不过是一系列对特定刺激的反应。在这一系列的反应中,最初的反应是由外部刺激引起,以后的反应则由前一个反应作为条件刺激而引起。反应与反应之间通过条件反射相互联结。儿童的行为是通过学习和训练习得的,给儿童什么样的训练,就可以把他们训练成什么样的人。

为了证实儿童的行为是在环境的刺激下习得的这一观点,华生曾做过两个实验。一个实验是对11个月的婴儿A做的,目的是使其形成惧怕条件反射。起初A只有听到突然发出的巨响,才产

生惧怕反应,但并不惧怕白鼠。实验开始后,每当白鼠出现在 A 面前,研究者就在 A 的脑后猛敲铁棒发出巨响,使 A 产生惧怕反应。实验连续进行四次后,A 只要一见到白鼠就惊哭、退缩。以后,甚至看到白兔、小狗、有胡须的圣诞老人面具、毛皮大衣,A 都会害怕。另一个实验是对一名 3 岁的幼儿 P 做的,目的是消除他的惧怕反应。P 本来害怕一切长毛的动物和机械玩具。实验者先让 P 观看其他小朋友与白兔玩耍的场景;然后,在 P 吃饭时,把一只装有白兔的笼子放在离 P 稍远的地方;之后,P 吃饭时装有白兔的笼子逐渐被放得离他更近,几天之后,P 不再惧怕白兔了,能一边吃东西,一边与白兔玩耍。这两个实验证明,儿童的行为既可以在环境中习得,也可以在环境中改变,环境决定着儿童的行为。所以华生的行为主义学说又被称为环境决定论。

二、斯金纳的操作行为主义说

华生作为行为主义心理学的创始人,他提出的环境决定说本质上是一个刺激与一个反应之间的联系。这种刺激—反应的联系在某些简单的反射中表现得比较明显,如食物刺激引起唾液分泌的反应,又如巨大的噪声引起惧怕反应,等等,都属于应答性反应。但是,应答性反应并不能包括动物和人的一切行为,除应答性反应之外,还有一种操作反应,即动物和人在自己的活动中操作(控制)环境。一个动作的出现,受到了肯定或否定,那么,这个动作就会加强或减退。这一认识形成了行为学习的另一个模式:反应—强化—反应。引起第一个反应的刺激往往是不被充分理解的,而第二个反应则是由于受到强化而被人自己控制的。心理学上称这种新模式为操作行为主义。这一模式与华生的刺激—反应模式的主要区别在于,华生认为有刺激就一定会有相应的反应;而操作主义则认为,外界刺激只是一个前提条件,不一定就会连续引起反应。

操作行为主义是由美国心理学家斯金纳(B. F. Skinner,1904—1990)提出的。他早期就读于美国汉密尔顿大学,1928 年进入哈佛大学学习,1931 年获哲学博士学位。斯金纳认为,人的行为是由活动的结果决定的,行为结果对行为本身具有重要影响,他将这种影响称为强化,认为强化比练习本身更重要,建立特定的强化是行为学习的关键。如学习看书,是因为看书能使学生得到一个好的考试成绩,于是,学生就从事看书这一活动。斯金纳不仅用这种理论解释和培养儿童的行为,而且还以此来解释儿童语言的获得。斯金纳还进而认为,思维也是一种行为形式,只不过这种行为形式比其他的动作行为更微弱和更隐蔽罢了。由于思维的行为是隐蔽的,心理学无法测量它,因此,思维在心理学中没有地位。

斯金纳通过大量实验发现控制行为的因素主要有三种:(1)正强化,即某一行为如果带来使行为者感到愉快和满足的东西,如食物、金钱、赞誉、爱等,行为者就会倾向于重复该行为;(2)负强化,即某一行为如果会消除行为者的不快和厌恶,如消除严寒、酷热、电击、责骂等,行为者也会倾向于重复该行为;(3)惩罚,即如果某一行为会使行为者不快乐,或会使行为者感到快乐的东西被取消,行为者就会倾向于终止或避免该行为。现在,行为学家倾向于把强化归纳为四种:正强化、负强化、惩罚、剥夺,实际上是在斯金纳的基础上,把惩罚分为惩罚和剥夺而已。

行为主义学说是一个具有广泛影响的理论。这个学说由于强调行为的客观测量,从而推动了心理实验的发展;又由于它强调环境对行为的决定意义,否认遗传的决定作用,因而对抨击遗传决定论、反对种族歧视具有一定的作用。这一学说总结出来的一系列学习的规律,具有一定的科学价值。此外,在实践中,这一学说对培养儿童的良好习惯、纠正儿童的不良行为是有效的。

尤其是斯金纳的操作主义说,曾经掀起一场机器教学和程序教学的热潮。他曾应用强化原理,教会鸽子走 8 字、打乒乓;他的第二个孩子出生时,他设计了一个可以帮助父母养育孩子的"空中摇篮"。但是,由于这个学说否认意识,反对研究思维,因而它不可能真正揭示心理的实质;又由于它强调环境的决定作用,忽视了儿童作为主体在心理发展中的主动作用,因而具有片面性。

第三节　认知发展学说

传统的心理学不是强调遗传、成熟,就是强调环境的决定作用,瑞士心理学家皮亚杰创立的认知发展学说树立了新的旗帜。

皮亚杰(J. P. Piaget,1896—1980),瑞士人,是 20 世纪最有影响力的认知发展理论家。他在去世前已发表 40 本著作和 200 多篇论文。皮亚杰小时候喜欢动物,大学曾研究过软体动物,获得自然博士学位。他在研究了生物学之后,又研究认识论,发现在认识论和生物学之间有一条可以连接起来的纽带,这就是心理学,于是他开始致力于构造智力心理学的研究。他最感兴趣的问题是儿童的认识是怎样一步一步发展起来的,儿童在思考问题时,心理究竟发生了哪些变化。他把心理学的概念引入认识论中,探讨认识起源和发展的问题。因此,他的心理学又被称为发生认识论。1955 年,他建立了发生认识论国际研究中心,集合了各国著名的心理学家、生物学家、逻辑学家、哲学家和控制论学者,共同研究发生认识论,皮亚杰担任该中心的主任。

一、皮亚杰学说中儿童心理发展的因素

皮亚杰认为,儿童心理发展的因素有四个,即成熟、物理环境、社会环境和平衡化。

1. 成熟

成熟指的是机体的成长,特别是神经系统和内分泌系统的成长。这一因素是儿童心理发展的必要条件。没有这个条件,儿童的心理不可能得到发展,但有了成熟这一条件,还不足以使儿童心理得到发展,还需要以下各因素。

2. 物理环境

物理环境包括两个方面:一方面是物理经验,即个体作用于物体,认识物体轻重、大小、凉热、软硬等特征;另一方面是逻辑数理经验,指的是儿童在作用于物体时,从动作中产生的经验。为了说明逻辑数理经验是怎么回事,皮亚杰举例说明,例如一个儿童在玩石子,他将石子排成一排,自左向右数是 10 个;然后,他自右向左数,依然是 10 个。甚至把石子排成圆圈,无论是顺时针数,还是逆时针数,也都是 10 个。于是,儿童发现物体的总数与计数时的次序无关。对于儿童来说,这就是一个重大的逻辑数理经验,这个经验(10 个)不是石子本身的特性,而是儿童在计数的动作中和动作的协调中得到的。

3. 社会环境

社会环境指的是儿童的教育、学习、训练等社会作用和社会传递。皮亚杰认为社会环境产生

的作用,要比物理环境更大,因为社会环境向儿童提供了一个现成的交际工具——语言,语言对儿童心理的发展有重大影响。

4. 平衡化

皮亚杰称平衡化为儿童心理发展的决定性因素。什么是平衡化呢?为了说明这个问题,我们将从认知结构说起。皮亚杰认为各个年龄阶段的儿童都具有相应的认知结构,这个认知结构有一个发展过程,最初的认知结构是在先天遗传的图式(如吸吮、抓握等)上发展起来的。以后,随着动作的发展和内化,认知结构不断改变,变得越来越复杂和完备。与此同时,儿童的思维也就变得越来越抽象和深化。皮亚杰认为儿童认识世界、适应环境,有同化和顺应两种过程。同化即是把外界刺激纳入原有的认知结构。顺应是当原有的认知结构不能接纳外界刺激时,便作一定的改变或创立新的认知结构再来接纳外界刺激。人在适应外界世界的过程中,总是在不断地把外界刺激同化到自身的认知结构中去,或不时地适度改变自身的认知结构去顺应外界环境。可见,同化和顺应是相辅相成、不可分割的过程。至于平衡化即是通过自我调节作用,使同化与顺应之间相互协调达到相互平衡的过程。平衡化的结果就形成主体对环境的适应。

皮亚杰认为,智力的本质就是适应。

二、皮亚杰学说中儿童认知发展的过程

皮亚杰根据认知结构的不同变化,把儿童的认知发展过程划分为四个阶段。

1. 感知运动阶段(0—2 岁)

这个阶段的儿童最初只用天生的反射来适应环境。以后在外界影响下,逐渐有整合的动作反应,并开始协调感觉、知觉和动作间的共同活动。这一阶段后期,儿童的感觉运动智慧开始向表象过渡。

2. 前运算阶段(2—六七岁)

这个阶段的早期,儿童出现了语言,儿童可用这种"信号物"来代表具体的事物,开始用语言来描述周围环境,用语言与人交往。同时,儿童能用表象进行思维活动,出现了"表象思维";能进行"延迟模仿",即能模仿先前发生的动作。出现"象征性游戏",即能用一个物体去代替别的物体,自己假装为某一个角色等。但这个阶段的儿童自我中心现象比较突出,认为外部世界围绕着他旋转,也没有"守恒"概念,不能从本质上认识事物。皮亚杰对这一阶段的儿童作了大量的实验研究,充分揭示了这一阶段儿童思维的表象性和直觉性。

3. 具体运算阶段(六七岁—十一二岁)

这一阶段的儿童能在具体事物或具体形象的帮助下运用各种方法进行逻辑运算。

4. 形式运算阶段(十二三岁以后)

这一阶段的儿童逐步摆脱具体事物或具体形象的束缚,开始根据各种假设对命题进行逻辑运算。

皮亚杰认为,以上四个阶段是相互联系但又有区别的;它们之间的顺序不会颠倒,也不能省略。对于每个具体的儿童来说,他们的发展速度或高度可能不一样,但所经历的发展阶段是一样的。教育可以影响发展的速度,但绝不可能飞越某一阶段。皮亚杰特别强调,认知结构既不是主体内部预先规定好的结果的展开,也不是对外界客体的简单的复写,而是主体和客体相互作用的

结果。主体的动作是连接主体与客体之间的桥梁。"因为没有动作,就意味着与外部世界失去接触。"

皮亚杰是当代极有影响力的心理学家,他的认知理论不仅对心理学,而且对认识论的研究都有着巨大的贡献。他在儿童认知发展领域的影响是划时代的,他用新的发展观取代了传统的发展观。皮亚杰提出的儿童认知发展阶段论、相互作用论,在我们今天的儿童教育中,具有重要的指导意义。他的认知学说是一个十分庞大和深奥的理论体系,它不仅有独特的概念系统,而且还有独创的研究方法,值得我们认真研究。

第四节　社会学习论

社会学习论的主要代表人物是美国著名的心理学家班杜拉(A. Bandura,1925—2021)。他出生于加拿大,大学毕业后进入美国爱荷华大学研究所,专攻临床学,对学习理论在临床上的运用很感兴趣。1952年获博士学位后,他到斯坦福大学从事儿童攻击性行为的研究。

早期社会学习理论是在行为主义学习理论的基础上建立起来的,特别重视刺激—反应的接近性原理和强化原理,也十分重视动物研究,试图从动物行为研究的模式推论人的社会行为。到了20世纪60年代,班杜拉突破了传统的行为主义理论框架,从认知和行为联合起作用的观点解释人的学习行为。他认为社会学习乃是一种信息加工理论和强化综合的过程。强化理论无法阐述行为获得过程中的内部活动,而信息加工理论又忽略了行为操作因素。班杜拉通过大量的实验和临床行为矫正,建立了现代社会学习理论。这些理论具有以下三个特点。

一、三位一体的交互决定论

班杜拉认为的"三位"就是指个体的行动或行为、周围环境以及个体的认知、动机及其他因素。这三者是互相决定、共同起作用的,可以是一果多因,也可以是一因多果。

二、替代强化

行为主义理论强调行为的获得主要是通过直接强化,运用的是联想式和操作式条件反射。社会学习理论者通过对儿童和成人的大量研究,发现儿童的许多行为并未直接受到强化,而是在观察别人行为时,别人所受到的强化会影响儿童去学习或抑制这种行为,这个过程被称为间接强化或替代强化。如一个小孩看到邻居与别人吵架,受到了周围人的斥责,那么这个小孩可能就不会去学习这种吵架的行为。反过来,若邻家小孩跟人吵架还受到表扬,他就可能很想去试一试。在这种情况下,儿童本人既无行动,也未受到什么直接强化,但模式所受到的强化会影响儿童以后的行为,这正是替代强化的表现。

三、观察和模仿

班杜拉在实验中发现儿童在观察范型的过程中,即使未受到外部强化或替代强化,仍能获得范型的行为。强化只能影响行为的出现率,而不会影响行为的模仿。行为的获得不是由强化决定的,而是由观察(认知)决定的。

他把男女各半的 66 名幼儿随机分为三组,让他们分别观看成年人 A 攻击娃娃表现的录像。三组录像结尾对攻击性行为的处理各不相同:(1)奖赏:录像中成人 B 对攻击者成人 A 给予口头赞赏和糖果进行奖励;(2)惩罚:成人 C 怒气冲冲地指责攻击者的行为;(3)无强化:成人 A 攻击玩偶后放映便结束。然后,将三组儿童带到与录像中情景相同的实验情景中,让他们自由活动十分钟,观察和记录儿童的行为表现。接着实验者进行诱导:告诉儿童如果模仿录像中的成人行为,就给予奖励。结果显示:(1)范型的攻击性行为受到的强化,明显影响儿童的反应;(2)示范者的攻击性行为是否受到强化,不影响儿童模仿行为的获得。班杜拉根据这个研究认为应该把操作与习得区分开来,替代性强化可以阻碍新反应的操作,但并未阻碍新反应的习得。也就是说,当一个行为出现时,儿童不一定就会去模仿(行动),但他却把这个行为学习在头脑中了(认识)。

这个研究以及随后的许多重复研究具有一定的实践意义。比如说儿童平时对电视、电影、小说中的打斗情景的观察,虽然未能使其直接、自发地对打斗行为加以模仿,但并未阻止他们的学习;即使是对这些反社会行为给予惩罚,也不能阻止他们对这种行为的无意识的学习。只要遇到与影片或小说中类似的情景,这些行为很可能在实际生活中再现。

班杜拉认为,观察学习并不是机械地模仿或复制模式的行为。观察学习有两种,一种是直接的模仿和反模仿,即儿童受到模式的影响,即刻或以后在环境有利的条件下准确地复制模式行为,或者是儿童观察到模式的行为与结果,作为一种教训接受下来,以后指导自己不准做这类事,这是直接的反模仿。模仿或反模仿可以表现为只是与模式某个特定行为相同,也可以表现为与模式的行为同属一类的行为,换句话说,模仿或反模仿并不限于某个具体行为,也可以是同一类行为。另一种观察学习是抑制和抑制解除。如儿童看了持械杀人的影片后,对弟弟妹妹表现得不那么亲密了,常常发脾气,叫叫嚷嚷。这个儿童虽未有意地模仿电影里的行为,但自然而然地恢复了以前习得的同类行为。在这种情况下,原先受到抑制的攻击性行为已被解除抑制。同样,一个儿童上学第一天看到老师处分在课堂上捣乱的同学,他也许以后不敢草率地完成作业或迟交作业。这两种行为虽然表现不同,却属于同一类,都违背了教师的指令。由此可见,第一个儿童的行为后果可以抑制第二个儿童产生同一类的行为。

观察学习是一个复杂的过程,它不是单纯地重演示范者的行为,而是在模式影响下,学习和回忆他所看到过的行为,对行为的抽象进行归类,然后指导自己的行动。

班杜拉还指出,模式可以影响儿童和成人的自我强化。所谓自我强化是指儿童已经建立了自己内部的行为准则,当儿童的行为符合这个准则时,就自己奖励自己;违反了这个准则时,儿童就会自己惩罚自己。由于儿童形成了自我调节的模式,就无须依靠外界的强化。让一组儿童观察一个模式,儿童在这个模式中得到高分时就会奖励自己,得到低分时就批评自己;另一组儿童观察另一个模式,这个模式自我奖赏比较少;第三组儿童是不看任何模式的控制组。经过研究后发现,看过模式和自我奖赏的两组儿童在游戏时都能采用自我奖赏的形式。控制组儿童因从未见过模式的自我强化,因而对自我奖赏并无一定标准,自己什么时候想奖赏自己就对自己强化一下。因此,学习理论者认为模式的行为可以影响儿童的自我评价和自我强化。

　　班杜拉的社会学习理论,从儿童个体的行为、认知以及儿童周围环境所提供的范型之间的相互关系,来强调在儿童心理发展过程中,社会环境对儿童的影响作用。这对我们今天进行儿童教育有重要的启发意义,特别是对于社会、家庭、学校该怎样创设一个有利于儿童成长的环境模型,让儿童在潜移默化中得到良好的发展,都极具参考价值。

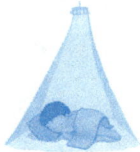

附录一

《学前心理学(第四版)》题库

在线练习1

一、选择题

1. 儿童能以命题形式思维,则其认知发展已达到(　　　)。

   A. 感知运动阶段　　　B. 前运算阶段　　　C. 具体运算阶段　　　D. 形式运算阶段

2. 儿童开始能够按照物体某些比较稳定的主要特征进行概括,说明儿童已出现了(　　　)。

   A. 直观的概括　　　B. 语词的概括　　　C. 表象的概括　　　D. 动作的概括

3. 幼儿典型的思维方式是(　　　)。

   A. 直观动作思维　　　B. 抽象逻辑思维　　　C. 直观感知思维　　　D. 具体形象思维

4. "童言无忌"从儿童心理学的角度看是(　　　)。

   A. 儿童心理落后的表现　　　　　　　　B. 符合儿童年龄特征的表现

   C. "超常"的表现　　　　　　　　　　　D. 父母教育不当所致

5. 一个小女孩看到"夏景"说:"小姐姐坐在河边,天热,她想洗澡,她还想洗脸,因为脸上淌汗。"
   这个小女孩的想象是(　　　)。

   A. 经验性想象　　　B. 情境性想象　　　C. 愿望性想象　　　D. 拟人化想象

6. 儿童道德发展的核心问题是(　　　)。

   A. 亲子关系的发展　　　B. 同伴关系的发展　　　C. 性别角色的发展　　　D. 亲社会行为的发展

7. 最有利于儿童成长的依恋类型是(　　　)。

   A. 回避型　　　B. 安全型　　　C. 反抗型　　　D. 迟钝型

8. 下列符合儿童动作发展规律的是(　　　)。

   A. 从局部动作发展到整体动作　　　　　B. 从边缘部分动作发展到中央部分动作

   C. 从粗大动作发展到精细动作　　　　　D. 从下部动作发展到上部动作

9. 儿童的不知足、不安全、忧虑、退缩、怀疑、不喜欢与同伴交往等特点是在(　　　)教养方式下形成的。

   A. 放纵型　　　B. 专制型　　　C. 民主型　　　D. 自由型

10. 在良好的教育环境下,5-6岁儿童能集中注意(　　　)。

    A. 5分钟　　　B. 10分钟　　　C. 15分钟　　　D. 7分钟

11. 婴儿寻求并企图保持与另一个人亲密的身体和情感联系的倾向被称为(　　　)。

    A. 依恋　　　B. 合作　　　C. 移情　　　D. 社会化

12. 儿童对科学概念掌握的特点为(　　)。
　　A. 可通过日常交往掌握　　　　　　　　B. 可通过个人积累经验掌握
　　C. 需经过专门教学才能掌握　　　　　　D. 以上都对

13. 根据皮亚杰的认知发展阶段论,3-6岁儿童处于(　　)阶段。
　　A. 感知运动　　　　B. 前运算　　　　C. 具体运算　　　　D. 形式运算

14. 儿童学习语言的关键期是(　　)。
　　A. 0-1岁　　　　B. 1-3岁　　　　C. 3-6岁　　　　D. 5-6岁

15. 培养机智、敏锐和自信心,防止疑虑、孤独,这些教育措施主要是针对(　　)。
　　A. 胆汁质的儿童　　B. 多血质的儿童　　C. 黏液质的儿童　　D. 抑郁质的儿童

16. 儿童在想象中常常表露出个人的愿望。例如,大班儿童文文说:"妈妈,我长大了也想和你一样,做一个老师"。这是一种(　　)。
　　A. 经验性想象　　　B. 情境性想象　　　C. 愿望性想象　　　D. 拟人化想象

17. 在同一桌上绘画的儿童,其想象的主题往往雷同,这说明幼儿想象的特点是(　　)。
　　A. 想象无预定目的,由外界刺激直接引起
　　B. 想象的主题不稳定,想象方向随外界刺激变化而变化
　　C. 想象的内容零散,无系统性,形象间不能产生联系
　　D. 以想象过程为满足,没有目的性

18. 儿童一进商场就被漂亮的玩具吸引,儿童在这一刻出现的心理现象是(　　)。
　　A. 注意　　　　B. 想象　　　　C. 需要　　　　D. 思维

19. 在学龄前期,(　　)儿童的性别角色的教育对儿童的智力发展和性格发展是有益的。
　　A. 强化　　　　B. 适当淡化　　　　C. 不考虑　　　　D. 以上说法都不对

20. 儿童意识到自己和他人一样都有情感、有动机、有想法,这反映儿童(　　)。
　　A. 个性的发展　　B. 情感的发展　　C. 社会认知的发展　　D. 感觉的发展

21. 有的儿童遇事反应快,容易冲动,很难约束自己的行动,这个儿童的气质类型比较倾向于(　　)。
　　A. 多血质　　　　B. 黏液质　　　　C. 胆汁质　　　　D. 抑郁质

22. 婴儿喜欢将东西扔在地上,成人拾起来给他后,他又扔在地上,如此重复,乐此不疲,这一现象说明婴儿喜欢(　　)。
　　A. 手的动作　　　B. 重复连锁动作　　　C. 抓握动作　　　D. 玩东西

23. 儿童常把没有发生或期望的事情当作真实的事情,这说明儿童(　　)。
　　A. 好奇心强　　　B. 说谎　　　C. 移情　　　D. 想象与现实混淆

24. 下列哪种方法不利于缓解或调整儿童激动的情绪?(　　)
　　A. 转移注意力　　B. 斥责　　　C. 冷处理　　　D. 安抚

25. 适合儿童发展的内涵是指(　　)。
　　A. 追随儿童的兴趣　　　　　　　　　B. 任其自由发展
　　C. 跟随儿童的发展　　　　　　　　　D. 适合儿童发展规律与特点

26. 有的儿童擅长绘画,有的善于动手操作,还有的很会讲故事。这体现的是儿童(　　)。
　　A. 能力类型的差异　　　　　　　　　B. 能力发展早晚的差异
　　C. 能力发展速度的差异　　　　　　　D. 能力水平的差异

27. 婴幼儿手眼协调的标志性动作是( )。

    A. 无意触摸到东西   B. 握住手里的东西

    C. 伸手拿到看见的东西   D. 玩弄手指

28. 由于儿童是以自我为中心辨别左右方向的,幼儿园教师在动作示范时应该( )。

    A. 背对儿童,采用镜面示范   B. 面对儿童,采用镜面示范

    C. 面对儿童,采用正常示范   D. 背对儿童,采用正常示范

29. 2岁半的豆豆还不会自己吃饭,可偏要自己吃;不会穿衣,偏要自己穿。这反映了幼儿( )。

    A. 情绪的发展   B. 动作的发展   C. 自我意识的发展   D. 认知的发展

30. 中班儿童告状现象频繁,这主要是因为儿童( )。

    A. 道德感的发展   B. 羞愧感的发展   C. 美感的发展   D. 理智感的发展

31. 渴望同伴接纳自己,希望自己得到老师的表扬,这种表现反映了儿童( )。

    A. 自信心的发展   B. 自尊心的发展   C. 自制力的发展   D. 移情的发展

32. 为了解儿童同伴交往特点,研究者深入儿童所在的班级,详细记录其交往过程的语言和动作等。这一研究方法属于( )。

    A. 访谈法   B. 实验法   C. 观察法   D. 作品分析法

33. 小班集体教学活动一般都安排15分钟左右,是因为幼儿有意注意时间一般是( )。

    A. 20-25分钟   B. 3-5分钟   C. 15-18分钟   D. 10-11分钟

34. 幼儿园促进儿童社会性发展的主要途径是( )。

    A. 人际交往   B. 操作练习   C. 教师讲解   D. 集体教学

35. 照料者对婴儿的需求应给予及时回应是因为:根据埃里克森的观点,在生命中第一年的婴儿面临的几种冲突是( )。

    A. 主动性对内疚   B. 基本信任对不信任

    C. 自我统一性对角色   D. 自主性对害羞

36. 在婴儿表现出明显的分离焦虑现象时,表明婴儿已获得( )。

    A. 条件反射观念   B. 母亲观念

    C. 积极情绪观念   D. 客体永久性观念

37. 儿童难以理解反话的含义,是因为儿童理解事物具有( )。

    A. 双关性   B. 表面性   C. 形象性   D. 绝对性

38. 1.5-2岁左右儿童使用的句子主要是( )。

    A. 单词句   B. 电报句   C. 完整句   D. 复合句

39. 按照皮亚杰的观点,2-7岁儿童的思维处于( )。

    A. 具体运算阶段   B. 形式运算阶段   C. 感知运动阶段   D. 前运算阶段

40. 在陌生环境实验中妈妈在幼儿身边幼儿一般能安心玩耍,对陌生人的反应也比较积极,儿童对妈妈的依恋属于( )。

    A. 回避型   B. 无依恋型   C. 安全型   D. 反抗型

41. 婴儿手眼协调发生的时间是( )。

    A. 2-3个月   B. 4-5个月   C. 7-8个月   D. 9-10个月

42. 按顺序呈现"护士、兔子、月亮、救护车、胡萝卜、太阳"图片让儿童回忆,儿童回忆说:刚看到

了救护车和护士、兔子与胡萝卜、太阳与月亮,这些儿童运用的记忆策略为( )。

    A. 复述策略   B. 精细加工策略   C. 组织策略   D. 习惯化策略

43. 儿童学习的基础是( )。

    A. 直接经验   B. 课堂学习   C. 间接经验   D. 理解记忆

44. 评估儿童发展的最佳方式是( )。

    A. 平时观察   B. 期末检测   C. 问卷调查   D. 家长访谈

45. 在儿童的日常生活、游戏等活动中,创设或改变某种条件,以引起儿童心理的变化,这种研究方法是( )。

    A. 观察法   B. 自然实验法   C. 测验法   D. 实验室实验法

46. 儿童看见同伴欺负别人会生气,看见同伴帮助别人会赞同,这种体验是( )。

    A. 理智感   B. 道德感   C. 美感   D. 自主感

47. 儿童如果能够认识到他们的性别不会随着年龄的增长而发生改变,说明他已经具有( )。

    A. 性别倾向性   B. 性别差异性   C. 性别独特性   D. 性别恒常性

48. 让脸上抹有红点的婴儿站在镜子前,观察其行为表现,这个实验测试的是婴儿哪方面的发展? ( )

    A. 自我意识   B. 防御意识   C. 性别意识   D. 道德意识

49. 个体认识到他人的心理状态,并由此对其相应行为作出因果性推测和解释的能力称为( )。

    A. 元认知   B. 道德认知   C. 心理理论   D. 认知理论

50. 下列哪一种不属于《3-6岁儿童学习与发展指南》倡导的幼儿学习方式?( )

    A. 强化学习   B. 直接感知   C. 实际操作   D. 亲身体验

51. 小班儿童玩橡皮泥时,往往没有计划性。橡皮泥搓成团就说是包子,搓成条就说是油条,长条橡皮泥卷起来就说是麻花。这反映了小班儿童( )。

    A. 具体形象思维的特点   B. 直觉行动思维的特点

    C. 象征性思维的特点   D. 抽象逻辑思维的特点

52. 教师根据儿童的图画来评价儿童发展的方法是( )。

    A. 观察法   B. 作品分析法   C. 档案袋评价法   D. 实验法

53. 一名从未见过飞机的儿童,看到蓝天上飞过的一架飞机说:"看,一只很大的鸟!"从语言发展的角度来看,这一句话反映的特点是( )。

    A. 过度规范化   B. 扩展不足   C. 过度泛化   D. 电报句式

54. 班杜拉的社会认知理论认为( )。

    A. 儿童通过观察和模仿身边人的行为学会分享

    B. 操作性条件反射是儿童学会分享的重要学习形式

    C. 儿童能够学会分享是因为儿童天性本善

    D. 儿童学会分享是因为成人采取了有效的惩罚措施

55. 评价儿童生长发育最重要的指标是( )。

    A. 体重和头围   B. 头围和胸围   C. 身高和胸围   D. 身高和体重

56. 1岁半的幼儿想给妈妈吃饼干时,会说:"妈妈""饼""吃",并把饼干递过去,这表明该阶段幼儿语言发展的一个主要特点是( )。

A. 电报句　　　　　B. 完整句　　　　　C. 单词句　　　　　D. 简单句

57. 一名4岁儿童听到教师说"一滴水,不起眼",结果他理解成了"一滴水,肚脐眼"。这一现象主要说明儿童(　　)。

A. 听觉辨别力较弱

B. 想象力非常丰富

C. 语言理解凭借自己的具体经验

D. 理解语言具有随意性

58. 在商场,4-5岁的儿童看到自己喜爱的玩具时,已不像2-3岁那样吵着要买;他能听从成人的要求,并用语言安慰自己:"家里有许多玩具了,我不买了。"对这一现象最合理的解释是(　　)。

A. 4-5岁儿童形成了节约的概念

B. 4-5岁儿童的情绪控制能力进一步发展

C. 4-5岁儿童能够理解玩其他玩具同样快乐

D. 4-5岁儿童自我安慰的手段有了进一步发展

59. 下雨天走在被车轮碾过的泥泞路上,晓雪说:"爸爸,地上一道一道的是什么呀?"爸爸说:"是车轮压过的泥地儿,叫车道沟。"晓雪说:"爸爸脑门儿上也有车道沟(指皱纹)。"晓雪的说法体现的幼儿思维特点是(　　)。

A. 转导推理　　　　B. 演绎推理　　　　C. 类比推理　　　　D. 归纳推理

60. 婴幼儿的"认生"现象通常出现在(　　)。

A. 3-6个月　　　　B. 6-12个月　　　　C. 1-2岁　　　　D. 2-3岁

61. 2-6岁的儿童掌握的词汇数量迅速增加其先后顺序通常是(　　)。

A. 动词,名称,形容词

B. 动词,形容词,名称

C. 名称,动词,形容词

D. 形容词,动词,名称

62. 青青的妈妈说:"那孩子的嘴真甜!"这主要反映了那孩子(　　)。

A. 思维的片面性　　B. 思维的拟人性　　C. 思维的生动性　　D. 思维的表面性

63. 教师要根据幼儿园的个体差异进行教育,以下不属于儿童个体差异的是(　　)。

A. 某儿童往常吃饭很慢,今天为了得到教师的表扬,吃得很快

B. 有的儿童吃饭快,有的幼儿吃饭慢

C. 某儿童动手能力很强,但语言能力弱于同龄儿童

D. 男孩通常比女孩表现出更多的身体攻击行为

64. 下列哪一种活动重点不是发展幼儿的精细动作能力?(　　)

A. 扣纽扣　　　　　B. 使用剪刀　　　　C. 双手接球　　　　D. 系鞋带

65. 生活在不同环境中的同卵双胞胎的智商测试分数很接近,这说明(　　)。

A. 遗传和后天环境对儿童的影响是平行的　　B. 后天环境对智商的影响较大

C. 遗传对智商的影响较大　　　　　　　　　D. 遗传和后天环境对智商的影响相等

66. 午餐时餐盘不小心掉到地上,看到这一幕的亮亮对老师说:"盘子受伤了,它难过得哭了。"这说明亮亮的思维特点是(　　)。

A. 自我中心　　　　B. 泛灵论　　　　　C. 不可逆　　　　　D. 不守恒

67. 初入幼儿园的儿童常常有哭闹、不安等不愉快的情绪,说明这些儿童表现出了(　　)。

A. 回避型状态　　　B. 抗拒性格　　　　C. 分离焦虑　　　　D. 黏液质气质

68. 桌面上一边摆了三块积木,另一边摆了四块积木,教师问:"一共有几块积木?"从儿童的下列

表现来看,数学能力发展水平最高的是(　　　)。

　　A. 把前三块积木和后四块积木放在一起,然后一个一个点数

　　B. 看了一眼三块积木,说出"3",暂停一下,接着数"4,5,6,7"

　　C. 左手伸出三根手指,右手伸出四根手指,暂停一下,说出 7 块

　　D. 幼儿先看了 3 块积木,后看了 4 块积木,暂停一下,说出 7 块

69. 对儿童学习品质的理解正确的是(　　　)。

　　A. 活动过程中的态度和行为倾向　　　　　B. 活动过程中的学习速度

　　C. 活动过程中的知识积累　　　　　　　　D. 活动过程中的道德品质

70. 如果母亲能一贯具有敏感、接纳、合作、易接近等特征,其婴儿容易形成的依恋类型是(　　　)。

　　A. 回避型依恋　　　　B. 安全型依恋　　　　C. 反抗型依恋　　　　D. 紊乱型依恋

71. 教师对儿童说:"不准乱跑,不准插嘴,不准争吵……"这样的话语,所违背的教育原则是(　　　)。

　　A. 正面教育　　　　B. 保教结合　　　　C. 因材施教　　　　D. 动静交替

72. 下面几种新生儿的感觉中,发展相对最不成熟的是(　　　)。

　　A. 视觉　　　　　　B. 听觉　　　　　　C. 嗅觉　　　　　　D. 味觉

73. 研究儿童自我控制能力和行为的实验是(　　　)。

　　A. 陌生情境实验　　　B. 点红实验　　　　C. 延迟实验　　　　D. 三山实验

74. 一般情况下,哪个年龄段的儿童能结合情境理解一些表示因果、假设等关系的相对复杂的句子(　　　)。

　　A. 托班　　　　　　B. 小班　　　　　　C. 中班　　　　　　D. 大班

75. 下列哪一个选项不是婴儿期出现的基本情绪体验(　　　)。

　　A. 羞愧　　　　　　B. 伤心　　　　　　C. 害怕　　　　　　D. 生气

76. 根据埃里克森的心理社会发展理论,1-3 岁儿童形成的人格品质是(　　　)。

　　A. 信任感　　　　　B. 主动性　　　　　C. 自主性　　　　　D. 自我同一性

77. 皮亚杰的"三山实验"考察的是(　　　)。

　　A. 儿童的深度知觉　　　　　　　　　　　B. 儿童的计数能力

　　C. 儿童的自我中心性　　　　　　　　　　D. 儿童的守恒能力

78. 下列针对儿童个体差异教育的观点,哪种不妥?(　　　)

　　A. 应关注和尊重儿童不同学习方式和认知风格

　　B. 应支持儿童富有个性和创造性的学习与探索

　　C. 应确保每位儿童在同一时间达成同样目标

　　D. 应对有特殊需要儿童给予特别关注

79. 为保护儿童脊柱,成人应该(　　　)。

　　A. 要求儿童背单肩包　　　　　　　　　　B. 鼓励儿童睡硬床

　　C. 组织儿童从高处往水泥地上跳　　　　　D. 要求儿童长时间抬头挺胸站立

80. 婴儿出生大约 6-10 周后,人脸可以引发其微笑。这种微笑称为(　　　)。

　　A. 生理性微笑　　　B. 自然微笑　　　　C. 社会性微笑　　　　D. 本能微笑

81. 下列表述中,与大班儿童实物概念发展水平最接近的是(　　　)。

　　A. 理解本质特征　　B. 理解功能性特征　　C. 理解表面特征　　D. 理解熟悉特征

161

82. 新生儿的心理,可以说是一周一个样,满月以后,是一个月一个样,但是,周岁以后,发展速度就缓慢了下来,两三岁以后的儿童,相隔一周,前后变化一般不那么明显了。这说明(　　)。

　　A. 儿童心理在不同阶段发展不平衡　　　　B. 儿童心理的不同方面发展不平衡

　　C. 不同儿童个体心理发展不平衡　　　　　D. 不同性别儿童心理发展不平衡

83. "龙生龙,凤生凤,老鼠的孩子会打洞"强调影响儿童发展的因素是(　　)。

　　A. 遗传　　　　　　B. 环境　　　　　　C. 教育　　　　　　D. 生理成熟

84. 教育在儿童心理发展中起(　　)作用。

　　A. 前提　　　　　　B. 决定　　　　　　C. 次要　　　　　　D. 主导

85. 印度"狼孩"的事例表明,个体在早期心理发展的某一个短暂时期内,对某类刺激特别敏感,一旦错失这个时期将难以达到应有的发展水平。心理学上把这一时期称为(　　)。

　　A. 最近发展期　　　B. 生长高峰期　　　C. 心理断乳期　　　D. 发展关键期

86. 美国心理学家布鲁姆儿童智力发展曲线的研究发现,学前阶段是人的智力发展极为迅速的时期,在这一阶段,对智力发展影响最大的因素是(　　)。

　　A. 遗传　　　　　　B. 环境　　　　　　C. 胎教　　　　　　D. 父母文化程度

87. 格塞尔双生子爬梯实验说明(　　)对儿童发展的作用。

　　A. 遗传　　　　　　B. 环境　　　　　　C. 教育　　　　　　D. 生理成熟

88. "给我一打健全的婴儿,我可以用特殊的方法任意加以改变,或者使他们成为医生、律师、艺术家、富商,或者使他们成为乞丐和盗贼,无论他的天资、爱好、脾气以及他祖先的才能、职业和种族……"强调了(　　)因素对儿童发展的决定作用。

　　A. 遗传　　　　　　B. 环境　　　　　　C. 教育　　　　　　D. 生理成熟

89. 儿童在绘画时常常"顾此失彼",说明儿童注意的(　　)较差。

　　A. 稳定性　　　　　B. 广度　　　　　　C. 分配能力　　　　D. 范围

90. 当教室里一片喧哗时,教师突然放低声音或停止说话,会引起儿童的注意。这是(　　)。

　　A. 刺激物的物理特性引起儿童的无意注意

　　B. 与儿童的需要关系密切的刺激物,引起儿童的无意注意

　　C. 在成人的组织和引导下,引起儿童的有意注意

　　D. 利用活动引起儿童的有意注意

91. 大班儿童一般能集中注意约(　　)。

　　A. 8-10分钟　　　B. 10-15分钟　　　C. 15-20分钟　　　D. 20-25分钟

92. 儿童可以边唱歌边做动作,或者边搭积木边聊天,这种现象属于(　　)。

　　A. 注意的稳定性　　B. 注意的广度　　　C. 注意的转移　　　D. 注意的分配

93. 关于学前儿童注意的发展,正确的说法是(　　)。

　　A. 无意注意随年龄的增长而占据越来越重要的地位

　　B. 有意注意的发展先于无意注意的发展

　　C. 儿童注意的广度比较宽

　　D. 注意的稳定性随年龄的增长而增强

94. 在注意的广度上,儿童至多只能把握(　　)对象。

　　A. 0-1个　　　　　B. 1-2个　　　　　C. 2-3个　　　　　D. 3-4个

95. 儿童注意的特点是( )。

    A. 无意注意占优势,有意注意逐渐发展   B. 有意注意占优势,无意注意逐渐发展

    C. 无意注意和有意注意都没什么发展   D. 无意注意和有意注意同步发展

96. 儿童最早能够辨别的图形是( )。

    A. 圆形   B. 正方形   C. 三角形   D. 长方形

97. 能辨别前、后概念的年龄是( )。

    A. 3 岁   B. 4 岁   C. 5 岁   D. 6 岁

98. 下面哪个时间概念儿童最先掌握( )。

    A. 今天、明天、昨天   B. 白天、黑夜   C. 星期   D. 整点、半点

99. "视崖"实验说明婴儿具有( )。

    A. 大小知觉   B. 深度知觉   C. 时间知觉   D. 形状视觉

100. 下列说法错误的是( )。

    A. 触觉的差别感受性是在幼儿期才开始发展起来

    B. 口腔探索是婴儿重要的学习方式

    C. 人从出生时起就有触觉反应

    D. 手的触觉作为探索手段早于口腔触觉探索

101. 某儿童能依靠生活作息制度来认识时间,如"下午是午睡起来以后",这说明该儿童( )。

    A. 根据日夜和季节变化来对时间定向

    B. 依靠生理变化产生对时间的条件反射

    C. 有了与具体事物与事件相联系的时间知觉

    D. 能够对持续时间进行估计

102. 一般来说,2 岁儿童能再认几个星期以前感知过的事物,3 岁儿童能再认几个月以前感知过的事物,4 岁儿童能再认一年前感知过的事物。这说明( )。

    A. 儿童记忆的范围越来越大   B. 儿童记忆保持时间长度随年龄的增长而增长

    C. 儿童形象记忆的效果好于语词记忆   D. 儿童的记忆广度越来越大

103. 下列对于儿童记忆的描述中错误的是( )。

    A. 随着儿童年龄的增长,形象记忆发展的速度大于语词记忆

    B. 意义记忆的效果总是好于机械记忆

    C. 对于熟悉的理解的事物,儿童有意记忆效果都比无意记忆效果好

    D. 儿童意义记忆水平低与他们不会运用适当的记忆方法有关

104. 小朋友在玩游戏时,常常会自言自语:"我这手枪能够一枪打死很多人",这说明( )。

    A. 儿童想象的独特性   B. 儿童想象的夸张性

    C. 儿童想象的情绪性   D. 儿童想象不受外界刺激的影响

105. 儿童在听老师讲《小红帽》的故事时,头脑中会浮现出小红帽和大灰狼的生动形象。这种心理活动属于( )。

    A. 创造想象   B. 无意想象   C. 再造想象   D. 幻想

106. 儿童看到天上白云的形状,一会儿想象它是一匹飞奔的"骏马",一会儿想象它是一座会动的"山"……这种想象属于( )。

A. 无意想象   B. 有意想象   C. 再造想象   D. 幻想

107. 儿童想象的典型形式是( )。

     A. 随意想象   B. 创造想象   C. 不随意想象   D. 相似想象

108. 儿童在连续发音阶段能发出( )。

     A. ba-ba,ma-ma   B. on   C. a   D. mao-mao

109. 儿童最先掌握的词汇是( )。

     A. 动词   B. 名词   C. 形容词   D. 数量词

110. 模仿发音——学话萌芽(牙牙学语)阶段是在( )。

     A. 1-3个月   B. 4-6个月   C. 7-9个月   D. 9-12个月

111. 3岁儿童常常表现出各种反抗行为或执拗现象,这说明儿童心理发展处于( )。

     A. 最近发展区   B. 敏感期   C. 转折期   D. 关键期

112. 儿童看到桌上有个苹果时,下列所说的话中直接体现"感知觉"活动的是( )。

     A. "真香!"   B. "我要吃!"   C. "这是什么?"   D. "这儿有个苹果。"

113. 婴儿出生时,最发达的感觉是( )。

     A. 痛觉   B. 听觉   C. 味觉   D. 视觉

114. 儿童在生长发育过程中出现速度放慢或是顺序异常等现象,此种症状称为( )。

     A. 自闭症   B. 肥胖症   C. 佝偻病   D. 发育迟缓

115. ( )是影响生长发育的最基本的因素,它为儿童的生长发育提供了可能性。

     A. 先天遗传因素   B. 环境因素   C. 学校教育   D. 家庭教育

116. 肥胖症发生的主要诱因是( )。

     A. 遗传因素   B. 过食、缺乏适当的体育锻炼

     C. 内分泌疾患   D. 精神因素

117. ( )是科学研究最基本的方法,是收集第一手资料的最直接的手段。

     A. 观察法   B. 实验法   C. 作品分析法   D. 谈话法

118. 对不具备语言表达能力的婴儿的行为的研究,常用的方法是( )。

     A. 实验法   B. 观察法   C. 测验法   D. 问卷法

119. 所得材料最自然、真实的一种研究方法是( )。

     A. 问卷法   B. 谈话法   C. 观察法   D. 实验法

120. 研究者根据研究目的,"寻访"被调查对象,通过谈话的方式了解被研究者对某个人、某件事情、某种行为或现象的看法和态度,这种研究方法是( )。

     A. 谈话法   B. 作品分析法   C. 问卷法   D. 测验法

121. 儿童心理发展受多方面因素的影响,其中影响儿童心理发展的客观因素有( )。

     A. 生物因素、环境、教育   B. 家庭环境、个体、教育

     C. 自然环境、个体、教育   D. 物理环境、实践、教育

122. 弗洛伊德的人格结构中本我遵循的原则是( )。

     A. "快乐原则"   B. "完美原则"   C. "现实原则"   D. "理性原则"

123. 一个小女孩听爸爸说这次出国回来要给她买电动火车,于是,她到幼儿园对小伙伴说:"我爸爸从国外给我带回一个电动火车,可好玩了。"这是儿童( )的表现。

A. 记忆   B. 知觉   C. 想象   D. 撒谎

124. 儿童出现想象萌芽的时期是( )。

     A. 1.5-2 岁   B. 2-2.5 岁   C. 2.5-3 岁   D. 3-3.5 岁

125. 问一个 3 岁的儿童:"你有姐姐吗?"他说"有",再问他:"你姐姐有弟弟吗?"他却说"没有",这说明学前儿童的思维具有( )特点。

     A. 片面性   B. 经验性   C. 自我中心性   D. 不可逆性

126. 3-5 岁儿童常常自己造词,出现"造词现象",这说明( )。

     A. 儿童词汇贫乏,词义掌握不确切   B. 儿童的词汇量在不断增加

     C. 儿童的智力发展有了质的飞跃   D. 儿童的言语表达能力增强

127. 培养勇于进取、豪放的品质,防止任性、粗暴,这些教育措施主要是针对( )。

     A. 胆汁质的儿童   B. 多血质的儿童   C. 黏液质的儿童   D. 抑郁质的儿童

128. 美国华盛顿儿童博物馆的格言"我听见就忘记了,我看见就记住了,我做了就理解了",主要说明了在教育过程中应( )。

     A. 尊重儿童的个性   B. 培养幼儿积极的情感体验

     C. 重视儿童学习的自律性   D. 重视儿童的主动操作

129. 儿童思考问题总是借助具体事物或具体事物的表象,对具体的语言容易理解,对抽象的语言则不易理解。这体现了儿童思维的( )特征。

     A. 直观行动性   B. 自我中心性   C. 具体性   D. 形象性

130. 研究表明,( )岁是儿童学习书面言语的关键期。

     A. 1-2   B. 2-3   C. 4-5   D. 6-7

131. 在方位知觉的发展中,儿童在( )岁能够正确判别前后。

     A. 3   B. 4   C. 5   D. 6

132. 以下哪一项不是产生佝偻病的原因?( )

     A. 维生素 D 不足   B. 日照不足

     C. 婴儿哺乳量过多   D. 食物中的维生素 D 不足

133. 学前儿童的骨骼特点是( )。

     A. 有机物多,无机物少;硬度大,弹性小   B. 有机物少,无机物多;硬度大,弹性小

     C. 有机物少,无机物多;硬度小,弹性大   D. 有机物多,无机物少;硬度小,弹性大

134. 国内外许多研究证明,儿童在学前阶段通过教育已经能够认识一定数量的字了,所以至少在学前班可以进行"小学化"的识字教育。这种做法( )。

     A. 有道理,通过提前识字可以促进儿童的发展

     B. 违背"发展适宜性原则",不应该这么做

     C. 在条件好的城市幼儿园大班可行

     D. 可行,因为提前学习知识有利于儿童在竞争中处于有利地位,提高自信心

135. 学前儿童皮肤薄嫩,渗透作用( )。

     A. 弱   B. 强   C. 一般   D. 不确定

136. 以下关于学前儿童发展的特点,叙述正确的是( )。

     A. 儿童动作的发育,受后天环境的制约,遵循着一定的规律性

B. 语言的发展是儿童对环境的反应

C. 学前儿童的情绪是成熟和分化的结果

D. 遗传因素决定了学前儿童心理发展的现实性

137. 婴幼儿时期脑的发育非常迅速,出生后的几年内,脑重量增加近 4 倍,(　　)岁左右已基本接近成人。

A. 5　　　　　　　B. 6　　　　　　　C. 7　　　　　　　D. 8

138. 儿童的思维是(　　)占主导地位的思维,对事物的直接操作和直观认识,有助于儿童思维的发展。

A. 直观行动性　　B. 具体形象性　　C. 自我中心性　　D. 抽象性

139. 与儿童自我意识的真正出现相联系的是(　　)。

A. 开始对自己进行评价　　　　　　B. 儿童言语的发展

C. 儿童开始知道自己的长相　　　　D. 儿童开始把自己作为一个独立的个体来看待

140. 婴儿看见物体时,先是移动肩肘,用整只手臂去接触物体,然后才会用腕和手指去接触并抓取物体,这是儿童动作发展中的(　　)所致。

A. 近远规律　　　　　　　　　　　B. 大小规律

C. 首尾规律　　　　　　　　　　　D. 从整体到局部的规律

141. 人生的第一阶段,也是人生中发展变化最为迅速的时期是(　　)。

A. 青春期　　　　B. 少年期　　　　C. 童年期　　　　D. 学前期

142. (　　)岁时儿童能基本掌握母语的全部语音,并自觉调整自己的发音。

A. 3　　　　　　　B. 4　　　　　　　C. 5　　　　　　　D. 6

143. (　　)是幼儿最初社会性发生的标志。

A. 诱发性微笑的出现　　　　　　　B. 啼哭

C. 出声的笑　　　　　　　　　　　D. 有差别的微笑的出现

144. 培养机智、敏锐和自信心,防止疑虑、孤僻,这些教育措施主要是针对(　　)的儿童。

A. 抑郁质　　　　B. 多血质　　　　C. 黏液质　　　　D. 胆汁质

145. 下列关于学前儿童心脏的特点,叙述正确的是(　　)。

A. 心脏占体重的比例相对小于成人　　B. 心排血量较大

C. 心率快　　　　　　　　　　　　D. 心率慢

146. 视敏度是指眼睛精确地辨别细小物体或远距离物体的能力,且在不同年龄阶段表现出不同的特点。4-5 岁儿童视敏度的平均距离为(　　)厘米。

A. 300　　　　　　B. 270　　　　　　C. 210　　　　　　D. 240

147. 先拿出重量、质地和颜色完全相同的两块球形橡皮泥让儿童进行重量比较,然后当着儿童的面把其中的一块压成扁平状,这时,儿童一般会认为球形的橡皮泥比压成扁平状的橡皮泥更重一些。这说明儿童的思维具有(　　)。

A. 可逆性　　　　B. 不守恒性　　　　C. 守恒性　　　　D. 自我中心化

148. 儿童思维的主要形式是(　　)。

A. 直观行动思维　　　　　　　　　B. 具体形象思维

C. 形式运算思维　　　　　　　　　D. 抽象逻辑思维

149. 在儿童思维发展过程中,动作和语言对思维活动作用的变化规律是(　　)。

    A. 动作的作用由小到大,语言的作用由大到小

    B. 动作的作用由大到小,语言的作用由小到大

    C. 动作和语言的作用均由大到小

    D. 动作和语言的作用均由小到大

150. 与儿童最初的情绪反应相联系的需要是(　　)。

    A. 社会性需要　　　　B. 归属和爱的需要　　C. 尊重的需要　　　　D. 生理需要

151. 儿童喜欢提问题,这是下列哪一种情感发展的表现?(　　)

    A. 道德感　　　　　　B. 理智感　　　　　　C. 美感　　　　　　　D. 好奇心

152. 儿童更多表现出的攻击性行为是(　　)。

    A. 言语性攻击　　　　B. 生理性攻击　　　　C. 主动性攻击　　　　D. 反应性攻击

153. 儿童在 2-3 岁时,掌握代名词"我",标志着儿童(　　)。

    A. 自我评价的萌芽　　　　　　　　　　　B. 自我体验的萌芽

    C. 自我控制的萌芽　　　　　　　　　　　D. 自我意识的萌芽

154. 下列研究者都对儿童发展理论作出贡献,其中哪一位研究者提出的相关理论不是基于行为主义的?(　　)

    A. 皮亚杰　　　　　　B. 华生　　　　　　　C. 斯金纳　　　　　　D. 班杜拉

155. 下列各项中,不是用来描述个性的词是(　　)。

    A. 自私自利　　　　　B. 心胸狭窄　　　　　C. 宽容大度　　　　　D. 相貌出众

156. 儿童在活动中主要依靠(　　)。

    A. 无意想象　　　　　B. 创造想象　　　　　C. 有意想象　　　　　D. 随意想象

157. 鹏鹏是个胖嘟嘟的小孩,他妈妈总是怕他在幼儿园吃不饱。老师在与鹏鹏妈妈交流时,要特别注意提到以下几项内容,除了(　　)。

    A. 食物烹调以清蒸、水煮为主　　　　　　B. 孩子不吃饭时,强迫喂饭

    C. 孩子主动锻炼时,要给予鼓励　　　　　D. 经常督促孩子运动

二、简答题

1. 简述幼儿思维发展的一般特点。

2. 分析下表所反映的儿童记忆特点。

儿童形象记忆与语词记忆效果的比较
(对 10 个物体或词能回忆出的数量)

年龄(岁)	熟悉的物体	熟悉的词	生疏的词
3-4	3.9	1.8	0
4-5	4.4	3.6	0.3
5-6	5.1	4.6	0.4

3. 简述幼儿期自我评价的趋势并举例说明。

4. 茵茵已经上了中班,她知道把 2 个苹果和 3 个苹果加起来,就有 5 个苹果。但是问她 2 加 3 等于几,她直摇头。根据上述案例简述中班儿童学习的思维特点以及对教育的启示。

5. 简述加德纳的多元智能理论的主要观点、智能种类及对教育的启示。

6. 简述班杜拉社会学习理论的主要观点。

7. 为什么不能把《3-6 岁儿童学习与发展指南》作为一把"尺子"衡量所有的幼儿? 请说明理由。

8. 影响在园幼儿同伴交往的因素有哪些?

9. 父母陪伴对儿童健康成长有何意义?

10. 简述教师观察儿童行为的意义。

11. 简述移情对儿童亲社会性行为的发展的影响。

12. 婴幼儿调节负面情绪的主要策略有哪些?

13. 请依据皮亚杰的理论,简述 2-4 岁儿童思维的特点。

14. 简述埃里克森关于婴幼儿阶段的人格发展渐成说。

15. 简述儿童记忆培养的策略。

16. 简述儿童学习的主要特点。

17. 简述儿童情绪表现的特点。

18. 儿童同伴交往的发展趋势是什么?

19. 简述学前儿童判断发展的趋势。

20. 试举例说明教师如何根据儿童注意稳定性的规律来组织教学。

21. 简述儿童无意想象的主要特点。

22. 联系实际谈谈 3-4 岁儿童心理发展的年龄特征。

23. 简述儿童思维方式发展变化的趋势。

24. 培养学前儿童的想象力应从哪些方面入手?

25. 儿童注意发展的特点是什么?

26. 儿童自我意识发展的一般趋势是什么?

27. 简述学前儿童移情能力发展的特点。

28. 简述儿童性别角色认识的发展阶段。

29. 简述什么是儿童发展的关键期。

30. 学前儿童性格的初步形成表现在哪几个方面?

三、论述题

1. 请根据幼儿园教育的特点和儿童身心发展的规律,论述幼儿园教育为什么不能"小学化"。

2. 在幼儿园领域教育活动中,为什么要关注儿童学习与发展的整体性?请结合实例说明。

3. 论述教师尊重儿童个体差异的意义与举措。

4. 为什么要让儿童通过直接感知、实际操作和亲身体验的方式进行学习?请结合实例分别说明。

5. 试举例说明学前儿童思维发展的趋势。

6. 皮亚杰的认知发展理论对幼儿园教育有何指导意义？

7. 分析亲子关系类型对儿童发展的影响。

8. 试述注意的规律与幼儿活动的关系。

9. 论述影响儿童发展的因素及其相互关系。

10. 试述情绪对儿童交往发展的作用。

11. 试分析儿童入园不适应现象产生的原因。

12. 试述如何针对儿童言语发展中易出现的问题进行教育。

171

四、材料分析题

1. **材料**：4岁的成成上床睡觉前非要吃糖不可。妈妈一个劲儿地向他解释睡觉前不能吃糖的原因,成成就是不听,还扯着嗓子哭起来。妈妈生气地说:"再哭,我打你。"成成不但没停止哭叫,反而情绪更加激动,干脆在床上打起滚来。

   问题：请运用有关儿童情绪的理论,谈谈成成为什么会这样,成人应如何引导与培养儿童的良好情绪。

2. **材料**：

   儿童的一百种语言

   不,一百种是在那里

   孩子是由一百种组成的

   孩子有一百种语言

   一百双手

   一百个念头

   还有一百种思考、游戏、说话的方式

   有一百种快乐,去歌唱去理解

   一百种歌唱与了解的喜悦

   一百种世界去探索去发现

   一百种世界去发明

   一百种世界去梦想

   问题：

   (1) 你能从诗中读到儿童心理发展的什么特点?

   (2) 依据这些特点,教师应该怎样对待儿童?

3. **材料**：离园时,3岁的小凯对妈妈兴奋地说:"妈妈,今天我得了一个'小笑脸',老师还贴在我的脑门儿上了。"妈妈听了很高兴。连续两天,小凯都这样告诉妈妈。后来妈妈和老师沟通后才得知,小凯并没有得到"小笑脸"。妈妈生气地责怪小凯:"你这么小,怎么就说谎呢?"

   问题：小凯妈妈的说法是否正确?试结合儿童想象的特点分析上述现象。

4. **材料:** 奇奇是这样一个孩子:他胆子小,上课不主动发言,即便发言,也是小脸涨得通红,声音很小,特别害怕失败与挫折,他也不爱与同伴交往,老师和小朋友邀请他时,他总是把头摇得像拨浪鼓似的……

问题:

(1) 造成奇奇性格胆小的可能因素有哪些?

(2) 你觉得该怎样帮助奇奇?

5. **材料:** 小虎精力旺盛,爱打抱不平,做事急躁,马虎,爱指挥人,稍有不如意就大发脾气动手打人,事后也后悔但难克制。

问题:

(1) 你认为小虎的气质属于什么类型?为什么?

(2) 如果你是小虎的老师,你准备如何根据气质类型的特征实施教育?

6. **材料:**

情境一:

一天晚上,莉莉和妈妈散步时,有下列对话:

妈妈:月亮在动还是不动?

莉莉:我们动它就动。

妈妈:是什么使它动起来的呢?

莉莉:是我们。

妈妈:我们怎么使它动起来的呢?

莉莉:我们走路的时候它自己就走了。

情境二:

在幼儿园教学区活动中,老师给莉莉出示两排一样多的纽扣,莉莉认为一一对应排列的两排一样多。当老师把下面一排聚拢时,她就认为两排不一样多了……

问题:

(1) 莉莉的行为表明她处于思维发展的什么阶段?举例说明这个阶段思维的主要特征及表现。

(2) 儿童这种思维特征对幼儿园教师的保教活动有什么启示?

7. **材料**：为了解中班儿童分类能力的发展，教师选择了"狗、人、船、鸟"四张图片。要求幼儿从中挑出一张不同的。很多幼儿拿出来"船"，他们的理由分别是：狗、人和鸟常常是在一起出现的，船不是；狗、人、鸟都有头、脚和身体，而船没有；狗、人、鸟是会长大的，而船是不会长大的。

问题：

(1) 请结合上述材料分析中班儿童分类能力的发展特点。

(2) 基于上述材料中儿童的发展特点，教师如何实施教育？

8. **材料**：3岁的阳阳，从小跟奶奶生活在一起。刚上幼儿园时，奶奶每次送他到幼儿园准备离开时，阳阳总是又哭又闹。当奶奶的身影消失后，阳阳很快就平静下来，并能与小朋友们高兴地玩。由于担心，奶奶每次走后又折返回来。阳阳再次看到奶奶时，又立刻抓住奶奶的手，哭泣起来。

问题：

(1) 阳阳的行为反映了儿童情绪的哪些特点？

(2) 阳阳奶奶的担心是否有必要？教师该如何引导？

9. **材料**：开学不久，小班王老师就发现：李虎小朋友经常说脏话。虽然老师多次批评，但他还是经常说，甚至影响其他孩子也说脏话。

问题：

(1) 请分析李虎及其他幼儿说脏话的可能原因。

(2) 王老师可以采取哪些有效的干预措施？

10. **材料**：李老师第一次带班,她发现中班儿童比小班儿童更喜欢告状,教研活动时,大班教师告诉她说中班儿童确实更喜欢告状,但到了大班,告状行为就会明显减少。

    问题：

    (1) 请分析中班儿童喜欢告状的可能原因。

    (2) 请分析大班儿童告状行为减少的可能原因。

11. **材料**：4 岁的石头在班上朋友不多。一次,他看见林琳一个人在玩,就冲上去紧紧地抱住林琳。林琳感到不舒服,一把推开石头。石头跺脚大喊:"我是想和你做朋友的啊!"

    问题：

    (1) 请根据上述材料,分析石头在班里朋友不多的原因。

    (2) 教师应如何帮助石头改善朋友不多的现状?

12. **材料**：教师组织小班儿童的诗歌活动"七彩的梦",既没有直观的教具,也没有让幼儿动手操作的机会,总是一遍又一遍地教幼儿朗诵诗歌,许多孩子很快坐不住了,有的与身边的小朋友打闹,有的表现出反感的情绪。

    问题：

    (1) 请结合儿童注意发展的相关知识来分析儿童为什么会出现这些行为表现。

    (2) 如果你是这位老师,你会怎么做?

13. **材料**：游戏活动中,小班的王老师对小朋友们说"举起右手",小朋友们都不知所措。然后王老师说"举起拿勺子的那只手",小朋友们都做对了。

问题：

(1) 运用儿童方位知觉的发展特点来分析案例中幼儿的行为。

(2) 谈谈案例对教育的启示。

14. **材料**：小明是个4岁的孩子,十分活泼可爱,老师很喜欢他。可令老师不解的是,小明很多事情都能做好,就是算术不好,经常要想一会儿才能回答。如果让小明算一算3加4等于几,他会感到很困难,但如果问他3个桃子加上4个桃子是几个桃子,他就能很快地回答出来。遇到类似的算术问题,小明都是这样,老师认为这样不好,便要求小明要经过思考再得出答案,可小明却做不到。老师为此感到很苦恼。

问题：

(1) 小明老师的态度和行为对吗？请从儿童思维发展的角度分析小明的这一类行为。

(2) 为小明的老师提出科学的教育建议。

15. **材料**：3岁左右的儿童常常表现出各种反抗行为或执拗现象,不再像以前那样听话了,一有机会便要采取独立的行动。比如,儿童往往要求自己穿衣、吃饭,爱说"不"或不让动手偏用手去摸,不知什么叫危险,什么叫不行。如果受到成人预先限制或强行制止,儿童就会表现出情绪烦躁或进行反抗。

问题：

(1) 这个案例说明此时儿童心理发展处于什么阶段？其主要的心理特征是什么？

(2) 成人正确的做法是什么？

16. **材料**：小南今年5岁,已经上大班了。妈妈对他总是百依百顺,爸爸对他却非常粗暴。虽然家里的玩具很多,但在幼儿园里,小南看到别人玩什么,他就要什么。因此,他经常和小朋友打架。一开始,幼儿园老师非常严厉地批评他,但他仍我行我素,久而久之,谁也不高兴去管他。妈妈开始为这事感到烦恼。

问题：请从学前儿童社会性发展的角度,针对上述材料,分析小南行为的特点及成因。

17. **材料**：某幼儿特别喜欢听古典音乐,他也很崇拜音乐家。有一天,他跟妈妈说:"今天,肖邦叔叔到我们幼儿园来了,还给我们弹钢琴呢!"妈妈听了吓了一跳,认为孩子在说谎。

问题：请根据儿童想象的有关原理,对此例加以分析。

18. **材料**：在一次语言活动中,某教师给幼儿讲"小猫钓鱼"的故事。为了加深幼儿对故事的理解,教师利用活动玩具"猫"和"鱼"作为教具。她一边绘声绘色地讲解故事的情节,一边演示活动的教具,同时伴随相关的轻音乐。

问题：假如你旁听了这节课,请用感知觉规律理论对这次活动进行分析、评价。

19. **材料**：

故事一：小明的爸爸妈妈总是担心小明和外面的伙伴一起玩耍会削弱自己家庭教育的作用,因此禁止小明与伙伴们进行交往。渐渐地,爸爸妈妈发现小明越来越沉默,不懂得怎么与人交往,有的时候又非常任性。

故事二：在生活中,有的家长为了解决孩子在打针时爱哭的问题,有意识地让自己的孩子观察在打针时不哭的孩子的表现。

问题：请从同伴交往对学前儿童心理发展的影响的角度,分析上述案例中父母的做法。

20. 材料：东东因打了人,没有拿到小红花,而其他小朋友都拿到了。当天妈妈来接时,他不肯回家,非要拿到小红花才肯离园。经过说服,他明白了道理。从第二天起,他自觉控制自己的行为,每天都要问老师:"我今天表现好吗?"一天,老师说他有进步,给了他一朵小红花,东东高兴极了。

问题：请用自我意识及学前儿童自我意识发展特点的有关原理对材料进行分析。

21. 材料：小明是个3岁零3个月的孩子,十分活泼可爱,老师很喜欢他。可令老师不解的是,小明无论做什么事情,从不爱多思考。比如,玩插塑时,让他想好了再去插,而他却是拿起插塑就开始随便地插,插出什么样,就说插的是什么。在绘画或要解决别的问题时也是这样。老师认为这样不好,便总是要求孩子想好了再去行动,可小明却常常做不到。小明的老师为此感到非常苦恼。

问题：小明老师的态度和行为对吗?请从儿童思维发展的角度分析小明的这一类行为,并为小明的老师提出科学的教育建议。

22. 材料：有一名实习生在幼儿园进行了一次简单的"幼儿××水平测验",他设计了两个题目：Ⅰ.设 A 大于 B,B 大于 C,请小朋友说说 A 和 C 哪一个大? Ⅱ.小王同学比小李同学高,小李同学比小张同学高,请问小王和小张两位同学谁高?他选用"随机取样"方式在大班选用了题目Ⅰ,在中班使用了题目Ⅱ。可出乎意料,他发现中班幼儿的思维发展水平高于大班。他满意地把这个新发现告诉老师,老师说他可能弄错了。

问题：根据以上材料,回答下列问题：

(1) 该实习生测验的是幼儿心理发展的哪个方面?

(2) 老师为什么说他可能弄错了,请你给他指出来。

23. **材料**：小明是某幼儿园大班的孩子,在该幼儿园里,他是出了名的"身强体壮"的顽皮鬼,和其他小朋友矛盾不断,今天上午又挨了老师的一顿狠批。事情是这样的：前几天,小明所在的班刚转来了一个小朋友李朋,李朋个子也比较高,这样,小明和李朋成为该班仅有的两个"高个儿"。小明主动找李朋一块儿玩,可李朋不太喜欢动,尤其不爱和小明这样风风火火的孩子玩。今天上午刚到班里,小明又找李朋教他玩魔术,李朋不同意,这样小明就动起手来……

在老师眼中,小明总是这样：总是主动和小朋友接触,可好景不长,就没人愿意和他玩了,然而,他自己仍别出心裁地玩得有滋有味。

问题：

(1) 小明的行为及他和小朋友们的关系说明了什么？请用儿童社会性发展的有关知识回答。

(2) 这种儿童的表现是什么？怎样帮助他处理好和伙伴的关系？

24. **材料**：幼儿园教师在幼儿园教学中要使用大量直观形象的教具,以帮助幼儿理解教学内容。在给孩子讲故事时,讲到"大象用鼻子把狼卷起来"时,总是用手做出"卷"的动作;说到"大象把狼扔到河里去",又用手做出"扔"的样子。孩子们也学着老师的样子做出相应动作,脸上会露出会意的笑容。

问题：

(1) 此案例体现了儿童思维发展中的什么特点？

(2) 根据该特点,教师应如何有针对性地教学？

25. **材料**：渊渊是一个内向的男孩子。他有一个特殊嗜好,喜欢吮吸手指头,经常一个人偷偷地将手指头放在嘴里津津有味地吮,吮得手指头都蜕皮了,大拇指关节处被吸得肿得高高的。据父母反映,这个习惯在渊渊2岁时就已形成。

在幼儿园的时候,渊渊又将他的小手放在嘴巴里了,好像婴儿吸奶瓶一样,老师告诉他,这样很不卫生,请他拿出来,可是转个身他又我行我素了。午睡的时候,老师又发现他将手指头塞在嘴巴里,香甜地进入了梦乡……老师悄悄地将他的手指头拔出来,没想到,他居然能在睡着的时候,将手指头继续塞回嘴巴里。

经过老师调查,发现渊渊的父亲在外地工作,几个月才回趟家,母亲是自由职业者,常常要去外地照顾父亲,还有两个已上小学的姐姐和哥哥,家里一直是由保姆照顾这几个孩子的生活,而这个保姆年纪很小,不过20来岁。渊渊从小就由这个小保姆带大,每天晚上都和她睡,保姆自然是样样事儿都由着他,渊渊对小保姆也特别亲热,整天形影不离。父母亲有空的时候才回趟家,与渊渊在一起的时间很少,由于缺少父母的必要关爱,年幼的渊渊显得特别焦虑和内向,因此,吮吸手指的不良习惯就在这种情况下逐渐形成了。对于渊渊吮吸手指这一不良习惯,父母时常批评制止,有时忍不住狠狠地打他的手。在成人的"严厉"攻势下,渊渊虽然会有所改正,但在成人不注意的时候就会吮吸得更加厉害。

问题：根据上述材料,运用所学相关知识,分析渊渊产生此行为的心理原因,并提出矫治策略。

附录二

《学前心理学(第四版)》模拟题

一、单项选择题

在线练习2

1. 在儿童思维发展过程中,动作和语言对思维活动作用的变化规律是(   )。

   A. 动作的作用由小到大,语言的作用由大到小

   B. 动作的作用由大到小,语言的作用由小到大

   C. 动作和语言的作用均由大到小

   D. 动作和语言的作用均由小到大

2. 儿童对学会使用的实物,能正确地根据形状来概括,这属于(   )。

   A. 直观的概括　　　B. 动作的概括　　　C. 感知的概括　　　D. 语词的概括

3. 一个3岁半的孩子听到奶奶抱怨她的小兔子长得太慢,就去把小兔子埋在沙里,只把兔子头露在外面,还用水去浇。回来告诉奶奶:"奶奶,您看小兔子一定会长得大大的。"这个孩子的思维具有(   )。

   A. 经验性　　　　　B. 拟人性　　　　　C. 表面性　　　　　D. 片面性

4. 儿童能够找到不在眼前的物体,确信在眼前消失的东西仍然存在。这说明幼儿出现了(   )观念。

   A. 知觉永恒性　　　B. 自我中心性　　　C. 客体永久性　　　D. 守恒性

5. 学前儿童对物体进行比较的发展趋势是(   )。

   A. 先学会找物体的相同处,再学会找物体的不同处,最后学会找物体的相似处

   B. 先学会找物体的相似处,再学会找物体的不同处,最后学会找物体的相同处

   C. 先学会找物体的相同处,再学会找物体的相似处,最后学会找物体的不同处

   D. 先学会找物体的不同处,再学会找物体的相同处,最后学会找物体的相似处

6. 在分类活动中,有的儿童将梨、老虎、胡萝卜放在一起,因为都是"黄色上面带有小黑点"的,这是根据(   )进行分类的。

   A. 概念　　　　　　B. 功用　　　　　　C. 感知特点　　　　D. 生活情景

7. 儿童在理解"儿子"这个概念时,认为"儿子"只包括小孩,不包括成人,这说明儿童理解概念时(   )。

   A. 外延过窄　　　　B. 外延过宽　　　　C. 内涵不精确　　　D. 外延适当

8. 以下关于儿童掌握时间概念的特点描述错误的是(   )。

181

A. 对昨晚和明早的认知水平低于对上午和下午的认知

B. 说出时间词语和时间概念的形成不同步

C. 以自身生活经验作为时间关系的参照物

D. 4岁儿童已具备时间相对性的概念

9. 3岁的孩子指着一个戴红领巾的小女孩说是"王老师的小姐姐",5岁孩子就知道是"王老师的女儿"。这体现儿童判断发展的趋势是(   )。

A. 判断形式的间接化 　　　　　　B. 判断内容的深入化

C. 判断依据的客观化 　　　　　　D. 判断依据的明确化

10. 一个3岁小孩在动物园里看到梅花鹿时问妈妈："如果天天往它头顶上浇水,那树枝一定能长出树叶来吧?"这体现了儿童的什么思维特点?(   )

A. 转导推理 　　　B. 演绎推理 　　　C. 类比推理 　　　D. 归纳推理

11. 弗洛伊德认为3-6岁儿童处于(   )。

A. 肛门期 　　　B. 性器期 　　　C. 潜伏期 　　　D. 口唇期

12. 班杜拉强调习得行为的方式是(   )

A. 顿悟学习 　　　B. 尝试错误 　　　C. 观察学习 　　　D. 强化

13. 能以自身为中心辨别左右的年龄一般是(   )。

A. 3岁 　　　B. 4岁 　　　C. 5岁 　　　D. 6岁

14. 在幼儿园里我们常会看到,老师要幼儿说出刚刚出示的卡片上有几只小鸡,而幼儿则回答小鸡是黄色的。这体现了儿童记忆发展的什么特点?(   )

A. 容易遗忘 　　　B. 说谎 　　　C. 想象和现实混淆 　　　D. 偶发记忆

15. 儿童常常把一些毫不相干的事物编出一个故事讲给你听。这体现了儿童想象发展的什么特点?(   )

A. 想象无预定目的,由外界刺激直接引起 　　　B. 想象主题不稳定

C. 想象的内容零散、无系统 　　　D. 以想象的过程为满足

16. 下列关于学前儿童掌握语音的特点错误的是(   )。

A. 对韵母发音的正确率要高于声母 　　　B. 先发元音,再发辅音

C. 2岁儿童能掌握本民族的全部语音 　　　D. 语音的正确率与所处社会环境有关

17. 理解语言迅速发展阶段是(   )。

A. 半岁-1岁 　　　B. 1岁-1岁半 　　　C. 1岁半-2岁 　　　D. 2岁-2岁半

18. 儿童玩小汽车时,嘴里还小声嘟囔着"嘀嘀叭叭,小汽车开来了"。这种语言被称为(   )。

A. 角色语言 　　　B. 对话语言 　　　C. 内部语言 　　　D. 自言自语

19. 社会性微笑的发生时间是(   )。

A. 出生后第四周 　　B. 出生后第五周 　　C. 出生后第四个月 　　D. 出生后第五个月

20. 怕生的发生时间是(   )。

A. 5个月 　　　B. 6个月 　　　C. 7个月 　　　D. 8个月

21. 下列研究者都对儿童发展理论作出贡献,其中哪一位研究者提出的相关理论不是基于行为主义的?(   )

A. 皮亚杰 　　　B. 华生 　　　C. 斯金纳 　　　D. 班杜拉

22. 儿童更多表现出的攻击性行为是(   )。

   A. 言语性攻击   B. 工具性攻击   C. 主动性攻击   D. 敌意性攻击

23. 陌生情境实验是用来研究(   )的。

   A. 依恋   B. 记忆   C. 攻击性行为   D. 感知觉

24. 先拿出重量、质地和颜色完全相同的两块球形橡皮泥让儿童进行重量比较,然后当着幼儿的面把其中的一块压成扁平状。这时,儿童一般会认为球形的橡皮泥比压成扁平状的橡皮泥更重一些。这说明儿童的思维具有(   )。

   A. 可逆性   B. 不守恒性   C. 守恒性   D. 自我中心化

25. (   )是幼儿最初社会性发生的标志。

   A. 诱发性微笑的出现   B. 啼哭

   C. 出声的笑   D. 有差别的微笑的出现

26. 国内外许多研究证明,儿童在学前阶段通过教育已经能够认识一定数量的字了,所以至少在学前班可以进行"小学化"的识字教育。这种做法(   )。

   A. 有道理,通过提前识字可以促进儿童的发展

   B. 违背"发展适宜性原则",不应该这么做

   C. 在条件好的城市幼儿园大班可行

   D. 可行,因为提前学习知识有利于儿童在竞争中处于有利地位,提高自信心

27. 美国华盛顿儿童博物馆的格言:"我听见就忘记了,我看见就记住了,我做了就理解了",主要说明了在教育过程中应(   )。

   A. 尊重儿童的个性   B. 培养幼儿积极的情感体验

   C. 重视儿童学习的自律性   D. 重视儿童的主动操作

28. 3-5岁儿童常常自己造词,出现"造词现象"。这说明(   )。

   A. 儿童词汇贫乏,词义掌握不确切   B. 儿童的词汇量在不断增加

   C. 儿童的智力发展有了质的飞跃   D. 儿童的言语表达能力增强

29. 3岁儿童常常表现出各种反抗行为或执拗现象,说明这时期儿童心理发展处于(   )。

   A. 最近发展区   B. 敏感期   C. 转折期   D. 关键期

30. 儿童在听老师讲《白雪公主》的故事时,头脑中会浮现出白雪公主和七个小矮人的生动形象。这种心理活动属于(   )。

   A. 创造想象   B. 无意想象   C. 再造想象   D. 幻想

31. 下列对于儿童记忆的描述错误的是(   )。

   A. 随着儿童年龄的增长,形象记忆发展的速度大于语词记忆

   B. 意义记忆的效果总是好于机械记忆

   C. 对于熟悉的理解的事物,儿童有意记忆效果都比无意记忆效果好

   D. 儿童意义记忆水平低与他们不会运用适当的记忆方法有关

32. 下列关于学前儿童触觉的发展理解错误的是(   )。

   A. 触觉的差别感受性是在幼儿期才开始发展起来的

   B. 口腔探索是婴儿重要的学习方式

   C. 人从出生时起就有触觉反应

D. 手的触觉作为探索手段早于口腔触觉探索

33. 母亲对孩子说:"宝宝,看! 灯灯!"一边说,一边用手指向灯。孩子随之开始抬头看向母亲所指的方向。这个孩子的注意处于( )阶段。

    A. 由成人的言语指令引起和调节   B. 通过自言自语控制和调节自己的行为

    C. 以上都不正确

34. 关于学前儿童注意的发展,正确的说法是( )。

    A. 无意注意随年龄的增长而占据越来越重的地位

    B. 有意注意的发展先于无意注意的发展

    C. 幼儿注意的广度比较宽

    D. 注意的稳定性随年龄的增长而增强

35. "给我一打健全的婴儿,我可以用特殊的方法任意地加以改变,或者使他们成为医生、律师、艺术家、富商,或者使他们成为乞丐和盗贼,无论他的天资、爱好、脾气以及他祖先的才能、职业和种族……"强调了( )因素对儿童发展的决定作用。

    A. 遗传   B. 环境   C. 教育   D. 生理成熟

36. 印度"狼孩"的事例表明,人类个体在早期心理发展的某一个短暂时期内,对某类刺激特别敏感,一旦错失这个时期将难以达到应有的发展水平。心理学上把这一时期称为( )。

    A. 最近发展期   B. 生长高峰期   C. 心理断乳期   D. 发展关键期

37. 儿童在 2-3 岁时,掌握代名词"我",标志着儿童( )。

    A. 自我评价的萌芽   B. 自我体验的萌芽   C. 自我控制的萌芽   D. 自我意识的萌芽

38. 儿童喜欢告状,这是下列哪一种情感发展的表现? ( )

    A. 道德感   B. 理智感   C. 美感   D. 好奇心

39. 培养机智、敏锐和自信心,防止疑虑、孤僻,这些教育措施主要是针对( )的儿童。

    A. 抑郁质   B. 多血质   C. 黏液质   D. 胆汁质

40. 婴儿看见物体时,先是移动肩肘,用整只手臂去接触物体,然后才会用腕和手指去接触并抓取物体,这是儿童动作发展中的( )所致。

    A. 近远规律   B. 大小规律

    C. 首尾规律   D. 从整体到局部的规律

41. 下列关于儿童口吃的说法不正确的是( )。

    A. 儿童的口吃部分是由心理原因造成的,更多则是生理原因所致

    B. 口吃出现的年龄以 2-4 岁最多

    C. 儿童口吃可能来自模仿

    D. 3-4 岁是口吃的常见期

42. ( )左右儿童会出现许多因果关系的问句。

    A. 3 岁   B. 4 岁   C. 5 岁   D. 6 岁

43. 连续音节阶段即( )。

    A. 0-3 个月   B. 4-8 个月   C. 9-12 个月   D. 1-1.5 岁

44. 儿童认为球会从椅子上滚下去是因为"它不愿意待在椅子上"或"小狗会吃掉它"。这说明儿童判断发展的特点是( )。

A. 判断形式的直接化

B. 判断内容的表面化

C. 判断依据主观

D. 判断论据笼统

45. 儿童思维发生的标志是(　　　)。

A. 使用代名词"我"

B. 会十以内的数数

C. 出现最初的语词概括

D. 会进行类比推理

46. 皮亚杰前运算阶段的思维特点不包括(　　　)。

A. 具有自我中心　　　B. 思维不可逆性　　　C. 不理解类包含概念　　D. 具有守恒性

47. 从记忆内容来看,儿童以(　　　)为主。

A. 运动记忆　　　　B. 形象记忆　　　　C. 情绪记忆　　　　D. 语词记忆

48. 桌面上一边摆了三块积木,另一边摆了四块积木,教师问:"一共有几块积木?"从儿童的下列表现来看,数学能力发展水平最高的是(　　　)。

A. 把前三块积木和后四块积木放在一起,然后一个一个点数

B. 看了一眼三块积木,说出"3",暂停一下,接着数"4,5,6,7"

C. 左手伸出三根手指,右手伸出四根手指,暂停一下,说出 7 块

D. 先看了三块积木,后看了四块积木,暂停一下,说出 7 块

49. 下列哪一个选项不是婴儿期出现的基本情绪体验?(　　　)

A. 羞愧　　　　　　B. 伤心　　　　　　C. 害怕　　　　　　D. 生气

50. 在注意的广度上,儿童至多只能把握(　　　)对象。

A. 0-1 个　　　　B. 1-2 个　　　　C. 2-3 个　　　　D. 3-4 个

二、简答题

1. 简述儿童想象发展的一般特点并举例说明。

2. 简述维果茨基最近发展区理论的主要观点及对教育的启示。

3. 简述儿童个体差异的形成原因。

4. 简述儿童攻击性行为的矫治策略。

5. 简述对于不同气质类型的儿童应采取哪些不同的教育措施。

6. 简述儿童情绪的发展趋势。

7. 儿童自我意识发展的一般趋势是什么?

8. 简述儿童思维方式发展变化的趋势。

9. 联系实际谈谈 3—4 岁儿童心理发展的年龄特征。

10. 试举例说明教师如何根据儿童注意稳定性的规律来组织教学。

三、论述题

1. 论述皮亚杰的认知发展理论对幼儿园教育有何指导意义。

2. 试述如何针对儿童言语发展中易出现的问题进行教育。

四、材料分析题

1. 材料：元元是一个非常聪明的小男孩,有很强的记忆力,学知识很快。他从小跟奶奶在一起生活,老人对孩子的照顾无微不至,从不放手让孩子自己去玩,对孩子百依百顺,而且老人没有文化。在幼儿园,小朋友不小心碰了元元,他就放声大哭;小朋友跟他开玩笑,说奶奶不来接他,他也哭;老师让小朋友学着穿衣服,他不会就哭;和小朋友交往很少,不爱跟大家说话,自己坐一边,不肯参加班里的活动;大家玩玩具,他想玩,却不敢跟大家一起玩。

问题:

(1) 分析元元出现问题的原因。

(2) 针对元元的问题,提出合理的教育建议。

2. **材料:** 幼儿园小班老师教幼儿手口一致地点数"2"。老师讲完后,带小朋友一起练习。老师问一个小朋友:"你数一数,你长了几只眼睛?"小朋友回答:"长了3只。"年轻老师一时生气,就说:"长了4只呢。"那小朋友也跟着说:"长了4只呢。"老师说:"长了5只。"那小朋友又说:"长了5只。"老师气得直跺脚,大声说:"长了8只。"小朋友也跟着猛一跺脚说:"长了8只。"老师忍不住笑了起来,那小朋友还以为说对了,也咧开嘴天真地笑了。

问题:

(1) 案例中小朋友表现出什么样的心理特点?

(2) 老师的做法对吗? 请作简要分析。

3. **材料:** 5岁的东东能正确回答这样一个问题:"这里有6个苹果,我们两个人分,两个人要分得一样多,每个人可以分到几个苹果?"但是他不会回答"3+3等于几"这样的问题。家长感到很奇怪,因为前者属于除法题,后者是加法题,为什么幼儿会回答除法题而不会回答加法题呢?

问题:

(1) 请运用思维的有关理论分析产生这个现象的原因。

(2) 提出培养儿童思维的建议。

4. **材料：** 户外活动时，弘弘的眼睛直勾勾地盯着大球。选择运动器械的音乐一响起，弘弘撒开腿，朝大球飞奔过去。这时场地上的大球只剩下一个了，弘弘和新迪同时拿到这个大球。两个人你不让我、我不让你地争起来。弘弘大喊："是我先拿到的。"新迪说："不对，你是跑过来的，是我先拿到的。"弘弘仍大叫："我要玩。"我轻轻地对他们说："你们俩商量一下。想个办法，要不，这样下去谁也玩不了。"于是新迪用商量的口气对弘弘说："我先玩，等会儿交换的时候再给你玩，好吗？"弘弘松开拿着大球的手，我以为他同意了新迪的方法。正想表扬他，没想到他猛地抓起新迪的胳膊狠狠地咬了一口。新迪痛得立刻松开了手，哭了起来。弘弘见状立即拿着大球准备玩起来。

问题：

(1) 分析儿童攻击性行为的表现和产生此行为的原因。

(2) 如何帮助弘弘矫正攻击性行为？

5. **材料：** 在美术活动中，小朋友们都很用心地在作画、涂色，我来回巡视，给个别孩子辅导。突然张雨轩大声地喊我："老师，我向李浩然借油画棒，他不借给我。"任凭张雨轩怎么说，李浩然就是不借，牢牢地看着自己的油画棒盒。这时我上前，问张雨轩："你的油画棒呢？"她说昨天带回家忘记带来了，我又问李浩然小朋友："你为什么不愿意借给她油画棒啊？你们坐在一张桌子旁，应该是好朋友啊，好朋友要互相帮助、互相关心，是不是啊？她借用一下就还给你，好不好？"李浩然不看我，低着头说："我爷爷说我的油画棒不给别人用！"我当时就有点懵，耐心地坐在他旁边和他好好地说："爷爷这样说是希望你要保管好自己的东西。你想想如果今天你没有带油画棒来画画，你是不是也希望她能借给你用一用呢？老师也记得你上次还借用过别的小朋友的水彩笔呢！有好的东西要懂得和别人分享。"张雨轩在旁边急着说："小朋友要互相帮助、团结友爱，老师，对不对？"他这才不情愿地把油画棒借给张雨轩用，而且不准她自己从盒里拿油画棒。张雨轩用完后，很有礼貌地对着李浩然说"谢谢"。

问题：

(1) 分析以上材料中李浩然小朋友性格特点的成因。

(2) 教师应如何培养儿童良好的合作和分享意识？

6. **材料**：兰兰是幼儿园中班的孩子，一次，她拿起纸和笔画画，画之前她自言自语地说："我想画小猫咪。"她先画了猫头、猫耳朵，再画猫眼。然后画了条线，说这是草地，在上面画了绿草、小花。接着又画了只兔子，边画边说："哎呀，不像不像，像什么呀？像小拖车。"这时，她又忽然想起来："小猫还没嘴呢！也没画胡子！"于是，她又画了起来。

问题：

（1）兰兰的画画行为说明了儿童想象的什么特点？为什么？

（2）谈谈如何培养儿童的想象力。

7. **材料**：红红3岁，喜欢的小鸭子玩具碎了，她就伤心地哭起来，妈妈给她一块巧克力，她就又笑了；看见小朋友哭了，她也跟着哭起来。

问题：

（1）分析材料中红红情绪发展的特点。

（2）教师应如何培养儿童的积极情绪？

8. **材料**：强强是个4岁的儿童，他喜欢自言自语。搭积木时，他边搭边说："这块放在哪里呢……不对，应该这样……这是什么……就把它放在这里做门吧……"搭完一个机器人后，他会兴奋地对着它说："你不要乱动，等我下了命令后，你就去打仗！"

问题：

（1）材料中强强的言语是什么类型的言语？这类言语的特点是什么？

（2）成人应如何对待儿童的这类言语？

9. **材料**：亮亮 3 岁了,妈妈给亮亮讲故事,可是亮亮一会说外面有小猫在叫,一会说要玩皮球……总是不能专注地听下去。

   问题：

   (1) 结合儿童注意发展的特点对亮亮的行为进行分析。

   (2) 成人应如何发展儿童的注意力?

10. **材料**：3 岁左右的儿童常常表现出各种反抗行为或执拗现象,不再像以前那样听话了。一有机会便要采取独立的行动。比如,儿童往往要求自己穿衣、吃饭,爱说"不"或不让动手偏用手去摸,不知道什么叫危险,什么叫不行。如果受到成人预先限制或强行制止,儿童就会表现出情绪烦躁或反抗。

    问题：

    (1) 案例中的儿童具有哪些心理特点?

    (2) 对待这些心理特点,成人的正确做法是什么?

附录三

《学前心理学(第四版)》近六年真题
(2019—2024)

在线练习3

一、单项选择题

1. (2024年上)幼儿注意稳定性差表现在(　　)。
   A. 注意的选择性
   B. 有意注意时间短
   C. 注意范围小
   D. 注意分配的能力差

2. (2024年上)下列不属于新生儿本能的是(　　)。
   A. 觅食行为　　B. 抓握反射　　C. 踏步反射　　D. 膝跳反射

3. (2024年上)一个人表现出来的区别于他人的稳定的、独特的、整体的心理和行为模式是(　　)。
   A. 气质　　B. 性格　　C. 个性　　D. 社会性

4. (2024年上)幼儿在受到过度表扬,或被要求在陌生人面前表演自己时,会明显感到不好意思,这反映了幼儿(　　)。
   A. 自我意识的发展
   B. 自我控制的发展
   C. 积极情绪体验的发展
   D. 合作行为的发展

5. (2023年下)一般来说,在儿童出生后的两年中,不容易观察到的情绪表现是(　　)。
   A. 惊喜　　B. 害羞　　C. 内疚　　D. 焦虑

6. (2023年下)3～4岁的儿童认为,小皮球浮在水面上,是因为它想游泳,按照认知发展理论的观点,这反映了3～4岁儿童的思维具有(　　)。
   A. 泛灵论特点　　B. 守恒性特点　　C. 假装性特点　　D. 象征性特点

7. (2023年下)思维工具和思维方式并非与生俱来,它们可以由能力水平更高的人传递给儿童,由此推断,影响儿童学习的关键因素之一是(　　)。
   A. 操作条件作用　　B. 符号表征　　C. 社会互动　　D. 情感调节

8. (2023年上)幼儿园教师通过记录幼儿在日常生活,与活动中的表现来分析其心理特点,这种研究方法是(　　)。
   A. 观察法　　B. 谈话法　　C. 测验法　　D. 实验法

9. (2023年上)小军打针时对自己说:"我不怕,我不怕,我是男子汉。"这表现出他初步具备(　　)。
   A. 情绪理解能力　　B. 情感表达能力　　C. 情绪识别能力　　D. 情绪自我调节能力

10. (2023年上)十个月大的贝贝看见妈妈把玩具塞进了盒子,他会打开盒子把玩具找出来。这说明贝贝的认知具备了( )。

    A. 守恒性   B. 间接性   C. 可逆性   D. 客体永久性

11. (2023年上)婴儿说:"妈妈抱""要牛奶""外面玩"等句式,一般被称为( )。

    A. 单词句   B. 双词句   C. 简单句   D. 复合句

12. (2022年下)通过分析幼儿手工成果来了解其心理的方法是( )。

    A. 调查法   B. 自然观察法   C. 实验法.   D. 作品分析法

13. (2022年下)在幼儿记忆活动中占主要地位的是( )。

    A. 有意记忆   B. 语调记忆   C. 形象记忆   D. 意义记忆

14. (2022年下)某一时期,儿童学习某种知识和形成某种能力比较容易,心理某个方面的发展最为迅速,儿童心理发展的这个时期被称为( )。

    A. 反抗期   B. 敏感期   C. 转折期   D. 危机期

15. (2022年下)有些幼儿经常看电视上的暴力镜头,其攻击行为会明显增加,这是因为电视的暴力内容对幼儿攻击行为的习惯起到( )。

    A. 定势作用   B. 惩罚作用   C. 依赖作用   D. 榜样作用

16. (2022年下)与婴儿最初的情绪反应相关联的是( )。

    A. 生理的需要   B. 归属和爱的需要

    C. 尊重的需要   D. 自我实现的需要

17. (2022年上)关于幼儿言语的发展顺序,正确的表述是( )。

    A. 言语理解先于言语表达   B. 言语表达先于言语理解

    C. 言语理解与言语表达平行发展   D. 言语理解与言语表达独立发展

18. (2022年上)幼儿对自己消极情绪的掩饰,说明其情绪的发展已经开始( )。

    A. 深刻化   B. 丰富化   C. 内隐化   D. 精细化

19. (2022年上)导致"狼孩"心理发展滞后的主要因素是( )。

    A. 遗传有缺陷   B. 生理成熟迟滞   C. 自然环境恶劣   D. 社会环境缺乏

20. (2022年上)婴儿动作发展的正确顺序是( )。

    A. 翻身→坐→抬头→站→走   B. 抬头→翻身→坐→站→走

    C. 翻身→抬头→坐→站→走   D. 抬头→坐→翻身→站→走

21. (2022年上)4岁的瑞瑞不小心把小碗里的葡萄干撒在桌子上后,很惊奇地说:"哦,我的葡萄干变多了!"这说明他的思维处于( )。

    A. 感知运动阶段   B. 前运算阶段   C. 具体运算阶段   D. 形式运算阶段

22. (2021年下)提出最近发展区这一概念的心理学家是( )。

    A. 弗洛伊德   B. 马斯洛   C. 皮亚杰   D. 维果斯基

23. (2021年下)幼儿期注意发展的特点是( )。

    A. 无意注意占优势,有意注意逐渐发展   B. 有意注意占优势,无意注意逐渐发展

    C. 无意注意逐渐发展,有意注意未发现   D. 有意注意逐渐发展,无意注意未出现

24. (2021年下)幼儿时期占优势的记忆类型是( )。

    A. 意义记忆   B. 形象记忆   C. 词语逻辑记忆   D. 动作记忆

25.(2021年下)下列选项中不符合幼儿自我评价特点的是(　　)。

A. 依从性　　　　　B. 表面性　　　　　C. 主观情绪性　　　D. 全面性

26.(2021年下)新入园时,如果班里有个幼儿哭了,其他幼儿也会跟着哭。这是(　　)。

A. 情绪的动机作用　　　　　　　　　B. 情绪的信号作用

C. 情绪的组织作用　　　　　　　　　D. 情绪的感染作用

27.(2021年上)妈妈带3岁的岳岳在外度假。阿姨打来电话问:"你们在哪里玩?"岳岳说:"我们在这里玩。"这反映了岳岳思维具有什么特征?(　　)

A. 具体性　　　　　B. 不可逆性　　　　C. 自我中心性　　　D. 刻板性

28.(2021年上)小明搭房子时缺一块长条积木,他发现苗苗手里有一块,就直接过去抢。小明的这种行为属于(　　)。

A. 工具性攻击　　　B. 言语性攻击　　　C. 生理性攻击　　　D. 敌意性攻击

29.(2021年上)毛毛第一次看到骆驼时惊呼道:"快看,大马背上长东西了。"按皮亚杰的理论,毛毛的反应可以用下列哪个概念解释?(　　)

A. 平衡　　　　　　B. 同化　　　　　　C. 顺应　　　　　　D. 守恒

30.(2021年上)儿童认为规则是由有权威的人决定的,不可以经过集体协商改变,这说明儿童的道德认知处于(　　)。

A. 习俗阶段　　　　B. 他律道德阶段　　C. 前道德阶段　　　D. 自律道德阶段

31.(2020年下)大班幼儿认知发展的主要特点是(　　)。

A. 直觉行动性　　　B. 具体形象性　　　C. 抽象逻辑性　　　D. 抽象概括性

32.(2020年下)"我跑得快""我是个能干的孩子""我会讲故事""我是个男孩",这样的语言描述主要反映了幼儿哪方面的发展?(　　)

A. 自我概念　　　　B. 形象思维　　　　C. 性别认识　　　　D. 道德判断

33.(2020年下)明明总是跑来跑去,在班级里也非常活跃。他的行为主要反映了其气质的什么特征?(　　)

A. 趋避性低　　　　B. 反应域限高　　　C. 节律性好　　　　D. 活动水平高

34.(2020年下)田田因为想妈妈哭了起来,冰冰见状也哭了。过了一会儿,冰冰边擦眼泪边对田田说:"不哭不哭,妈妈会来接我们的。"冰冰的表现属于什么行为?(　　)

A. 依恋　　　　　　B. 移情　　　　　　C. 自律　　　　　　D. 他律

35.(2020年下)有些婴幼儿既寻求与母亲接触,又拒绝母亲的爱抚,其依恋类型属于(　　)。

A. 焦虑回避型　　　B. 安全型　　　　　C. 焦虑反抗型　　　D. 紊乱型

36.(2020年下)萌萌怕猫,当她看到青青和小猫玩得很开心时,她对小猫的恐惧也降低了。根据社会学习理论的视角看,这主要是哪种形式的学习?(　　)

A. 替代强化　　　　B. 自我强化　　　　D. 经典条件反射　　C. 操作性条件反射

37.(2019年下)菲儿把一颗小石头放进小鱼缸里,小石头很快就沉到了缸底,非要说小石头不想游泳了,想休息了,从这里可以看出,菲儿思维的特点是(　　)。

A. 直觉性　　　　　B. 自我中心　　　　C. 表面性　　　　　D. 泛灵论

38.(2019年下)下列不宜作为幼儿科学领域学习方式的是(　　)。

A. 直接感知　　　　B. 实际操作　　　　C. 亲身体验　　　　D. 概念解释

39. (2019年下)下列幼儿行为表现中数概念发展最低的是( )。

    A. 按数取物   B. 按物说数   C. 唱数   D. 默数

40. (2019年下)有时一名幼儿哭会惹得周围的幼儿跟着一起哭,这表明幼儿的情绪具有( )。

    A. 冲动性   B. 易感染性   C. 外露型   D. 不稳定性

41. (2019年下)人的个性心理特征中,出现最早、变化最缓慢的是( )。

    A. 性格   B. 气质   C. 能力   D. 兴趣

42. (2019年上)幼儿认真、完整地听完教师讲的故事。这一现象反映了幼儿注意的什么特征?( )。

    A. 注意的选择性   B. 注意的广度   C. 注意的稳定性   D. 注意的分配

43. (2019年上)小红知道9颗花生吃掉5颗还剩4颗,却算不出"9−5＝?"。这说明小红的思维具有( )。

    A. 具体形象性   B. 抽象逻辑性   C. 直观行动性   D. 不可逆性

44. (2019年上)阳阳一边用积木搭火车,一边小声地说:"我要快点搭,小动物们马上就来坐火车了。"这说明幼儿自言自语具有的作用是( )。

    A. 情感表达   B. 自我反思   C. 自我调节   D. 交流信息

45. (2019年上)芳芳在数积木,花花问她有几块三角形的,芳芳点数:"1、2、3、4、5、6,6个三角形。"花花又给了她4块,问她现在有多少块三角形积木。芳芳边点数边说:"1、2、3、4、5、6、7、8、9、10,我有10块啦!"就数学领域而言,下列哪一条最贴近芳芳的最近发展区?( )

A. 认识和命名更多的几何图形

B. 默数、接着数等计数能力

C. 以一一对应的方式数10个以内的物体,并说出总数

D. 通过实物操作进行10以内加、减法的运算能力

二、简答题

1. (2024年上)幼儿观察力初步形成的主要表现有哪些?

2. (2023年下)简述幼儿园教师对待幼儿攻击性行为的有效策略。

3. (2023 年上)根据右图写一下幼儿记忆的发展规律(右图横坐标是年龄:小班,中班,大班,竖坐标:记忆量各种数值)

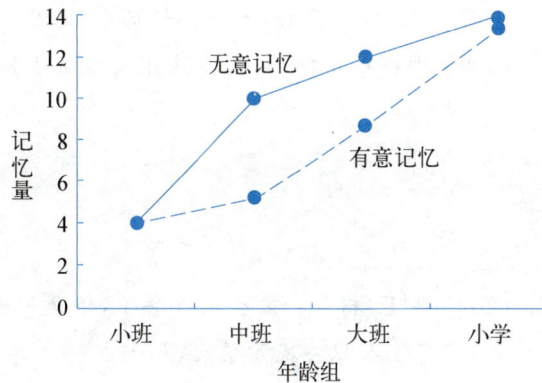

4. (2022 年下)简述幼儿无意想象的主要表现。

5. (2021 年上)教师应当如何对待不同气质的幼儿?请举例说明。

6. (2020 年下)简述幼儿工具性攻击和敌意性攻击的异同。

7. (2019 年下)简述幼儿口语表达能力发展的趋势。

8. (2019 年上)教师可以从哪些方面观察幼儿的注意是否集中?

三、材料分析题

1. (2023年上)**材料**:小明4岁多,他妈妈发现,他不接受批评,妈妈一批评,他就会说:老师夸我爱帮助人、我画画好,我这个好那个好的。

问题:根据这个材料,说说幼儿自我意识发展的特点。

2. (2022年下)**材料**:蒙蒙3岁半了,但是他奶奶说他还小,不让他跟别的小朋友玩,担心他被欺负,有其他人想去找蒙蒙玩,奶奶也一并想办法拒绝了。

问题:根据同伴发展对于幼儿的影响来看,评析蒙蒙奶奶的做法?

3. (2022年上)**材料**:某大班几个小朋友在讨论有关动物的问题。老师问:"你们刚才说了很多动物,我想问问,到底什么是动物?"丁丁说:"我们刚才说的大象、猴子、孔雀、斑马都是动物!"鹏鹏说:"动物有的有腿,有的有翅膀。有的会跑,有的会飞,有的会在水里游……"蓝蓝马上接着说:"有的吃草,有的吃米,有的喜欢吃……"睿睿说:"我觉得会自己动的,会吃东西的,都是动物。"

问题:请分析上述儿童概念发展的水平。

4. (2021年下)**材料**:新入职的王老师第一次带大班小朋友做操时,发现大家的动作有些混乱,有的胳膊向左伸,有的向右伸,这是为什么呢? 昨天老教师带操时,明明大家动作很整齐啊!

问题:

(1) 请从幼儿左右概念发展水平的角度分析,幼儿动作混乱的原因。

(2) 针对问题,提出建议。

5. (2020年下)**材料:** 教师为幼儿亲手制作了一列"小火车"(见下图),在每节车厢上分别贴了不同品种与数量的"水果"标签,要求幼儿能按标签投放"水果"。雪儿看看标签,然后往不同的车厢装进与标签品种一样的"水果",每节车厢都装满了"水果"。莉莉看着标签,并用手点数标签上的"水果",嘴里还念着数字,然后拿出相应品种和数量的"水果"放进车厢。民民看看标签,就取出相应品种和数量的"水果"放进车厢,然后看着车厢里的"水果",自言自语道:"嗯,都放对了。"

问题:

(1) 根据上述三位幼儿各自的表现分析其数学能力发展的水平。

(2) 该材料对教育的启示是什么?

6. (2019年下)**材料:** 小班张老师观察发现,小明和甘甘上楼时都没有借助扶手,而是双脚交替上楼梯;下楼时,小明扶着扶手双脚交替下楼梯,甘甘则没有借助扶手,每级台阶都是一只脚先下,另一只脚跟上慢慢下。

问题:

(1) 请从幼儿身心发展角度,分析小班幼儿上下楼梯的动作发展特点。

(2) 分析两名幼儿表现的差异及可能原因。

7. (2019年上)**材料**：教师出示饼干盒,问亮亮里面有什么,亮亮说"饼干"。教师打开饼干盒,亮亮发现里面装的是蜡笔。教师盖上盖子后再问："欣欣没有看过这个饼干盒,等一会儿我要问欣欣盒子里面装的是什么,你猜她会怎么回答?"亮亮很快就说："蜡笔。"

问题：

(1) 亮亮更可能是哪个年龄班的幼儿?

(2) 你判断的依据是什么?

本书主要参考文献

[1] 李季湄,冯晓霞.《3-6岁儿童学习发展与指南》解读[M].北京:人民教育出版社,2013.

[2] 张永红.学前儿童发展心理学[M].3版.北京:高等教育出版社,2019.

[3] 霍力岩.学前教育评价[M].3版.北京师范大学出版社,2015.

[4] [美]劳拉·E.贝克.儿童发展[M].8版.吴颖,等译.南京:江苏教育出版社,2014.

[5] [美]理查德·格里格,[美]菲利普·津巴多.心理学与生活[M].王垒,等译.北京:人民邮电出版社,2010.

[6] [美]罗伯特·卡尔.儿童与儿童发展[M].周少贤,窦东徽,郑正文,译.北京:教育科学出版社,2009.

[7] 刘金花.儿童发展心理学[M].修订版.上海:华东师范大学出版社,2006.

[8] 李红.幼儿心理学.北京:人民教育出版社,2007.

[9] 李燕.学前儿童发展心理学[M].上海:华东师范大学出版社,2008.

[10] 林永海.幼儿教育心理学[M].北京:商务印书馆,2005.

[11] 刘俐敏.幼儿法扎评价研究[M].北京:人民教育出版社,2004.

[12] 刘文.幼儿心理健康教育[M].北京:中国轻工业出版社,2008.

[13] [美]特里萨·M.麦克德维特,[美]珍妮·奥姆罗德.儿童发展与教育[M].李琪,闻莉,罗良,译.北京:教育科学出版社,2007.

[14] 庞丽娟.教师与儿童发展[M].北京:北京师范大学出版社,2003.

[15] 赵寄石,唐淑.幼儿园渗透式领域课程:健康·语言·社会[M].南京:南京师范大学出版社,2009.

[16] 朱智贤.儿童心理学[M].6版.北京:人民教育出版社,2018.

[17] 彭聃龄.普通心理学[M].北京:北京师范大学出版社,2012.

[18] 李崇德.发展心理学[M].北京:人民教育出版社,2009.

[19] 陈帼眉.学前心理学[M].2版.北京:人民教育出版社,2015.

[20] 周念丽.0-3岁儿童心理发展[M].上海:复旦大学出版社,2017.

图书在版编目(CIP)数据

学前心理学/钱峰,张晗主编. -- 4 版. -- 上海:
复旦大学出版社,2025.8.--(普通高等学校学前教育
专业系列教材). -- ISBN 978-7-309-17546-2

Ⅰ. B844.12

中国国家版本馆 CIP 数据核字第 2024H7C702 号

学前心理学(第四版)
钱　峰　张　晗　主编
责任编辑/谢少卿

复旦大学出版社有限公司出版发行
上海市国权路 579 号　邮编:200433
网址:fupnet@ fudanpress.com　http://www.fudanpress.com
门市零售:86-21-65102580　团体订购:86-21-65104505
出版部电话:86-21-65642845
上海新艺印刷有限公司

开本 890 毫米×1240 毫米　1/16　印张 13.25　字数 330 千字
2025 年 8 月第 4 版第 1 次印刷

ISBN 978-7-309-17546-2/B · 813
定价:49.00 元